R&Python
数据科学
与机器学习实践

[日] 野村综合研究所
有贺友纪　大桥俊介◎著
朱迎庆◎译

 中国水利水电出版社
www.waterpub.com.cn

·北京·

内 容 提 要

《R & Python 数据科学与机器学习实践》以动手实践的形式介绍了数据分析、统计分析和机器学习的相关内容，可以让读者在短时间内掌握使用R语言和Python从数据创建模型并获取结果的基本步骤，并用R & Python体验学习各种分析的"理论"和"实际思维方式"。全书共5章，其中第1章介绍了数据科学入门的基础知识，让读者对数据科学领域有一个整体认识；第2章介绍了R & Python的语法基础和编程入门相关知识，为编程基础薄弱的读者顺利学习本书打好坚实的编程基础；第3~4章介绍了非常重要的数据处理、数据分析和用R语言实现的统计建模方法；第5章介绍了用Python实现的以预测为目的的机器学习方法。对实践中经常遇到的数据质量问题和处理要点、回归模型、决策树、聚类、降维，以及常用的监督学习方法和深度学习等内容均进行了讲解。

《R & Python数据科学与机器学习实践》不是一本入门书，它是一本尽可能不使用数学公式而专注于利用的书，致力于让读者掌握使用R / Python实践数据科学与机器学习的基本技能并获得自身持续发展和深入学习所需的素养，特别适合有一定统计学和机器学习基础，想快速提升技能的程序员学习，也适合作为高校统计学、数据科学和人工智能相关专业的参考书。

图书在版编目（CIP）数据

R & Python数据科学与机器学习实践 / （日）有贺友纪，
（日）大桥俊介著；朱迎庆译. —北京 : 中国水利水电出版社，2022.8
ISBN 978-7-5226-0447-3

Ⅰ. ①R… Ⅱ. ①有… ②大… ③朱… Ⅲ. ①软件工具—程序设计
②机器学习 Ⅳ. ①TP311.56②TP181

中国版本图书馆CIP数据核字（2022）第019772号

北京市版权局著作权合同登记号　图字：01-2021-7041

RとPythonで学ぶ[実践的]データサイエンス&機械学習
R TO PYTHON DE MANABU [JISSENTEKI] DATA SCIENCE & KIKAI GAKUSHU
written by Yuki Ariga and Shunsuke Ohashi
Copyright © 2019 Yuki Ariga, Shunsuke Ohashi
All rights reserved.
Original Japanese edition published by Gijutsu-Hyoron Co., Ltd., Tokyo
This Simplified Chinese language edition published by arrangement with
Gijutsu-Hyoron Co., Ltd., Tokyo in care of Tuttle-Mori Agency, Inc., Tokyo
through Copyright Agency of China, Beijing.

书　　名	R & Python 数据科学与机器学习实践 R & Python SHUJU KEXUE YU JIQI XUEXI SHIJIAN
作　　者	［日］有贺友纪 大桥俊介 著
译　　者	朱迎庆 译
出版发行	中国水利水电出版社 （北京市海淀区玉渊潭南路1号D座 100038） 网址：www.waterpub.com.cn E-mail：zhiboshangshu@163.com 电话：（010）62572966-2205/2266/2201（营销中心）
经　　售	北京科水图书销售有限公司 电话：（010）62545874、63202643 全国各地新华书店和相关出版物销售网点
排　　版	北京智博尚书文化传媒有限公司
印　　刷	涿州汇美亿浓印刷有限公司
规　　格	190mm×235mm　16开本　24印张　522千字
版　　次	2022年8月第1版　2022年8月第1次印刷
印　　数	0001—3000册
定　　价	89.80元

前　言

关于数据科学、统计分析、机器学习等方面的介绍，以及基于 R 语言和 Python 执行和实现方法的说明，市面上已经有很多相关的书籍。如果仅希望了解相关理论和实际操作，不需要特意选购新出的书籍。

但是，许多学术方面的教科书和理论书籍的编写都是以处理、分析为目的所采集的数据为前提的。而在实际业务中，往往是利用在开展业务过程中不断"累积"起来的数据。在实际业务分析中，不仅要理解统计的理论和执行的方法，还需要具有在纷杂的数据项中选择和判断哪些数据可以利用、哪些数据不能利用、哪些是不需要加工处理可以直接利用的、需要处理的数据应该如何处理等方面的知识。

关于机器学习的实现方法，我们已经有很多优秀书籍。但是，机器学习强调的是"预测"和"机器判断"，而预测和自动决策也是企业对数据科学需求的一部分。因此，数据分析人员需要了解统计分析和机器学习之间的区别，以及两者分别可以做什么和不能做什么。

目前，针对数据科学的初学者和入门级读者介绍这些要点的优秀书籍还不是很多。而且，要了解数据科学的内容，还需要了解统计模型本身的含义及各种限制。因此，本书特别注重以下三点。

☐ 能够直观地了解什么是统计建模。

☐ 能够理解基于模型的因素分析和预测之间的差异。

☐ 在实际创建模型或解释结果时不要掉进"陷阱"。

本书是对野村综合研究所系统咨询事业总部举办的"数据分析培训"的内容进行总结，并对部分必要信息加以补充和整理而成的。

在培训过程中，笔者切身感受到一个问题：即使是具备足够技术知识的人员，在面对现实数据时，有时连简单的回归分析都无法实现。这是为什么呢？于是，这个疑问就成为我们写作本书的契机。

遗憾的是，由于篇幅和时间关系，笔者无法将所有培训内容都纳入本书。但是，对实践中经常遇到的数据质量问题和处理要点、回归模型、决策树、聚类、降维，以及常用的监督学习方法和深度学习等内容，本书都进行了详细讲解。如果你的目的是体验如何从数据建立模型，并从中获得某种结果的一系列基本步骤，那么本书涵盖了所需的必备基础知识。

另外，在培训中，通常是将培训内容划分为几个部分，分开讲解，像拼接物品那样反复进行演示和实践进行的，因此，本书内容并非像常用教科书那样从一般理论到个别理论那样自上而下地进行组织和说明的。但是为了弥补这一点，我们在正文中加入了许多关键字引用，以便于章节之间的切换。

本书虽然没有涵盖数据科学领域的所有内容，但是通过阅读本书，读者能够获得自身持续发展和深入学习所需的素养。希望本书可以帮助许多对数据科学感兴趣的读者。

有贺友纪 大桥俊介

本书涵盖范围

本书对数据科学的理解如下。

（1）从数据中提取相关性，获得有助于解释现象和分析原因的知识。

（2）根据数据中隐藏的相关性进行预测（判断分类或推断数值）。

基于上述观点，本书涵盖了从基本统计分析方法到深度学习的方方面面。尤其对创建统计模型的意义及不同方法之间的"思考方式差异"进行了详细说明。

本书使用的主要语言是 R 和 Python。其中，前半部分是基于 R，后半部分基于 Python。这是因为两者都是数据科学领域中的标准工具，而且都是免费的。由于两者都有适合与不适合的方面，因此本书中并不偏向某一种语言。特别是在与入门内容相对应的部分中，针对 R 和 Python 还进行了比较性总结。

本书结构

本书的结构如下。

第 1 章介绍了数据科学相关的基础知识。

第 2 章介绍了 R 和 Python 这两种语言的特点和使用方法，主要包括 R 语言和 Python 语言基本语法和编程的入门内容。如果读者已经掌握了这两种语言的使用方法，则可以跳过本章内容。

第 3 章和第 4 章主要从解释现象的角度解释了统计建模的方法（使用 R 语言作为实际建模的工具），对应"本书涵盖范围"中的（1）。在第 4 章中，还专门介绍了在实际业务中非常重要的数据处理的概念，并在结尾部分对因果推理的相关技术进行了讲解。

第 5 章介绍了以预测为目的的机器学习方法（使用 Python 语言作为实际建模的工具），对应"本书涵盖范围"中的（2）。

使用 R 语言和 Python 语言的环境多种多样。学习本书时，在个人计算机上，可以使用 RStudio 处理 R 程序，使用 Anaconda 和 Jupyter Notebook 处理 Python 程序。在进行第 2 章及以后的学习时请安装相关软件。

本书资源下载及联系方式

本书配套资源包括示例脚本和样本数据等，需要的读者可通过下面的方法下载。

（1）扫描下面的"读者交流圈"二维码，加入圈子即可获取本书资源的下载链接，在圈子中可在线交流学习，本书的勘误也会及时发布在交流圈中。

（2）也可以直接扫描"人人都是程序猿"公众号，关注后，输入 RPython 并发送到公众号后台，获取资源的下载链接。

将获取的资源链接复制到浏览器的地址栏中，按 Enter 键，即可根据提示下载（只能通过计算机下载，手机不能下载）。

读者交流圈

人人都是程序猿 公众号

特别说明，本书提供的样本数据来源如下。

☐ 凭空生成的虚构数据。

☐ 参照真实数据的特征（分布、相关性等）而创建的虚构数据。

另外，在第 3 章（3.1.4 小节）和第 4 章（4.3.2 小节）中使用的有关东京地方政府的指标数据是在从日本 e-Stat 网站获得数据的基础上，进行加工处理后重新生成的数据。请注意，其与实际数据是不同的。

示例运行环境

本书中的示例脚本以 RStudio 和 Jupyter Notebook 为执行环境。该执行环境适用于 Windows 10、Windows 8、Windows 7、macOS 和 Linux。

本书中示例脚本的最终执行环境如下。

第 2 章～第 4 章

- Windows 7（64 位）、R 3.5.2、RStudio 1.1.463。
- Windows 7（64 位）、Anaconda 3（64 位）、Jupyter Notebook 5.6.0、Python 3.7.0。

第 5 章

- Windows 7（64 位）、Anaconda 3（64 位）、Jupyter Notebook 4.2.1、Python 3.6.0。

致谢

在此对出版本书提供许多帮助的野村综合研究所的和田充弘先生、技术评论社的取口敏宪先生、风工舍的川月现大先生，以及对本书进行评审的野村综合研究所的福岛健吾先生表示衷心的感谢。

目　　录

数据科学入门

1.1 数据科学的基础

1.1.1 数据科学的重要性

近年来，我们经常看到"数据科学"这个词，但是很难回答出"什么是数据科学？"并且其答案往往也是因人而异的。

"数据科学"一词，可能有人认为它是一种以数据为研究对象的科学，或者是一种使用数据来阐明现象的科学方法论；也可能有人会认为它是一种针对实际用途的工科类科学研究，是软件工程领域的一个分支；还有人可能将其视为企业经营者和领导者应该理解和应对的业务挑战之一。虽然所有这些不能一概而论，但是，"用于处理数据的统计、数理方法及其应用"这一点几乎是共通的。

数据科学的发展与信息技术（IT）的发展是密不可分的。例如，在天气预报中应用超级计算机等这样的案例，我们可以看到在科学技术领域中，数据和 IT 的作用是显而易见的。在整个 20 世纪中，IT 在商务领域中的作用主要是统计与管理数据。可以说，当时 IT 的使命就是快速统计并掌握销售、进货、库存等情况，以使整个业务流程合理化。

当前的信息系统不仅需要管理销售、进货和库存等数据，而且会涉及商品的属性和顾客的属性，还需要管理何时、何地、何人购买了何种商品等详细信息。人们通常使用智能手机购买商品，并通过设备中内置的传感器发送信息，从而使得需要同时处理的数据量和数据的种类急剧增加[1]。因此，那些努力想要在竞争中获胜的企业迫切地感受到需要采取一些措施，以便能够有效利用数据。不仅企业如此，希望大力提高对居民及学生服务质量的政府机关和教育机构也同样如此。

有许多领域或机构需要利用数据，接下来以企业为例说明。例如，根据客户的特征对店铺进行分类、通过估算需求确定适当的进货数量、获知导致退货的原因，以及可以根据一些先兆情况判断设备故障等各种情况下都有可能需要利用的数据。是否不再需要直觉和经验是有争议的，但是很显然，许多工作已经无法单纯地依靠直觉和经验来完成的时代已经到来了。

另外，值得注意的是，以前专业人员需要付出高昂代价才能使用的分析工具现在已经普及，

---

[1]现在，这样的模式称为 IoT（Internet of Things，物联网）。

并成为任何人都可以使用的工具。现在的个人计算机与之前的超级计算机具有相同的性能，而且当时尖端算法的软件现在也已经开源。用于数据分析的专用工具在以前仅应用于大学的科学研究中，或者用于企业内部的特定领域，如质量控制和市场研究等。而现在，任何对数据科学领域有基本了解的人及具有一定 IT 素养的人，都可以尝试进行数据分析。

通过数据能够得出见解，或者使用数据能够产生价值。可以说，当前已经进入到无论是企业，还是在企业中工作的人，又或者是从事行政或教育相关的人都需要数据的时代了。

1.1.2　数据科学的定义及历史

1. 数据科学的定义

如 1.1.1 小节所述，"数据科学"可以在相当广泛的意义上使用。大体上包括传统的统计分析、数据挖掘和机器学习等领域，并且根据个人的兴趣及所处的领域不同，关注的重点也将发生变化。

虽然没有明确、统一的数据科学定义，但是在计算机学者彼得·诺尔（Peter Naur）1974 年的著作[1]中还是将其作为文献中使用的例子列举出来。彼得·诺尔认为数据科学是"处理数据的科学"，即处理数据转换、存储及确定表示格式等问题的理论。彼得·诺尔对该词含义的说明更接近于当今的"数据管理"或"数据工程"，与当今"数据科学"一词的含义有所不同。

直到 20 世纪 90 年代，"数据科学"这个词才具有了当今的含义。特别值得关注的是日本统计学家林知己夫给出的定义[2]。林知己夫写到："数据科学不仅是一个将统计学、数据分析及数据集成和整合的概念，还是一个包含结果的概念"，并进一步指出数据科学的目的是"从与已经确立的传统理论和手法不同的观点出发，通过数据来明确复杂的自然、人类、社会现象的特征及所隐藏的构造"。[3]

2. 数据科学的由来

数据科学的由来，可以追溯到 17 世纪的统计学和概率论。但是，统计学受到关注与 20 世纪（特别是 20 世纪 40 年代以后）计算机技术的发展有很大关系。计算机能够处理手工计算无法完成的大量数据，并且能够在短时间内完成复杂的计算，从而使统计学发挥巨大的作用成为可能。

---

[1] Peter Naur. Concise Survey of Computer Methods. Petrocelli Books, 1974.

[2] 林知己夫曾担任日本统计数理研究所所长，特别是作为被称为"量化理论"的多变量分析方法的倡导者而为人所知。另外，在基于定量分析的基础上致力于日本人的国民性研究，留下了《日式结构：衡量思想与文化》（东洋经济新报社，1996 年）等多部著作。

[3] Hayashi C. (1998) What is Data Science? Fundamental Concepts and a Heuristic Example. In: Hayashi C., Yajima K., Bock HH., Ohsumi N., Tanaka Y., Baba Y. (eds) Data Science, Classification, and Related Methods. *Studies in Classification, Data Analysis, and Knowledge Organization*. Springer, Tokyo

到了 20 世纪 50 年代，业界开始广泛地进行与"大量数据处理"和"高速计算"不同的研究。由于计算机可被视为执行逻辑判断的机器，因此人们利用它能够实现更加高级的人类信息处理的研究，即人工智能（Artificial Intelligence，AI）研究。AI 研究本身是不同于统计学的研究方向，其中一个称为"机器学习"的技术后来成为数据科学的重要组成部分。

在 20 世纪 80 年代，AI 研究在商业界和媒体上掀起了热潮[1]。但是，由于计算机性能的极限及对 AI 的期望过高，10 年左右的时间这股热潮就平息了下来，取而代之受到大众关注的是"数据挖掘"。

3. 数据挖掘及大数据

数据挖掘是一个 20 世纪 90 年以来广泛使用的术语。数据挖掘的目的是分析大量积累的数据，以获取可用于商务和其他领域的新知识。英语中的挖掘（mining）意思是挖矿，正好契合商业媒体上所宣传的挖金场景。专家们比较低调地使用术语"知识发现"来描述数据挖掘的本质。如今，术语"数据挖掘"的使用已经没有以往那么频繁了，取而代之的是大数据（big data）。

大数据确实是名副其实的流行语。在解释大数据的特征时，需强调三个方面的特征：数据量（Volume）、类型（Variety）及更新的速度（Velocity）。但是，需要注意的是，这三方面特征的提出远远早于"大数据"一词的普及，是于 2001 年作为数据管理标准的概念提出的[2]。

大数据与迄今为止有关数据的概念有很大不同。传统的数据是以对其进行分析、汇总及管理为前提生成的数据，研究人员处理的实验数据和企业处理的销售数据就是典型的例子。但是，大数据生成的目的与上述是完全不同的。其观测人们浏览网页或在 SNS 上发布信息，并不是为了让浏览网上信息的记录等信息被管理和收集，或者让发布的信息内容被用于分析，而是对人们的行为本身进行数字化的结果呈现。

4. 机器学习

在 2010 年，机器学习已经成为商业界和公众的热门话题。该术语已超越了传统的数据挖掘和大数据，成为流行语（有关机器学习的概念，请参阅 5.1.1 小节）。机器学习采用了以数据为中心的数学方法，在原理上类似于统计分析和数据挖掘。目前，在数据科学领域中，机器学习占据了很大的比例。

机器学习之所以受到关注，是因为可以从互联网上获取大量的数据，并且通过云处理灵活地使用计算机资源，故极大促进了通过机器进行"预测"这一技术进入实用领域。但是，机器学习的目标是延续 20 世纪 50 年代以来一直在继续的 AI 研究扩展，其主要目的是使机器能够作出决策。需要注意的是，这与一般的统计分析和数据挖掘中所期望的"人类从中获得知识"的目的是不同的。

5. 由统计学到数据科学

在业务领域中使用统计分析并不是什么新鲜事物，尤其是在产品质量控制和市场研究等领域，

---

[1] 20 世纪 50 年代到 60 年代是第一次 AI 热潮，20 世纪 80 年代是第二次 AI 热潮，现在是第三次 AI 热潮。

[2] Doug Laney. 3–D Data Management: Controlling Data Volume, Velocity, and Variety. *META Group*, 2001, Res Note 6. 6.

长期以来一直需要从业者具备专业的统计技能。但是，随着企业需要处理的数据类型和数据量的增加，已经需要在更大范围内统计处理数据的技能。时任 Google 首席经济学家的哈尔·瓦里安（Hal Varian）在 2009 年曾经说过："未来十年最性感的职业将是统计学家（statistician）。"由此统计学引起了人们的关注。[1-2]

但是，与许多其他学科和术语一样，统计一词经常会引起误解。例如，许多人看到的"统计"往往是像人口普查和工业统计这样的调查结果汇总，并且很少有人理解统计模型。1997年，密歇根大学的统计学家吴建福（Jeff Wu）在讲演中提到统计一词的概念，并提出用数据科学和数据科学家替代统计学和统计学家[3]。

早在 1996 年，IFCS（国际分类学会联合会议）的第五次会议以"数据科学、分类与相关方法"（Data Science，Classification and Related Methods）为题在日本神户举行。因为林知己夫曾经是大会的委员，他先前对数据科学的定义是对该大会标题的解释。

到了 2010 年，"数据科学"这一术语在商业界和 IT 行业中广为流行。该术语的用法不仅包括数据挖掘，还包括基于统计原理的机器学习。可以说，目前许多以数据为中心的研究都是涵盖在"数据科学"范围内的。

6. 由检索关键词看到的数据科学

再补充说明一下，既然我们讨论"数据"，那么就看一看实际的数据。如图1.1所示，利用Google公司提供的Google Trends调查研究 2006 年以来工厂热门技术关键词的搜索趋势[4]。可以看到，2013年以来，data science（数据科学）和machine learning（机器学习）的搜索趋势一直在上升。另外，我们也可以看到在2010年之前很少有搜索data science这一词语的。为了查看搜索趋势有多大变化，我们选择的单词中包含espresso machine（浓缩咖啡机）一词，这是除商务人员和工程师以外的许多人都可能搜索的词，虽然这有点游戏的感觉，但是至少可以证实该词语的搜索趋势没有显著的变化，并且季节性波动也是有限的[5]。

另外，在检索网站的数据中，比起对专业性关注度的提高，在各种媒体上反映出的流行程度更能体现其所受到的关注度。如果在某种程度上确立了词义，那么比起网络，还是看文献和书籍的使用频率比较好。另外，软件技术人员可能比一般人更频繁地使用网络搜索，因此可能会使

---

[1]"Hal Varian on how the Web challenges managers", January 2009, McKinsey & Company

[2]Steve Lohr, "For Today's Graduate, Just One Word: Statistics", AUG 5 2009, New York Times

[3]C. F. J. Wu (1997) "Statistics = Data Science?"

[4]纵轴上的数字是最大值为 100 的相对指标，并不表示绝对搜索数量。

[5]当大量搜索 espresso machine（浓缩咖啡机）时，似乎其他单词的搜索频率降低了（尤其是以前的"数据挖掘"和最近的"大数据"）。你可以试着思考一下这件事的原因。

与 IT 相关度高的词汇在排名的顺序上更加靠前，同时也需要与报纸和杂志上的报道方法进行比较。建议对此感兴趣的读者可以从多个观点开展调查。

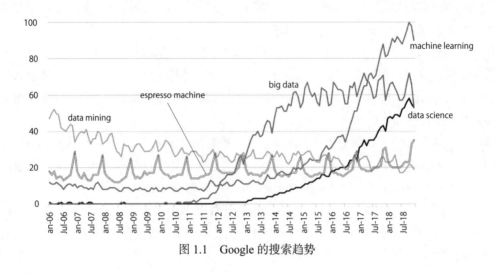

图 1.1　Google 的搜索趋势

1.1.3　数据科学中的建模

　　阅读了本书前言的读者，应该注意到"模型"和"建模"这两个词汇多次出现。"模型"这一概念在本书中多次被提到。因此，本小节先说明一下数据科学中的模型。在面向初学者的实践性教科书中，我们常会看到"使用这样的分析方法，会得到这样的分析结果"等说明。但是，实际上更重要的是分析结果是以怎样的模型为前提的及模型所表达的含义。

1. 统计模型

　　如上所述，数据科学正在推动统计学的发展。统计学分为描述统计学（descriptive statistics）和推断统计学（inferential statistics）。下面是引用的统计学教科书的说明[1]。

> 　　描述统计学是指将数据整理得简单易懂，以便掌握数据所具有的总体信息。推断统计学是指利用基于概率分布的模型（统计模型）进行精密的分析，然后根据相关模型的推论进行判断和预测。

　　描述统计学和推断统计学的不同之处在于，前者仅以实际收集到的数据（实测值）为对象，而推断统计学的侧重点则是在收集到的数据背后处理更广义的特征。描述统计学中几乎不出现概率这样的概念，也不会推断某个值。而推断统计则是处理概率及基于概率的推断。

---

[1]引用自参考文献[13]。

观测值和实测值

实际收集的数据有时也称为"观测值"，但说到观测，给人一种通过观察而得到的印象，因此本书中将其称为"实测值"。

还应注意的是，在描述两者之间的差异时，出现了术语"统计模型"。模型一词通常用于绘画等的人物模型、塑胶模型，以及表示范例时的典型事例等。换句话说，模型是模仿现实的情况（模仿、取型），也可以认为是一种理想化的状况，如图 1.2 所示。

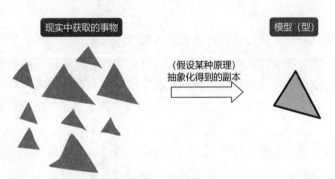

图 1.2　模型化

根据久保拓弥（专门从事分析生态学数据的学者）的说法，统计模型有以下三个特征[1]。

（1）为了说明数据化的现象而建立的模型。

（2）为了表现数据的离散性，将"概率分布"作为基本组成部分。

（3）具有将数据与模型关联的过程，能够定量评估拟合优度。

离散是指个体的差异，以图 1.2 为例，相当于三角形微妙的凹陷及角度的差异。在统计分析中，将其表现为概率分布（见 3.1.5 小节），表示模型与个体差异的关系。

2. 数据科学中的建模

在数据科学的上下文中，术语"模型"基本上可以被认为是上述的统计模型。但是，在实践中有多种情况使用到"模型"这一术语，其用法如下。

（1）概率分布与值变化的拟合，如"假设该模型为正态分布"等。

（2）原因与结果之间的数学关系，如"该模型表明销售与天气状况存在极大依存关系"等。

（3）每个算法的前提都是一种数学的表现，如"神经网络是较线性回归更为复杂的模型"等。

---

[1] 引用自参考文献 [12]。但是，对这些表达进行了概括。

（4）实际的数据恰恰是数学表现的结果，如"根据惩罚的不同[1]，得到了两种不同的模型"等。

严格地说，它们都是指向其他的不同事物，但是在每种情况下，我们都可以将它们视为是现实数据的数学副本。同时，将某些模型应用于数据或者将模型应用于数据的过程称为建模。

另外，作为最终"应用实际数据的结果"的"获得两个模型"是指精确的"拟合"工作（见 3.3.3 小节）。

3. 统计模型的应用

统计模型并不是实际数据（实测值）本身，而是对于数据依据假设的某些数学原理而抽象化得出的数据副本。

因此，模型所具有的抽象化特征可以认为是表现自然现象和社会现象规律性的一种假说。如果模型能很好地拟合数据，并且能够充分地被信任，那么该假说可以认为是非常准确的。例如，"客户对接待服务的满意度影响着是否取消服务的数据"这样的假设，把客户对接待服务的满意度作为 x，取消服务的概率作为 y，以数学公式的形式表现模型能通过比较公式和实际的数据来验证其可靠性。

将现实抽象化并建模，还有其他优点。如果对模型适用一定的条件，就能推测（预测）与该条件所对应的结果。在前面的例子中，如果将客户对接待服务的满意度 x 设定为某个值，就可以计算出取消服务的概率 y（具体的方法见 4.3.4 小节的说明）。

为了用更复杂的模型精准地预测发展起来的方法是机器学习。如深度学习的方法，也可以说是为了获得比通常的统计模型更高的预测精度而产生的方法。

1.1.4 数据科学及其相关领域

数据科学及其相关领域如图 1.3 所示。但是，对这些定义及相互关系的理解方式因人而异，这里将其视为一个示例。

1. 数据科学的领域

如 1.1.2 小节所述，数据科学包括统计学及其应用——统计分析、知识发现（或数据挖掘）及机器学习等。它们的共同点是：以从数据中获取某些价值为目的；此外，它们还以 1.1.3 小节所述的统计模型为基础。在这里，首先梳理一下每个领域的差异。

---

[1] 在 3.3.4 小节中，将说明通过调整模型实现与实际数据细微匹配度的问题。

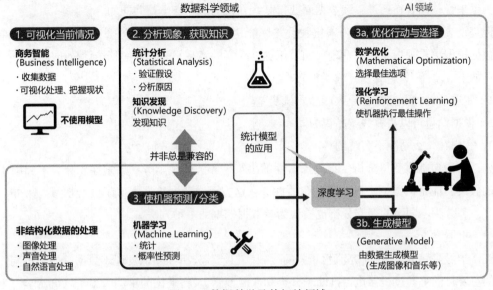

图 1.3　数据科学及其相关领域

（1）统计分析

统计分析是为了科学地验证假设，应用于自然科学、社会科学、行动科学等领域中。特别是在商务领域中，如在品质管理及市场调查方面发挥着作用。可以通过统计分析来验证的假设有以下几种。

1）组间的差异：上午制造的零件和下午制造的零件之间的质量是否有所不同等。

2）指标之间的相关性：在啤酒销售得很好的商店里，小吃的销售情况也很好等。

3）影响因素：客户服务满意度是否会影响取消服务等。

这里的重点是统计分析不仅可以检验假设的可靠性，而且可以量化关联和影响的程度。对于上述几个示例，可以通过以下几点定量评估。

1）是否能够说明上午制造的零件和下午制造的零件在品质上的偏差的具体程度。

2）啤酒的销售数量和小吃的销售数量之间的关联程度是多少。

3）客户服务满意度对取消服务有多大程度的影响。

无论哪一种，制造时间和品质、啤酒的销售数量和小吃的销售数量、客户服务满意度和取消服务等，都表现出了不同的变量之间的关系。通过明确这些关系来理解和阐明现象，可以说是统计分析的作用。

另外，这里的例子只包含"某某和某某"两个变量，而在实际生活中是利用一次处理多个表示各种各样的原因和结果变量的多变量分析（Multivariate Analysis）方法。所谓多元回归分析，就是多变量分析方法的一种。

（2）知识发现（数据挖掘）

知识发现（数据挖掘）可以说是介于统计分析和机器学习之间的领域。首先，就其与统计分析的关系来说，两者在通过解读数据而获得某些知识的这一点上是共同的。

但是，统计分析关注明确公式化假设并评价其确实性，同时明确并量化主要因素的效果。对此，数据挖掘更重视探索性的发现。如果用更具探索的意义来表现在解释统计分析中提到的例子，则具体如下。

1）制造条件的哪些组合导致产品质量变差。

2）根据销量可以将哪些产品视为同一组。

3）客户在什么情况下会解约。

分析方法包括多变量分析、更具探索性的决策树和关联规则等。探索性意味着不局限于某种特定的假设，而是从数据中提取某些相关性。在这方面，数据挖掘类似于机器学习。另外，将客户和产品等分为不同组的聚类分析也被认为是数据挖掘的一种方法。

（3）机器学习

机器学习是一个与 AI 研究流程相关的领域。与统计分析和知识发现（数据挖掘）不同，机器学习的主要目的是通过机器执行推断（分类和数值预测）。将上述的示例应用于以机器学习为目的的示例如下。

1）该条件组合情况下产品的质量应该达到什么程度。

2）该产品属于哪个产品组。

3）在这种情况下的客户是否有可能取消服务。

基本原理本身都是相通的，可以使用多变量分析的几种方法，也可以使用数据挖掘中的聚类分析及决策树等方法。

但是，在机器学习中关注的是如点击率能达到多少、属于哪个产品组，以及是否会取消服务等这样的"结果"。虽然看似与统计分析和数据挖掘没有什么不同，但最大的不同是，获取广义的结论还是就个别情况作出判断。如果将其视为不需要获取知识，则可以使用更多精度更高的预测方法。典型的方法有支持向量机（SVM）（见 5.2.3 小节）和深度学习等技术。我们应该知道的是人类对知识的获取和获得较高的预测准确性这两件事并不总是兼容的。

另外在图 1.3 中，在"统计模型的应用"中特别强调了深度学习。这是因为深度学习的应用范围不仅局限于分类和数值预测，还扩展到模式生成和增强型学习等领域。

2. 数据科学与 AI

机器学习是由机器推断统计预测，根据它的这一目的可以说是 AI 研究的一个领域。但是 AI 的领域非常广泛，机器学习只不过是其中的一个领域。

关于使机器作出某种判断的机制，有基于规则的推论、数理优化、增强型学习等方法论。而且，处理如图像、声音、自然语言等这些原本是计算机不擅长处理的数据成了必要的技术。仅凭统计预测，无法实现能够自动应答的系统及能够像人类一样行动的机器人。

另外,作为深度学习的应用而受到关注的是图像和音乐等的生成。这是由预测结果生成的数据,即统计模型的逆方向利用。虽然广义上可以说是数据科学的范畴,但在这里还是要区分一下。

深度学习也适用于让机器执行最佳行动的增强型学习。增强型学习常常被作为机器学习的一个领域来谈论,不过,我们认为还是要区分一下。关于这一点,请参照第 5 章。

3. 数据科学与 BI

BI 是商务智能(Business Intelligence)的缩写,它是指对于从企业内部和外部收集的数据进行积累与管理,并且从多方面的角度出发进行参考和分析(或为实现这一目的而构建的体系)[1]。根据 1.1.3 小节中"1. 统计模型"的内容,BI 适用于描述性统计或描述性分析(Descriptive Analysis)的方法。

BI 的构成要素包括存储、管理数据的数据仓库、数据超市、加工数据的 ETL(Extract/Transform/Load)工具、终端用户使用的分析工具等。特别是那些不是 IT 专家的用户,用自己喜欢的切入点检索、分析需要的数据体系称为"自助服务 BI",目前市场上有各种各样面向企业的工具销售。如果使用 BI 工具,则能够与 Excel 一样或者更加方便地创建表格或图表。

BI 的特征性操作是切入点的变更。例如,将销售额的数据按商品分类统计、按地域分类统计、划分不同期间执行统计等操作,即能够简单、方便地将同样的数据进行分类统计。

还有一个特征性的操作是能够深入挖掘事物的本质,即从概括性的探索到越来越低层次的详细数据。例如,如果有销售额下降的地区,就进一步细分地区进行统计,确定到底是哪里的销售额降低了。另外,不仅是地区,还可以分析是在哪个地区的哪个期间销售额下降了,以及在这个地区销售额下降期间的销售额、哪种商品的销售额下降了等,我们可以像这样一个接一个地细化确定。BI 的用户把这样的操作称为"挖掘原因"。

与这样的分析相比,将数据科学应用到商业领域称为商业分析(Business Analytics,BA)。如果用一句话来说明 BI 和 BA 的区别,就可以说是按有无统计模型(见 1.1.3 小节)来区别。对于上述的例子来说,如果使用 BA,就是对销售额、地区、商品和期间的相关性尽可能地推导出具有一般性的模型。

即使某个地区的某个期间内商品的销售额下降,如果是"偶然",那么这样的局部事实并不是 BA 的关注事项。BA 所关注的是,根据地域和商品的特性,从统计学上描绘出不同时期的变动。无论目的是原因分析还是销售预测,在这一点上两者是共通的。无论是统计分析还是机器学习,数据科学的目的都是导出一般性的规律,而不是将数据细分去分析个别情况。

但是,也有很多具备简单建模功能的 BI 工具,如果是简单的分析,那么即使不使用 BA 工具,也可以使用 BI 工具建立模型。

---

[1]把 AI 和 BI 并列起来是一个谐音,并不是说两者可以并列比较。AI 是从 20 世纪 50 年代开始研究的技术,BI 是近年来的流行术语。但是,两者都是与数据科学关系密切的领域。

1.2 数据科学的实施

1.2.1 数据科学的流程及任务

在前面的章节中，我们从几个角度解释了什么是数据科学及数据科学的目标。接下来，将说明实施数据科学所需的要素，即如何进行（流程和任务）、工具和技能。首先说明如何进行数据科学的实施。

1. CRISP–DM

关于数据科学的流程和任务，业界提出了几个标准性的框架。但是并不是说实际的推进方法一定要遵循框架，而是说如果将头脑中的步骤与这些框架进行对照，就可以检查自己设想的步骤是否存在遗漏的地方。

在这些框架中具有代表性的是 CRISP–DM（Cross–Industry Standard Process for Data Mining）。1996 年以来，以戴姆勒 – 奔驰汽车公司、提供数据挖掘工具 Clementine 的 ISL，以及提供数据仓库软件 Teradata 的 NCR 为中心，提出了这一概念，并在 1999 年联合保险公司 OHRA，首次发布了一个版本[1]。最初，它是一种用于以知识发现为目的的数据挖掘方法（见 1.1.2 小节），并成为在与数据科学相关的许多领域中应用的指南性流程。

2. 6 个阶段及其推进方法

CRISP–DM 将整个过程分为 6 个阶段，并定义每个阶段应执行的内容（图 1.4）[2]。这些内容是按照一定顺序（首先是业务的理解，然后是数据的理解、数据的准备、建模、评估和部署等）逐步展开。这些任务并非单向操作，而是以在每个阶段之间反复加深认知为基础的。

在开始阶段（第 1 阶段）和结束阶段（第 6 阶段）所定义的任务，即与业务理解和目标设定相关的部分。与业务集成和部署有关的部分不仅适用于数据科学家及其团队，还是一项需要整个组织协调和努力的任务。到底需要多长时间无法一概而论。这一过程需要反复地与相关人员进行

---

[1]之后，ISL 被 SPSS 收购，SPSS 又被 IBM 收购，IBM 将 Clementine 更名为 SPSS Modeler 销售。此外，Teradata 已从 NCR 剥离出来，并一直持续至今。

[2]引用自 CRISP–DM 1.0 Step–by–step data mining guide。

讨论，并反复地向负责人进行解释和说明。

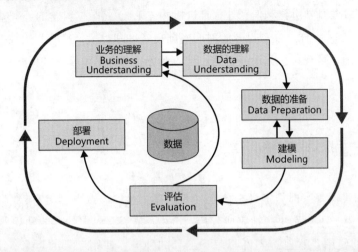

1. 业务的理解	2. 数据的理解	3. 数据的准备	4. 建模	5. 评估	6. 部署
·确定业务目标 ·状况的评价 ·目标的设定 ·建立项目计划	·初期数据的收集 ·数据的描述 ·数据的分析 ·数据质量验证	·选择数据 ·数据的清洗 ·创建新数据 ·数据的整合 ·数据的格式化	·选择建模方法 ·生成测试用例 ·建立模型 ·模型的评估	·评估结果 ·改进流程 ·确定下一步	·部署的计划 ·监控和维护的计划 ·创建最终报告 ·项目评审

图 1.4　CRISP-DM 中定义的 6 个阶段

除此以外,其他阶段是数据科学家及其团队的主要任务。应特别注意的是第 2 阶段和第 3 阶段,即与数据收集、确认、加工和处理有关的部分。在数据科学中,这些工作需要耗费大量的精力和时间。就工作时间而言,可以说占工作时间的 70%~90%。

也许有人会对这个工作为什么这么困难产生疑问。要说为什么很困难,主要是因为大部分数据都是"没有以统计分析为前提"。例如,商品销售业绩的数据是为了报告销售额而记录的,很多情况下都没有设想用于分析和星期几及天气之间的关系。就算是 SNS 上的信息,发送的人也不是想要将其用于数据分析而发布的。

第 4 阶段即建模和数据分析的阶段。这一阶段耗费的工作时间相对来说较少,但是,并不是说做一次就可以完成。根据数据的获取、加工等情况的不同,也有很多时候会重新回到目标设定上反复执行。虽然根据条件、内容、数据的规模不能一概而论,但即使是从数据的获取到分析的一个周期以 1 天或 1 周结束为单位,也要对照整体目标进行评价。有时,为了能够采取一些措施来取得成果,可能需要将这些周期重复几次,甚至几十次。

第 5 阶段是对结果的评估。在第 4 阶段的建模中包含的"模型的评估"是统计数理意义上的可靠性评价,在这里,我们需要综合性的判断。例如,对照业务上的目的是否得到了有意义的结果,如果没有得到,那么原因是什么;如果改变前提,那么重新来做是否能够得到有意义的结果等。

3. 其他的框架

在日本国内，数据科学协会和信息处理推进机构（IPA）将数据科学的任务整理分为 8 类[1]。大致流程和 CRISP-DM 一样，在项目开始时明确前提条件和目标，然后开始数据的制作和收集、数据加工、数据处理、可视化、分析、评估、纳入业务。并不是说哪一种更好，而是选择使用方便的比较好。

1.2.2　数据科学实施所需的工具

在统计分析和机器学习时，通常会使用一些工具。虽然可以自己编写程序，但是需要耗费时间和精力，并且为了正确而快速地完成程序，开发人员需要一定的专业知识。除了特殊情况，还应该讨论工具的使用。这里首先说明一下工具的种类、使用工具的意义、工具的优点和缺点等。

1. 工具的种类

数据科学实施所需的工具可以分为以下三类（图 1.5）。

（1）软件包：只需安装即可运行的软件包，包括一直以来使用的 SAS、SPSS，以及专门用于机器学习的 DataRobot 等。Excel 虽然不是用作数据分析的软件，但具备一定程度的分析功能。

（2）编程语言及程序库：程序设计语言或作为程序库结合使用的语言。"编程语言及程序库"的代表性语言是开源提供的 R、Python 等语言及其程序库。

（3）服务：可作为云上提供的服务而使用的服务。"服务"是供应商提供的，专门用于机器学习的云商务服务。

	软件包	编程语言及程序库	服务
特征	·提供商用软件包 ·设计有 GUI 操作 ·付费	·编程语言 ·开放源代码 ·免费	·在线使用的商务服务 ·也有只返回预测结果的黑盒型服务，需要当心 ·付费/免费
代表性工具	·Excel (非专业工具) ·SPSS ·SAS ·DataRobot 等	·R ·Python (追加程序库) ·Julia ·Octave 等	·Microsoft Azure Machine Learning ·Amazon Machine Learning ·IBM Cloud + Watson ·Google Prediction API 等

图 1.5　数据科学的工具

---

[1]该任务列表与能力清单（见 1.2.3 小节）包含在信息处理促进机构（IPA）制定的 IT 人力资源技能指南"ITSS +"中。

2. 使用 Excel 分析数据

作为可用于数据分析的软件包，我们最熟悉的应该是微软公司的 Excel。Excel 的一个基本功能是数据透视表（Pivot 表）的统计功能，同时 Excel 具备用于统计分析的函数。此外，还可以使用 Excel 中的"数据分析"和"求解器"这两个加载宏进行细致的分析。微软公司以外的供应商也在销售可以在 Excel 中安装使用的追加软件包。

使用 Excel 进行数据分析的优点是，不仅（如果已经在使用 Excel）可以使用已经熟悉的用户界面，还因为对象数据以表格形式显示，所以直观易懂。缺点是，软件本身是有偿的，使用方法有一定的局限性，另外还存在下面两个问题（图 1.6）。

	软件包		编程语言及程序库
	Excel	SPSS、SAS等	R、Python
许可证	Microsoft	IBM、SAS等	开源
便利性	**方便**	**比较方便**	需要编程
费用	付费	付费	**免费**
使用方法	有局限性	涵盖既定方法	**涵盖至最新方法**
过程再现/更改	困难	可以	可以
数据结构的管理	困难	可以	可以

注：粗体字表示优点；普通字体表示缺点。

图 1.6　典型工具的比较

（1）无法管理数据的结构

在 Excel 中，在什么位置存储了什么样的值是由工作表上的"位置"管理的。如果 A 列中有"出发时间"、B 列中有"到达时间"，则需要用从 B 列中减去 A 列的值来计算所需时间。但是，归根结底 Excel 中管理的只是 A 列、B 列的位置。而 Excel 的用户往往习惯于考虑"在哪里输入了什么值"并计算，即便如此，一旦计算复杂时也是很难理解的。另外，当将规则定为"'出发地'是东京时设定为 1，是大阪时设定为 2"，Excel 无法严格区分这个数字是可以计算的数字还是记号。

（2）计算过程难以重现

如果重复手工操作（例如，增加工作表的列数，或者复制和粘贴计算的结果），虽然得到一个结果，但是当下次尝试执行相同的操作时，往往会发生无法准确回忆起上次操作的顺序是怎样的情况。如果稍稍更改前面的操作过程后重新执行，将变得更加复杂且容易出错。如果使用专用工具，操作过程能够保留为脚本或直观地记录操作流程，那么可以根据需要多次检查、修改和重复操作[1]。

---

[1] 即使是 Excel，使用宏也可以管理复杂的操作步骤。但是，因为最终还需要进行编程，所以需要具备应用 R 和 Python 相同的技能（或者更高的技能）。

3. 专用的商业软件

传统上，SPSS 和 SAS 等商业软件包已被广泛用作统计分析和机器学习的工具。最近，专门用于机器学习的 DataRobot 软件包引起了人们的关注。这些工具的优点不仅在于它们可以处理高级技术，而且可以使用可视化的 GUI 定义分析等过程并设置各种条件。

但是，这些商业工具是需要付费的，并且在引进使用时往往需要考虑到成本效益。很少有企业会抱着"不知道是否有效果，先尝试一下看看"的态度，就耗费大量资金投入引进。

而且，商用软件仅限于有一定需求、成熟且已经确定的方法。新的方法不仅需要耗费一定的时间将其组装到软件包中，而且如果作为可选项或升级服务提供给用户，使用时还有可能产生额外的费用。

4. R、Python 等程序设计语言

毫不夸张地说，作为统计分析和机器学习工具，R 和 Python 语言已经成为"主流"工具。与许多商业工具不同，这两种工具要求将诸如分析等的过程编写为脚本（描述程序的代码）。因此，不习惯编程的初学者会感觉门槛比较高。

使用它们的好处是均为"免费的"。此外，由于 R 和 Python 软件包是开源软件（OSS），因此反映最新方法和算法的程序库能够不断出新。像这样不断有新程序库提供，可能是 R 和 Python 日益流行的主要原因[1]。

像这样的 OSS 工具，除了 R 和 Python 还有几个选择。例如，GNU Octave 是与 MATLAB（商用的数理分析工具）兼容的工具。Julia 是汲取了 R 和 Python 优点的比较新的语言，通过 JIT 的编译器可以高速执行程序。这些工具都有各自的优点，但目前还没有 R 和 Python 语言普及程度那么高。

另外，由于 Python 本身没有数理分析的功能，需要追加几个专用的程序库来使用。此外，R 和 Python 的对比说明将在 2.1.1 小节中详细说明。

5. 云商务

近年来陆续出现了云商务服务。这些服务在线提供计算机环境的云计算服务功能。具体来说，微软、Amazon、IBM、Google 等公司均有这类服务提供。它们都致力于机器学习，并与各公司的云环境有很高的亲和力。

这些服务无论是规格还是提供的功能都不可一概而论。根据服务的不同，"只需输入数据即可得到返回的预测结果"这样的形式，存在不知道内部执行如何处理的黑盒情况，这一点需要引起注意。

---

[1]但是，因为不是由特定的供应商保证品质，所以只要不是试验性的使用，用那些被很多人使用并具有相当稳定评价的程序库是安全的。

1.2.3 数据科学实施所需的技能

关于数据科学，一方面，存在能够承担这类任务的人才不足的问题[1]；另一方面，必要的技能不明确，以及存在人才不匹配的问题。下面先介绍数据科学实施所需的技能。

1. 技能的多元化

从事数据科学工作的人员需要的技能是多元化的。

（1）最基本的要求是对统计模型的理解，这是数据科学的基本技能。除了统计分析外，使用数据挖掘和机器学习技能同样是需要的；至于还需要什么样的技能则根据处理数据的目的（即由于什么原因处理什么样的数据）不同而有所不同。

例如，在调查数据和实验数据的分析过程中，需要具备建立假说、设计调查和实验方法的技能，还需要具有从收集的数据中正确验证假说的能力。这些可以说是在学术意义上从事科学研究的人员本身应具备的能力。在这些分析研究中，数据处理和数据管理并不要求具备IT能力。由于在这些分析处理中的数据量一般不是很大，所以有时被称为"小数据"。

（2）对于销售、库存及客户属性这类业务数据的分析，数据量往往会比较大，需要拥有诸如管理数据的数据库管理系统（DBMS）和数据仓库（DWH）这样与IT相关的知识（图1.7），还需要了解硬件及运行这些工具的云环境。此外，当处理诸如文本（文章）、图像和语音等的非结构化数据时，除了要具有处理这些数据的技能，还需要有处理大量数据的并行分布式处理系统的专业知识。这些与数据处理和数据管理相关的技能及统计和科学研究的能力有很大的不同。在这里，将这些技能称为"数据工程的技能"。随着处理数据的多样化和大容量化，对数据工程的要求也越来越高。

图1.7　所需能力的增加

---

[1]《日本经济新闻》2013年7月17日朝刊第2版《预计大数据分析人才缺口25万人》。

（3）在商务领域中，很多人重视的是，如何提出业务上的与应对措施相关的假说能力，以及将分析和预测的结果应用到业务上的思考能力[1]。为此，需要了解市场营销、服务，或者与产品设计相关对象的业务领域知识，以及了解现场工作人员和决策者的想法，并具有讨论和沟通的能力。

2. 商务、数据科学和数据工程

在日本，数据科学家协会准备了一份与数据科学相关的技能清单。该协会对数据科学家作了如下定义[2]。

> 所谓数据科学家，是能够以数据科学能力、数据工程能力为基础，从数据中创造价值，并且能够给出商业课题答案的专业人士。

该协会成立的背景是，对于数据科学家没有明确的定义，就需要获得和培养人才，特别是企业方面的用人要求和数据科学家所拥有的技能不匹配，导致得不到预想的成果，而且数据科学家的经验和能力不能充分发挥的状况也时有发生[3]。因此，在该协会制定的"数据科学家能力检查表"（以下简称"能力检查表"）中，将数据科学家应具备的能力大致分为以下三类[4]。

（1）"商务能力"：在理解课题背景的基础上整理、解决商务课题的能力。

（2）"数据科学能力"：能够理解并使用信息处理、人工智能、统计学等信息科学领域一系列智慧的能力。另外，在能力检查表的第一版（2015 年）中，以理解数据所具有含义的解析性技能为中心，关于机器学习的记述不多。在 2017 年公开的第二版中，增加了预测、机器学习、优化等主题，成为对应广泛目的的形式。

（3）"数据工程能力"：能够将数据科学以有意义的形式使用，具备实现和运用的能力。即具有构建处理数据的系统环境、收集和积累数据、在必要时以必要的形式获取数据并进行处理所需的 IT 技能。

在能力检查表（第二版）中，三个分类中共有 38 个子类别和 457 个分项的技能（图 1.8）。

---

[1]有关业务能力在数据科学中的重要性，请参阅以下访谈文章。

2016 年 7 月 ITmedia Enterprise 的《无法改变业务的数据分析是没有意义的。Osaka Gas 的川本先生的访谈 IT 部门的职责》。

2014 年 8 月 NRI IT 解决方案前沿的《进行实际数据分析所需的人力资源》。

[2]日本数据科学家协会 2014 年 12 月 10 日新闻稿。

[3]日本数学科学家协会网。

[4]日本数据科学家协会 2017 年 10 月 25 日新闻稿。

商务能力		
1	行为规范	12
2	逻辑性的思考能力	18
3	项目流程	20
4	获取数据能力	4
5	数据的理解与验证能力	3
6	含义的提炼与洞察力	5
7	解决问题能力	4
8	实施业务能力	8
9	活动管理能力	20
10	知识产权	6
	数据项数	100

数据工程能力		
1	构建环境	21
2	数据收集	16
3	数据结构	11
4	数据存储	17
5	数据处理	13
6	数据共享	14
7	编程能力	22
8	IT安全性	15
	数据项数	129

数据科学能力		
1	统计数学基础	16
2	预测	17
3	审定/判断	11
4	分组	14
5	把握性质和关系性	14
6	采样	5
7	数据处理	8
8	数据的可视化	37
9	分析流程	5
10	数据的理解及验证	23
11	含义的提炼与洞察力	4
12	机器学习	20
13	时间序列分析	7
14	语言处理	13
15	图像及视频处理	8
16	声音/音乐处理	5
17	模式发现	3
18	图形模型	3
19	模拟/数据同化	5
20	优化	10
	数据项数	228

注: 表中数字是分类中的检查项数量。

图 1.8 "数据科学能力检查表"的能力类别一览表

3. 团队合作的重要性

在数据科学家应具备的能力方面,本书将特别把重点放在阐述"数据科学"方面。另外,仅仅靠数据科学能力是无法胜任数据科学家的工作的。无论是商务能力还是数据工程能力,都不是靠书本和进修一朝一夕就能掌握的。那么,应该怎么做呢?

重要的是,寻求掌握多个领域的知识并具备众多能力的人才是不现实的。人都是有擅长和不擅长做的事情,越是拥有高度专业性知识的人才,其专业领域越窄。因此,在商务世界中的数据科学领域,并不是需要某一个专家能够掌握全部的能力,而是需要由团队合作来完成工作任务。

假设在团队中个人力量不足的情况下,会有怎样的结果呢?如图 1.9 所示。建议大家参考协会的能力检查表等,确认一下自己的强项,以及应该弥补哪些知识。

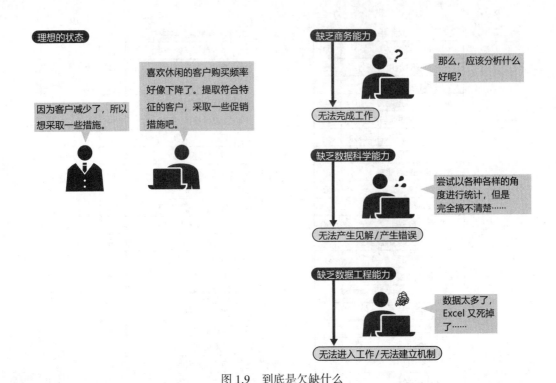

图 1.9　到底是欠缺什么

1.2.4　数据科学的局限性及挑战

从本书的第 2 章开始，将学习工具的使用方法、具体的理论和方法等，在此之前先理解有关数据科学的局限性及挑战。虽然这是比较难的内容，但是了解数据科学的局限性及挑战可以帮助我们避免错误和意想不到的后果，从而获得真正的价值。

1. 数据科学的局限性

数据科学是从数据中推导出其中存在的某些关联性和规律性。这是通过每个案例经验的不断积累，从中导出一般性原理的思考方式，其相当于逻辑学和哲学所说的"归纳法"。与此相对，以逻辑性引导的原理为基础，引导对不同案例进行判断的思考方式称为"演绎法"。

归纳法的缺点是，无论积累多少经验，都只能记录"大多数情况下是这样的"这一事实。即使平心静气地观察了物体掉落的情况，也无法推出万有引力的法则和相对论[1]。为了推导出那样的

---

[1] 艾萨克·牛顿看到苹果掉落，发现了万有引力定律，这一定是事实。Alberto A. Martinez. Science Secrets: The Truth about Darwin's Finches, Einstein's Wife, and Other Myths. 2011.

理论，需要以毫无矛盾的一般性方式：数学逻辑记述演绎性的思考。

虽然统计分析对近代科学的发展有着很大的贡献，但是，这并不是因为统计分析本身具有导出一般性规律的能力。考虑复杂模型是人类的任务，通过数据进行验证是统计分析的任务。统计分析关注的是，对于通过演绎性思考而产生的预测进行归纳性验证的能力。

另外，从数据挖掘到大数据、机器学习、深度学习等一系列的"热潮"，也产生一种对机器能够自动描绘并解释事物现象的机制的误解。但是实际上机器能够自动输出的仅是基于相关的知识或相关关系的一种预测，并不是记述因果关系的一般性规律。

例如，即使发现"蓝色汽车事故多"这样的"规则"，也并不能说蓝色是事故的原因。也许是碰巧有问题的车种中蓝色的比较多。如果是简单的问题，则可以通过常识判断相关和因果的区别。但是，在不熟悉的领域里，我们往往容易将表面上的相关关系误解为问题的本质，更何况机器并不具备区分相关与因果的知识。从事数据分析工作的人员需要特别注意，仅通过数据进行归纳性的推论是无法揭示事物本质的。

2. 数据科学与法律伦理

数据科学受到越来越多的关注还是最近的事情，与此相关的法律和伦理问题也开始受到关注。从这个观点来看，可以认为在以下三个领域存在问题。

（1）知识产权

说到 IT 领域的知识产权，其代表是著作权和专利权。著作权是保护具有创作性表现的人们编写的程序代码。专利权是保护发明构思的。那么，数据应该根据什么来保护呢？因为数据没有具体的形态，所以人们对这一概念都很模糊，既不是创造性的表现，也不是创意。如果是本企业员工输入的数据，那么应该没有什么问题；如果是顾客输入的数据或者是第三方通过设置的机器收集的数据，那么可能会发生围绕其所有权的争议。

而且，在数据科学方面，优秀的模型能够带来价值。实际上，模型是由机器所估计的参数。如果采用深度学习的方法，根据不同的情况，机器就会计算数千，甚至达到亿次才能得出参数。这个参数应该受到什么样的保护呢？另外，在通过大量计算得到高精度模型的情况下，这本身可以被视为是具有创造性的发明吗？这些是以往的法律没有预想到的问题，也可以说是今后的课题。

（2）个人数据和个人信息分析

关于个人数据的问题，特别是个人信息保护的动向已经有很多讨论，也有大量的文献，因此本书不再涉及。

从与数据科学的关系来看，重要的是围绕个人信息分析的问题。关于个人信息的分析，一般数据保护规则（General Data Protection Regulation，GDPR）中的明文规定引起了人们的广为关注。

所谓个人信息的分析，是指对个人属性的推测分析。从个人信息分析出的信息关系到个人所受到的有利和不利的方面，但是作为对象的本人却不知道分析的存在。另外，推测本身也有可能出错，根据错误的信息受到影响的本人很难注意到这一点。

　　如果只是算法错误地判断个人属性，如企业员工被判断为不是员工而无法打开办公室的门，就马上可以知道这样的情况是个问题。但是，通过机器执行概率性判断，与其说只是单纯地猜测某个人的属性，更多的是进行如"录用后是否会成为有能力的员工""是否有能力偿还贷款"等这样的预测性工作。在这种情况下，如果出现消极的结果，员工就无法被录用或贷款，而其本人则并不知道原因。另外，谁也不知道"如果录用了"或者"如果贷款的话"这样的结果，所以永远无法验证预测是否正确。

　　而且，预测本身就是"黑匣子"，有时导致消极判断的理由连经办人和负责人都不知道。拥有数学博士学位的数据科学家凯西·奥尼尔（Cathy O'Neil）报告了在华盛顿发生的真实事件[1]。导入了针对教师对提高学生学习能力做出贡献评价的算法进行了教员的筛选，结果优秀的教师却被解雇了。即使质疑评价的逻辑，负责人也只能解释这是一个数学问题，其算法非常复杂。

　　（3）统计歧视

　　个人信息的分析成为问题，是因为这个问题超越了"个人信息的推测"和"预测的正确性"，已涉及歧视和人权的问题。

　　在华盛顿的事件中，输入的数据（学生的学习能力考试结果）有可能不值得信赖。如果是那样，就可以说这是预测正确性的问题。

　　如果数据经过仔细检查并进行技术性的改善能够保证预测的正确性，那么问题是否就解决了呢？实际上并非如此。例如，有数据显示，在日本的管理职位中女性的比例仅占13%[2]。也就是说，性别与职位有关联，如果以此为基础来预测女性作为人才的潜力前途，就会得出"女性不能说是有潜力的人才"的结果。成绩优秀的情况下可能会有好的结果，但即便如此，与成绩相同的男性相比，女性的评价也难免会有减分。

　　如果是女性，则成为管理人员的可能性很低，从概率上来讲并不能说是错误的。问题是，女性不能成为管理人员的理由并非在女性本身，而是企业的体制和社会制度的不完备。算法无法区分相关和因果，也就是说不能区分人种、性别等属性和其他本质因素。对属于少数派的个人评价越来越尖锐，产生了"由机器而产生的歧视"问题。如果受到歧视的人数众多，则数据显示的实际状况会进一步恶化，反而会将这种不利状况进一步扩大化。

　　即使把人种、性别等信息从模型中去除，也无法解决问题。Amazon为了对众多应聘者进行评价，开发了基于机器学习的简历审查系统。虽然美国的简历上没有性别栏，但是如果简历中有被判断为女性的语句（诸如仅女性参加的社团活动，或者母校为女子大学等信息）出现，机器就会降低

［1］Cathy O'Neil. Weapons of Math Destruction. Crown, 2016（凯西·奥尼尔《算法霸权——数学杀伤性武器的威胁》，2018）.

［2］《男女共同参画白皮书》（2017年版），内阁府。

R & Python数据科学与机器学习实践

1

对应聘者的评价[1]。因此，Amazon 公司放弃了该系统的使用。

也有这样的论调，即只要消除输入到机器中的数据的偏差就可以解决问题。真的是这样吗？首先，与歧视有关的不仅仅是人种、性别等属性，事实上不可能消除出生地、病史等所有属性的数据偏差。此外，机器还可以组合一些不易察觉的特征，如名字、住址、家庭构成，或者长相、语气等，将各种各样的信息组合在一起，就有可能作出某个人是属于社会地位低的阶层这一推测。

歧视的定义有各种各样的，其中的一个解释是"不是个人的资质，而是根据某个人所属集团的特性来决定其待遇"。如果想在其他人的评价中真实地存在，就应该只评价某个人的个人资质和人格。

这样的"统计歧视"是一个相当根深蒂固的问题。在审查某个人且决定其待遇的问题时，也许应该按照目的限定方法，只推测某个人自身的资质和能力。虽然找不到简单的解决办法，但是确实应该对这个问题进行慎重的考虑，或者像 GDPR 那样要求某种规则。

---

[1] Reuters. Amazon scraps secret AI recruiting tool that showed bias against women. The Japan Times.

专栏 商务应用中的注意点

在拿到像本书这样入门类书籍的读者中，有人希望通过建立数据分析项目来将其有效应用到商务活动中。本专栏介绍了教科书例题中没有提及的问题，以及容易被忽略的讨论事项等。

■ 无法得到惊人的结果

有很多人期待通过应用数据分析获得"人类所无法察觉的惊人结果"和"超越人类智慧的性能"。当告知这些人分析的结果时，常常会听到"和现场感觉一样"的话。这样的情况非常多，无论是使用 BI（Business Intelligence）等工具进行可视化，还是使用机器学习进行分析都有可能发生。究其原因，就是使用了人们赋予的教师标签，以及强烈反映人的意志的有所偏颇的数据等。

人们标记监督学习标签，得到的最大精度就是和人所做的一样。实际上，往往只能得到比人类的分析还要低的结果。因此，如果想获取人类没有的知识和性能，就需要使用不需要教师标签的强化学习方法或者有意识地收集有意外性的数据后再进行分析。

■ 无法忽视的沟通成本

同分析技术上的困难一样，让人烦恼的是沟通成本。所谓沟通成本，是指由于相关人员之间事前具备的知识等存在差异，进行对话所需的时间成本。事前具备的知识容易产生差距的是作为分析对象的业务、商品、数据本身，以及与分析方法相关的知识。

如果与业务和商品相关的知识不足，则无论怎么分析数据也不能从中得到富有启发性的知识。如果在不理解实际业务中重要问题的基础上交流，就会沉溺于没有意义的庞大信息中。

如果关于数据本身的知识不足，当需要讨论应该应用哪些数据时，就需要耗费相当多的时间。组织内积累的数据有很多是相似的，需要掌握应该使用哪个系统中记录的数据，以及数百个数据项各自的意义是什么。即使是本公司系统的数据，也很少有人能正确掌握整体情况，更不用说要掌握顾客公司的系统等本企业外部数据的全部内容，这绝非一件简单的事情。

关于分析方法的知识不足也会成为问题。特别是在报告分析结果时，很多情况下不仅要说明分析结果，还要说明采用的分析方法和讨论过程。对于没有具体掌握分析方法的顾客来说，即使说明了高级的分析方法，也会被评价为"不知道在分析什么"。即使执行了优秀的分析，如果不作填补知识差距的说明，也会陷入无法应用数据分析的结果。

因为很少有精通一切的人才，所以为了避免这样的麻烦，需要将具有优秀业务能力、数据科学能力、工程能力等成员集合起来组成团队来工作。

■ 考虑运行成本的必要性

顺利建立预期精度的机器学习模型后，在模型投入实际业务中时所产生的问题是运行成本。

一般来说，机器学习模型的处理速度相差 10 倍左右的情况并不少见。处理速度有 10 倍的差距，运行成本也有可能产生 10 倍的差距。

即使每件的处理速度很慢，如果处理的件数少，则对执行处理的服务器影响也很少，所以不会有问题。但是，当很多人使用负荷高的机器学习模型时，服务器的性能便会成为问题。此时，必须用某些措施增强服务器性能。

像这样，在建立数据模型时，需要注意在通常的系统开发中要讨论非功能需求。在某些情况下，为了降低运行成本，可能有必要牺牲精度。

第 **2** 章

R 语言与 Python 语言

R 语言和 Python 语言都是适用于数理分析的语言，无论使用哪一种都可以进行基本相同的分析，因此选择使用方便的一种语言即可。但是，这两种语言之间还是存在一些是否适合或者是否使用方便上的区别。下面从数据科学入门的观点来比较 R 语言和 Python 语言。

1. 适用领域与用户的不同

一般来说，如果是统计分析，则使用 R 语言；如果是机器学习，则使用 Python 语言。这是由于各个语言的发展历程及用户的不同而产生的区别，并非都由于语言本身的规格设计产生的不同。

统计分析的用户往往是各个领域的专业人士，但不一定是从事 IT 的专业人士。R 语言是对于那些并不擅长编程的人也能够方便使用的语言，而且还提供适合生物学、心理学、医学等各种领域的软件包。虽然可以使用 SAS 和 SPSS 等商业统计软件，但是仍然有很多人已经开始使用能够免费获取并具有丰富功能的 R 语言。

另外，在对机器学习有兴趣的用户中，程序员和 IT 领域的工程师居多。以前是使用 C 或 Java 这样的编程语言（或者现在也在使用），但是从现在开始使用更容易操作且数理分析功能更加充实的 Python 语言的人也逐渐增多。或者也存在原本是在 Web 程序开发中就已经能够使用 Python 语言的人员，现在也开始动手学习机器学习的情况。

虽然是题外话，但是上述这些区别在书店中会有实际的感受。在东京的几家大型书店中，笔者发现关于 R 语言的书籍集中摆放在数学、统计的柜台上，信息科学、计算机、编程语言的柜台几乎没有摆放，而与 Python 语言相关的书籍正好相反，在数学、统计的柜台上并没有摆放多少。

2. 基本功能与程序库

在实现数据分析所需的数据处理功能方面，R 语言和 Python 语言有很大的不同（表 2.1）。

表2.1 R 语言和 Python 语言的基本功能及程序库

基本功能	R	Python
向量 / 矩阵的计算	标准（base）	NumPy、SciPy
数据帧	标准（base）	Pandas

基本功能	R	Python
基本的统计分析	标准（stats）	StatsModels
基本图形	标准（graphics）	Matplotlib
扩展图形	ggplot2	Seaborn
机器学习	caret	scikit–learn

注：两者的功能存在差异，并非是一对一完全对应的。

R 语言原本是以向量处理（见 2.2.1 小节）为前提的语言，可以方便地执行数组和矩阵的运算。此外，R 语言可以处理与数据库表格相似的数据帧，也可以方便地分析包含多种不同类型变量的数据。

在 Python 语言中，并没有提供这些标准功能，而是需要导入 NumPy 或者 Pandas 等程序库来使用。这样虽然方便，但也可能是数据操作不统一的原因。

关于描述过程（步骤）的方法，在 R 语言中通常可以通过各种函数组合进行描述，但是在 Python 语言中，则需要利用各种函数，以及使用类和方法（method）混合起来进行描述（尤其是依赖于程序库中的类），这就需要对编程有最基本的了解。

3. 在统计分析中的应用

在 R 语言的标准软件包中包含基本的统计分析功能，即使不安装附加软件包，也可以执行正常的统计分析。如前面的"1. 适用领域与用户的不同"中所述，R 语言提供了适合各种领域的扩展包。通常由于在多个不同的程序包中都提供相同分析方法的实现，因此可以使用更加方便且功能更加丰富的类库。

Python 语言不包含统计分析的功能，需要为其安装 StatsModels[1] 软件包。Python 语言中的统计分析软件包与 R 语言相比是有限的，根据方法的不同，可以选择的范围也比较小（如因子分析及其变化等）。但线性回归和广义线性模型（GLM）等基本方法不至于特别不方便。

4. 在机器学习中的应用

在使用机器学习的分析过程中，基于各个算法的优劣，不管算法的种类如何，能够统一进行数据的加工、分割、学习、测试等一系列处理的工作流程是非常重要的。在这一点上，作为使用 Python 语言的机器学习软件 scikit–learn 是非常优秀的，应该成为首选。Python 语言中也有丰富的作为深度学习的程序库。对于诸如增强型学习等需要自编程的任务，作为通用编程语言，Python 语言的优势被充分地发挥了出来。Python 语言还可以用于 Web 应用的开发等，在与机器学习的处理关联时也是非常有利的。

---

[1] 参见 StatsModels 官网。

R 语言也提供了可以使用多个算法执行机器学习过程的 caret 软件包，但是没有 scikit-learn 那样的统一感，给人一种使用方便性较差的印象。但是，如果是在规定的数据集中应用随机森林或 SVM 等特定的算法时，仅引用执行结果，则 R 语言也是足够胜任的，而且可以说是非常便利的。

5. 使用的便利性

提及语言的易用性，往往与使用者的习惯有很大关系，不能一概而论说哪种语言更好。R、Python 两种语言都比 C 和 Java 等语言容易理解，可以用较少的行数描述处理。但是，Python 语言更接近 C 语言、Java 语言等真正开发用的语言，R 语言可能更接近简单的脚本语言。虽然也与用途的不同有关，但是在 Python 语言中必须理解对象的概念，特别是类、实例、方法等概念。

不管怎么说，我们都可以说 R 语言是面向那些本职工作而并非是编程的用户，Python 语言是面向信息科学和编程能力比较强的用户。另外，也有可以通过 R 语言调用 Python 中使用 R 语言的软件包（PythonlnR、reticulate 等），也有可以通过 Python 语言调用 R 中使用 Python 语言的软件包（PypeR[1] 等）。可以在通常使用某一种语言，需要调用另一种语言时使用。

[1]参见 PypeR 官网。

2.2 | R 语言入门

2.2.1　R 语言的概述

1. R 语言的特点

R 语言是为了分析数据和统计分析而开发的软件，同时作为编程语言也具有强大的功能。虽然 R 是编程语言，但是与 C、Java 等语言相比则非常简单，即使是没有编程经验的人，一行一行地读代码并理解其含义也并不困难。另外，如果按照执行顺序逐步描述处理内容，则同样可以进行完整的分析，所以与其说 R 是编程语言，不如说更多的人是将其用作"分析工具"。

R 语言的开发是以奥克兰大学和哈佛大学的研究人员为核心进行的。R 这个名称是两位开发者名字的缩写，而且据说 R 语言是由在其之前所开发的称为 S 的数据分析软件发展而来的[1]。R 语言可以在 UNIX、macOS、Windows 这三种操作系统中使用。另外，由全世界的研究人员和开发者开发并提供用于各种目的的程序库作为扩展包，它们的信息汇集在 The Comprehensive R Archive Network（CRAN）中。截至 2019 年 1 月，CRAN 提供了超过 13000 个扩展包，而且数量每天都在增加。

2. R 语言的运行环境

因为 R 语言是专门用于分析等的软件，所以在安装时可以无须太在意对操作系统和其他应用程序的影响。开发环境的管理也不是那么复杂、烦琐。

R 语言也可以单独执行，但是如果安装上 IDE[2]等专用的工具，则会更加方便使用。常用的有 RStudio 工具，其还有可以免费使用的开源版（Open Source Edition）和收费的商业版（Commercial License，提供支持的版本）。在本书涉及的范围内，使用开源版即可。但是，请注意必须遵守 AGPL v3 许可证[3]。

关于 RStudio 的安装和使用方法，这里不再介绍（电子版，其下载方法请参照前言中的相关

---

[1] R FAQ, Version 2018–10–18。

[2] IDE（Integrated Development Environment）是集成开发环境，将程序的描述、运行、调试等所需的多个工具集为一体化而成。

[3] AGPL 是 Affero General Public License 的略称。AGPL 的条文可以参照 FSF（Free Software Foundation）运营的网站。

叙述）。除了 RStudio，还有与其拥有同样功能的 R Commander 工具。另外，面向 Python 开发的工具 Jupyter Notebook 也可以运行 R 语言。用户根据实际需要，选择适合自己的工具使用即可。

R 语言具备标准的数据分析和统计分析的功能，但是正如前面 "1. R 语言的特点" 中所述，尽可能利用数量众多的扩展程序包会更加方便。特别是，如果特意地自己编写基本处理程序，程序顺次执行的命令数量（步数）会变多，会使处理速度变慢。

扩展包是由 CRAN 综合管理的，可以从 RStudio 的 GUI 中检索 CRAN 中的软件包，并且可以方便地安装。本书中也会使用各种各样的软件包，需要逐个安装后使用。关于使用 RStudio 安装软件包的方法，请参照相关书籍操作（电子版，其下载方法请参照本书前言中的相关叙述）。

另外，软件包中包含的一连串程序的汇集称为程序库。根据上下文的不同，有时称为"软件包"，有时称为"程序库"，但是在本书中两者意思基本上是相同的，无须区别。

3. 函数

R 语言的各种功能由称为函数的程序提供。这里的函数与数学中的函数意思不同，它是指程序的一个执行单位。函数通常用函数的名称和随后的圆括号表示。例如，print("hello") 表示在控制台上显示字符串。hello 在这种情况下，将字符串 hello 交给 print() 函数（程序）执行。一般情况下，函数圆括号中的内容称为"参数"。

如果需要执行稍微复杂一些的处理，根据现有的函数创建自定义函数会很方便。像这样，通过将标准函数进行组合再定义其他程序（函数）的方法不仅适用于 R 语言，还适用于 C 语言等。这种方法称为函数型程序设计。

但是对于一般的用户来说，并不是需要真正的程序设计，而是为了读取现有数据并执行分析而使用 R 语言的情况比较多。在这种情况下，无须拘泥于函数型的程序设计，而只需根据现有的函数按照想要执行的顺序逐步执行的方法（过程型程序设计），就能够完成非常实用的处理。本书提供的脚本也主要以这样的方法描述。

4. 向量处理

作为编程语言，R 最大的特征是具备向量处理功能。

在一般的程序中通常一次只处理一个值。例如，将 1,2,3 的数列 A 和 4,5,6 的数列 B 相加。在多数的编程语言中，首先从数列 A 的开始位置和数列 B 的开始位置取出各自的值（1 和 4），然后计算总和，将结果 5 存储在新的数列的开始位置，随后将要处理的对象定位为第二个元素，重复同样的处理。在本示例中，重复三次结束处理。

在一般的编程语言中是以 "for i=1 to 3" 这样的语句表示重复处理（循环处理）的。并且，在该处理中大致有三行左右的描述（更准确地说，需要大致三个命令进行组合）。此外，需要使用数组来存储数列，但是该数组类似于一个箱子，用于方便地存储三个数字，而并非是直接对数组进行计算。

与此相对，R语言能够将包含有1,2,3的数列A作为一个向量来处理。在这里，该向量包含三个元素，但它本身并不是单纯的箱子，而是计算的对象（这一点与数学中处理向量的理念相似）。因此，计算数列A与数列B相加的和，只需记为A+B即可。

这样的程序设计有以下优点。

（1）可以简洁地描述程序。

（2）同数学中向量和矩阵的计算相匹配。

（3）与将循环处理的内容逐个解释并执行相比速度更快。

最后一点在编写R语言的程序时也很重要。上述的例子是非常简单的处理，但是当处理复杂程序时，执行时间的差别将变得非常大。在R语言中，复杂的处理也可以不用循环，习惯循环处理的、有编程经验的人需要注意，尽量不要使用循环处理。

2.2.2　R语言的语法

在这里，我们将介绍R语言的基本语法和向量处理。本书并不是程序设计的解说书，请将以下内容仅作为使用R语言时最低限度的入门基础来阅读。如果理解了本节和2.3节的内容，再理解第3章开始的内容就不会存在太大的问题。

关于R语言的运行环境

本章中的R语言脚本是以在RStudio中执行为前提的。本书的支持页面中有关于RStudio的基本使用方法及对其界面进行说明的文档。关于下载方法，请参照本书前言中的叙述。

本小节中使用的示例脚本见程序清单2.2.02.RGrammer.R（清单2.1）。将该程序文件保存在计算机的适当目录中，通过选择RStudio菜单File中的Open File命令打开并执行。

在脚本中可以用鼠标选择需要执行的范围，然后按Ctrl+Enter组合键，执行所选择区域的语句。另外，可以单击脚本中的任意位置，将光标（|）放在程序的脚本文件中，并在其闪烁时按Ctrl+Enter组合键逐行执行相应的语句。

清单2.1　2.2.02.RGrammer.R

```
# R 的语法
# 尝试逐行执行
# "#" 表示注释
# 算术运算
```

```
3 + 2                                    # 加法
3 - 2                                    # 减法
3 * 2                                    # 乘法
3 / 2                                    # 除法
3 ^ 2                                    # 乘幂

3^2                                      # 可以没有空格

# 存储至对象中（代入操作）
a <- 1                                   # 将 1 存储到 a 中
A <- 2                                   # 将 2 存储到 A 中
b <- a + A                               # 将 a+A 存储到 b 中
print(b)                                 # 显示 b
b                                        # 不写 print() 函数也可以显示

# 向量
a <- c(1,2,3)                            # 将 (1,2,3) 存储到 a
A <- c(4:6)                              # 将 (4,5,6) 存储到 A
b <- a + A                               # 将 a+A 存储到 b
b                                        # 显示 b
b * 2                                    # 显示 b×2

a <- c(1,2,3)                            # 可以没有空格

sum(a)                                   # 计算向量各元素的和

# 字符串
fr1 <- "apple"                           # 字符串
fr2 <- c("orange", "lemon")              # 以字符串为元素的向量
fruites <- c(fr1,fr2,fr1)                # 连接各元素
fruites                                  # 显示 fruites

# 逻辑运算
bool <- c(TRUE,FALSE,F,T)                # 逻辑值
bool                                     #T 是 TRUE 的简写；F 是 FALSE 的简写
sum(bool)                                # 将 T/F 视为 1/0

"pen" == "pen"                           # 比较运算（等于）
"pen" == "apple"
"pen" != "apple"                         # 比较运算（不等于）
"pen" != "pen"
```

```
1 < 2                              # 比较运算（小于）
1 >= 2                             # 比较运算（大于或等于）

is_apple <- fr1 == "apple"        # 存储比较运算的结果
is_apple

is_apple <- fruites == "apple"    # 存储比较运算的结果
is_apple

# 数据类型
class(a)                          # 显示对象类型
class(fr1)
class(fruites)
class(is_apple)
str(a)                            # 显示类型、结构和内容的一部分
str(fr1)
str(fruites)
str(is_apple)

# 取出向量的元素
Nums <- seq(4,62,2)               # 创建一个范围为 4 ~ 62、间隔为 2 的数列
Nums
str(Nums)

head(Nums)                        # 前 6 个数据
head(Nums,8)                      # 前 8 个数据
tail(Nums,8)                      # 最后 8 个数据

Nums[3]                           # 第 3 个元素
Nums[2:5]                         # 第 2 ~ 第 5 个元素
Nums[-3]                          # 除了第 3 个元素以外的元素

# 添加元素
Nums <- append(Nums, 64)          # 在最后面添加元素
Nums

Nums <- append(Nums, 2, after=0)  # 在最前面添加元素
Nums                              # 通过 after 指定位置

# 矩阵
```

2

```
Nums <- matrix(Nums, 8, 4)          # 将 Nums 转换为 8×4 的矩阵
Nums

# 指定 row（行）和 column（列）
Nums[1, 2]                          # row 1, column 2
Nums[2, 1]                          # row 2, column 1
Nums[, 2]                           # 所有的 row, column 2
Nums[2, ]                           # row 2, 所有的 columns

class(Nums)                         # 查看数据类型
str(Nums)

# 创建函数
# 创建函数 sumSquares，将向量的所有元素求平方和
sumSquares <- function( a ){
b <- sum( a^2 )                     # 计算 a 的平方和
return(b)                           # 将 b 的值作为函数的返回值返回
}

sum(c(1, 2, 3))                     # 1 + 2 + 3
sumSquares(c(1, 2, 3))             # 1 + 4 + 9
sum(Nums)                          # 2 + 4 + 6 +···
sumSquares(Nums)                   # 4 + 16 + 36 +···
```

1. 算术运算与对象的存储

脚本的开始显示了一个简单的算术运算（如加法、减法、乘法和除法）示例。如果经常使用 Microsoft Excel，那么对这些符号的用法是比较熟悉的。执行结果如例 2.1 所示。

例 2.1 简单的算术运算示例

```
> 3 + 2                             # 加法
[1] 5
>
> 3 - 2                             # 减法
[1] 1
>
> 3 * 2                             # 乘法
[1] 6
>
> 3 / 2                             # 除法
[1] 1.5
>
```

```
> 3 ^ 2                              #乘幂
[1] 9
```

接下来，将数字或计算结果存储在对象中。**对象**类似于可以存放任何物品的箱子。虽然经常将其称为**变量**，但因为容易与统计分析中使用的"变量"混淆，所以这里就称为"对象"。对象的命名在这里使用 a 和 A 等字母，你可以在任意字符串中使用自己喜欢的名称命名。注意，对象的命名不能以数字开头且对象的命名是区分大小写的。存储在对象中的数值和计算结果可以使用 print() 函数来显示，但是即使不使用 print() 函数，只要描述对象的名称并执行也可以显示，所以通常使用这样的写法比较方便（见例 2.2）。

例 2.2　存储至对象中（代入操作）

```
> a <- 1                             #将1存储至a中
> A <- 2                             #将2存储至A中
> b <- a + A                         #将a+A存储至b中
>
> print(b)                           #显示b
[1] 3
>
> b                                  #不写print()函数也可以显示
[1] 3
```

2. 向量

向量是由多个元素组成的数组，但是与通常程序设计语言中的数组不同，向量本身是计算的对象。

在 R 语言中，创建向量使用的是 c() 函数，其中 c 表示合并（combine）的意思。向量元素可以是数字、字符串、逻辑类型（TRUE 或 FALSE）等（见例 2.3）。

另外，在 R 语言中表示字符串时，用引号（单引号 '' 或双引号 " "）括起来。如果数字用引号（如 "123"）括起来，则它们也被识别为字符串。

例 2.3　向量、字符串、逻辑值的运算

```
> a <- c(1, 2, 3)                    #将(1, 2, 3)存储至a中
> A <- c(4:6)                        #将(4, 5, 6)存储至A中
> b <- a + A                         #将a+A存储至b中
>
> b                                  #显示b
[1] 5 7 9
>
> b * 2                              #显示b×2
```

```
[1] 10 14 18
>
> sum(a)                                    #计算向量各元素的和
[1] 6
>
>
> fr1 <- "apple"                            #字符串
> fr2 <- c("orange", "lemon")               #以字符串为元素的向量
> fruits <- c(fr1, fr2, fr1)                #连接各元素
>
> fruits                                    #显示 fruits
[1] "apple" "orange" "lemon" "apple"
>
>
> bool <- c(TRUE, FALSE, F, T)              #逻辑值
>
> bool                                      # T 是 TRUE 的简写；F 是 FALSE 的简写
[1] TRUE FALSE FALSE TRUE
>
> sum(bool)                                 #将 T/F 视为 1/0
[1] 2
```

3. 逻辑运算

逻辑运算（比较或否定）的符号也与 Excel 等的相同，使用这些符号进行条件判断的结果会返回 TRUE 或 FALSE 中的任意一个（见例 2.4）。

例 2.4　逻辑运算

```
> "pen" "pen"                              #比较运算（等于）
[1] TRUE
>
> "pen" "apple"
[1] FALSE
>
> "pen" !="apple"                          #比较运算（不等于）
[1] TRUE
>
> "pen" != "pen"
[1] FALSE
>
> 1 < 2                                    #比较运算（小于）
```

```
[1] TRUE
>
> 1 >= 2                              # 比较运算（大于或等于）
[1] FALSE
>
> is_apple <- fr1 == "apple"         # 存储比较运算的结果
> is_apple
[1] TRUE
>
> is_apple <- fruits == "apple"      # 存储比较运算的结果
> is_apple
[1] TRUE FALSE FALSE TRUE
```

4. 查看类型与结构

查看对象的类型（类）可以使用 class() 函数，**查看对象的结构（Structure）**可以使用 str() 函数。在查看含有复杂内容的对象时，使用 str() 函数非常方便。另外，即使不使用 class() 函数，执行 str() 函数也能够显示类型（见例 2.5）。

例 2.5　查看类型与结构

```
> class(a)                           # 显示对象类型
[1] "numeric"
>
> class(fr1)
[1] "character"
>
> class(fruits)
[1] "character"
>
> class(is_apple)
[1] "logical"
>
> str(a)                             # 显示类型、结构和内容的一部分
num [1:3] 1 2 3
>
> str(fr1)
chr "apple"
>
> str(fruites)
chr [1:4] "apple" "orange" "lemon" "apple"
>
```

```
> str(is_apple)
logi [1:4] TRUE FALSE FALSE TRUE
```

5. 提取向量的数据

在查看包含许多元素的向量及后述的矩阵、数据帧等内容时，使用 head() 函数会非常方便。只要没有特殊的限定，将显示开始的 6 个元素（或 6 行）（见例 2.6）。

如果要从向量中提取特定元素，则需要设定**索引**。例如，如果要指定 Nums 对象的第 3 个元素，则要像 Nums[3] 那样用方括号将索引值括起来。索引值 "2：5" 是表示范围 "第 2 ~ 第 5 个元素"的意思。

另外，输出结果太长时会在中途换行，此时系统会在行首输出 [1] 或 [20] 等，以表示该行开始的元素是第几个元素。

例 2.6　取出向量的元素

```
> Nums <- seq(4, 62, 2)          #创建一个范围为 4 ~ 62、间隔为 2 的数列
> Nums
 [1] 4 6 8 10 12 14 16 18 20 22 24 26 28 30 32 34 36 38 40
[20] 42 44 46 48 50 52 54 56 58 60 62
>
> str(Nums)
 num [1:30] 4 6 8 10 12 14 16 18 20 22 ...
>
> head(Nums)                     #前 6 个数据
[1] 4 6 8 10 12 14
>
> head(Nums, 8)                  #前 8 个数据
[1] 4 6 8 10 12 14 16 18
>
> tail(Nums, 8)                  #最后 8 个数据
[1] 48 50 52 54 56 58 60 62
>
> Nums[3]                        #第 3 个元素
[1] 8
>
> Nums[2:5]                      #第 2 ~ 第 5 个元素
[1] 6 8 10 12
>
> Nums[-3]                       #除了第 3 个元素以外的元素
 [1] 4 6 10 12 14 16 18 20 22 24 26 28 30 32 34 36 38 40 42
[20] 44 46 48 50 52 54 56 58 60 62
```

6. 添加向量的元素

当需要在向量中添加元素时，使用 append() 函数（见例 2.7）。在数据分析过程中使用该函数的场景可能并不多，但是，当需要将处理结果一个一个地添加到既存向量中时可以使用。

例 2.7　在向量中添加元素

```
> Nums <- append(Nums, 64)              # 在最后面添加元素
> Nums
[1] 4 6 8 10 12 14 16 18 20 22 24 26 28 30 32 34 36 38 40
[20] 42 44 46 48 50 52 54 56 58 60 62 64
>
> Nums <- append(Nums, 2, after=0)      # 在最前面添加元素
> Nums                                  # 通过 after 指定位置
[1] 2 4 6 8 10 12 14 16 18 20 22 24 26 28 30 32 34 36 38
[20] 40 42 44 46 48 50 52 54 56 58 60 62 64
```

7. 矩阵

矩阵是一个具有行 × 列二维结构的向量。如果要从矩阵中提取指定的元素，则需要指定两个索引。例如，矩阵 Nums 中第一行第二列的元素表示为 Nums[1,2]。另外，省略一个索引时，表示所有的行或所有的列的意思。例如，Nums[,2] 表示提取所有行的第二列元素，也就是说，通过指定列可以取出第二列（见例 2.8）。

例 2.8　矩阵的运算

```
> Nums <- matrix(Nums, 8, 4)            # 将 Nums 转换为 8×4 的矩阵
> Nums
     [,1] [,2] [,3] [,4]
[1,]    2   18   34   50
[2,]    4   20   36   52
[3,]    6   22   38   54
[4,]    8   24   40   56
[5,]   10   26   42   58
[6,]   12   28   44   60
[7,]   14   30   46   62
[8,]   16   32   48   64
>
> #指定 row（行）和 column（列）
> Nums[1, 2]                            # row 1, column 2
[1] 18
>
> Nums[2, 1]                            # row 2, column 1
```

```
[1] 4
>
> Nums[, 2]                #所有的 row, column 2
[1] 18 20 22 24 26 28 30 32
>
> Nums[2, ]                # row 2, 所有的 columns
[1] 4 20 36 52
>
> class(Nums)              #查看数据类型
[1] "matrix"
>
> str(Nums)
num [1:8, 1:4] 2 4 6 8 10 12 14 16 18 20 ...
```

8. 创建函数

使用 function() 可以创建新函数。在其圆括号中描述作为函数输入的参数,在之后的大括号({}) 中描述函数被调用时需要执行的代码。如果只执行一行代码,可以省略大括号。语法如下。

语法:

```
函数名 <- function( 参数 ) {
函数的处理
}
```

以下述脚本为例,自定义计算向量元素平方和的函数 sumSquares()(见例 2.9)。所谓平方和, 是指将各元素计算平方后全部相加的值。这是在统计分析和机器学习中非常常用的计算方法。

例 2.9　创建自定义函数

```
> sumSquares <- function( a ){
+ b <- sum( a^2 )          #计算 a 的平方和
+ return(b)                #将 b 的值作为函数的返回值返回
+ }
>
> sum(c(1, 2, 3))          # 1 + 2 + 3
[1] 6
>
> sumSquares(c(1, 2, 3)) # 1 + 4 + 9
[1] 14
>
> sum(Nums)                # 2 + 4 + 6 +···
```

```
[1] 1056
>
> sumSquares(Nums)          # 4 + 16 + 36 +…
[1] 45760
```

2.2.3　数据结构与控制结构

1. 数据结构

在前面的 2.2.2 小节中，我们介绍了作为 R 语言基本数据结构的向量和矩阵。这些数据结构都需要其中包含的元素是同一数据类型的，即使用混合数值和字符串来创建向量，其类型也会自动统一，如 x<-c（1,2,"abc"），x 是以 1、2、abc 为元素的向量。向量和矩阵的区别只在于其结构是一维还是二维。

与此相对，接下来要介绍的列表和数据帧则不需要限制其中包含的元素为相同的类型。在进行说明前，先以图 2.1 来表示两者的差异。特别需要注意的是，矩阵和数据帧很容易混淆。

（1）列表

为了解释列表和数据帧的原理，在脚本中描述了表 2.2 中的数据。示例脚本见 2.2.03.DataStructure.R（清单 2.2）。

表2.2　咖啡的规格、容量及价格

Cup	Fl.oz	USD
Kids	7	NA
Short	10	2.45
Medium	14	2.85
Tall	18	3.25
Grand	24	3.65

清单 2.2　2.2.03.DataStructure.R

```
# 数据结构和控制语句

# 列表
Cup <- c("Kids", "Short", "Medium", "Tall", "Grand")   # 向量
Fl.oz <- c(7, 10, 14, 18, 24)                          # 向量
```

```
Sizelist <- list(Cup, Fl.oz)                              # 将两个向量合并为一个列表
Sizelist

class(Sizelist)                                           # 查看数据类型
str(Sizelist)                                             # 查看数据类型和数据组成

Sizelist[1]                                               # 列表的第一个（列表）
Sizelist[[1]]                                             # 列表的第一个（向量）
Sizelist[[1]][2]                                          # 该向量的第二个元素（字符串）

Sizelist[2]
Sizelist[[2]]
Sizelist[[2]][2]

# 数据帧
DFSize <- as.data.frame(Sizelist)                         # 转换为数据帧
colnames(DFSize) <- c("cup", "fl.oz")                     # 添加列名（头部）

head(DFSize)                                              # 最开始的 6 行

class(DFSize)                                             # 查看数据类型
str(DFSize)                                               # 查看数据类型和数据组成

View(DFSize)                                              # 显示数据帧（RStudio 的左上窗格）

DFSize$cup                                                # 指定列名读取数据
DFSize$fl.oz

DFSize$USD <- c(NA, 2.45, 2.85, 3.25, 3.65)

DFSize$USD                                                # 创建以 USD 为名的列

head(DFSize)                                              # 最开始的 6 行
str(DFSize)                                               # 查看数据类型和数据组成

DFSize[2, 3]                                              # row 2, column 3
DFSize[2, ]                                               # row 2, 所有的 column
DFSize[, 3]                                               # 所有的 row, column 3
DFSize[, "USD"]                                           # 所有的 row, column 名为 USD

DFSize$USD[2]                                             # 向量 DFSize$USD 的第二个元素
```

```r
                                              # 此时与 DFSize[2, 3] 相同

DFSize[DFSize$cup=="Short", ]                 # cup 为 Short的行（列为全部）
                                              # 此时与 DFSize[2,] 相同
DFSize[DFSize$cup=="Short", "USD"]            # cup 为 Short 的行，并且列名为 USD
                                              # 此时与 DFSize[2, 3] 相同


# 计算数据帧的列
DFSize$UnitPrice <- DFSize$USD / DFSize$fl.oz
head(DFSize)
str(DFSize)


# 注意，数据帧是列表的特殊形式
DFSize$fl.oz                                  # 数值向量
DFSize[, 2]                                   # 数值向量，与 DFSize$fl.oz 相同

DFSize[2]                                     # 不是向量，而是一列数据帧
                                              # 表示取出了列表的第二个
DFSize[[2]]                                   # 数值向量，与 DFSize$fl.oz 相同
                                              # 表示取出了列表的第二个


# 转换数据类型
class(DFSize$fl.oz)                           # 查看数据类型
class(DFSize$cup)
str(DFSize$cup)                               # 查看数据类型和数据结构
DFSize[1, 1]
#Factor 是分类变量，实际上是在整数上加标签
#Levels 表示分类的名称
# 例如：DFSize[1, 1] 的值为 2，标注了 Kids 这个标签

# 注意，Factor 类型很复杂，因此最好使用字符串类型

DFSize$cup <- as.character(DFSize$cup)        # 转换为字符串类型

class(DFSize$cup)                             # 查看数据类型
DFSize[1, 1]                                  # 元素是字符串

str(DFSize)                                   # 查看数据类型和数据组成

# 条件分支语句（if）
```

```
which(c("P","Q","R","S") == "Q")            # which() 返回值的索引

choice <- "Short"
which(DFSize$cup == choice)                 # 此处 Short是第二个元素

idx <- which(DFSize$cup == choice)          # 将 Short的索引存储至 idx
DFSize$USD[idx]                             # 返回 DFSize$USD[2] 的值

get_price <- function( c ){                 # 创建函数 get_price()
  if(c == "Kids"){                          # 如果 c 是 Kids
      return("sorry")                       # 返回值为 sorry
  } else {                                  # 如果不是上述情况，则
      idx <- which(DFSize$cup == c)         # 检查 c 是第几个并存储至 idx 中
      return( DFSize$USD[idx] )             # 返回对应 idx 的 USD 值
  }
}

choice <- "Medium"
get_price( choice )

choice <- "Kids"
get_price( choice )

# 循环语句（for）
# 在 R 语言中，"," 之后可以换行继续
order_list <- c("Medium", "Tall", "Kids", "Short", "Tall", "Kids",
                "Kids", "Medium", "Short", "Tall", "Kids", "Short",
                "Medium", "Tall", "Medium", "Short", "Tall", "Short",
                "Short", "Grand")

length(order_list)                          # order_list 的元素个数
order_price <- NULL                         # 将 order_price 设定为 NULL（什么都没有的状态）

for(i in 1:length(order_list)){             # 从 i = 1,2,3,…重复到元素数
  order_price <- append(order_price,        # 赋值给 order_price
  get_price(order_list[i]))                 # 添加 get_price 的结果
}
order_price
# 但是，for 循环执行慢，所以不推荐上述方法
# 在 R 语言中最好用以下方法处理（结果相同）
```

#sapply()：通过函数一次性对列表中的所有元素进行操作
sapply(order_list, get_price)　　　　# 对 order_list 的所有要素执行 get_price

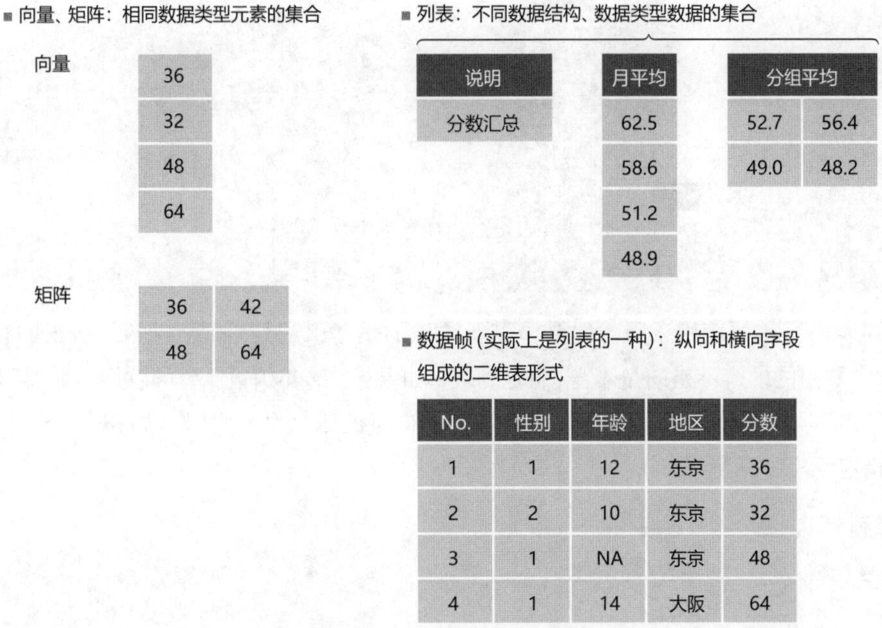

■ 向量、矩阵：相同数据类型元素的集合

向量

| 36 |
| 32 |
| 48 |
| 64 |

矩阵

| 36 | 42 |
| 48 | 64 |

■ 列表：不同数据结构、数据类型数据的集合

说明	月平均	分组平均	
分数汇总	62.5	52.7	56.4
	58.6	49.0	48.2
	51.2		
	48.9		

■ 数据帧（实际上是列表的一种）：纵向和横向字段组成的二维表形式

No.	性别	年龄	地区	分数
1	1	12	东京	36
2	2	10	东京	32
3	1	NA	东京	48
4	1	14	大阪	64

图 2.1　基本的数据结构

　　某咖啡连锁店提供5种规格不同的咖啡杯。杯子规格的对应字段名称为Cup，Fl.oz代表容量（盎司），USD代表价格（美元）。

　　虽然以前提供过 Kids 的杯子大小，但现在不出售该规格的咖啡，因此价格计为缺失值（NA）。在 R 语言中，NA 表示"值不存在"。

　　首先，创建 Cup 作为记载名称的字符串型向量。同理，创建数值型向量 Fl.oz 以记录容量。

　　接下来，将这两个向量合并成列表 Sizelist，使用 list() 函数创建列表。通过 str() 函数查看数据结构，可以查看到列表包含两个不同类型的向量（见例 2.10）。另外，为了便于说明，价格的向量在后续生成。

例 2.10　创建列表和向量

```
> Cup <- c("Kids", "Short", "Medium", "Tall", "Grand") #向量
> Fl.oz <- c(7, 10, 14, 18, 24)                        #向量
>
> Sizelist <- list(Cup, Fl.oz)                          #将两个向量合并为一个列表
> Sizelist
```

```
[[1]]
[1] "Kids" "Short" "Medium" "Tall" "Grand"
[[2]]
[1] 7 10 14 18 24
>
> class(Sizelist)                                    # 查看数据类型
[1] "list"
>
> str(Sizelist)                                      # 查看数据类型和数据组成
List of 2
$ : chr [1:5] "Kids" "Short" "Medium" "Tall" ...
$ : num [1:5] 7 10 14 18 24
```

查看列表内容需要使用索引。但是，需要注意的是索引的处理。如果像 Sizelist[1] 这样使用方括号，从中取出的内容不是向量本身，而是列表。如果像 Sizelist[[1]] 这样通过两层方括号括起来，从中取出的内容则为向量本身。此外，想要取出该向量的第二个元素时，如 Sizelist[[1]][2]，后面用方括号指定元素（见例 2.11）。

例 2.11　从列表和向量中抽取数据

```
> Sizelist[1]                                        # 列表的第一个（列表）
[[1]]
[1] "Kids" "Short" "Medium" "Tall" "Grand"

> Sizelist[[1]]                                      # 列表的第一个（向量）
[1] "Kids" "Short" "Medium" "Tall" "Grand"
>
> Sizelist[[1]][2]                                   # 该向量的第二个元素（字符串）
[1] "Short"
```

虽然这一点是比较难理解的内容，但是平时也没有必要过分在意。当发现执行结果有些奇怪时，可以使用class()或str()函数查看提取数据的数据类型。

到这里，我们创建了一个包含两个向量的列表，但是列表中包含的对象可以是任意的，也可以包括矩阵或其他的列表。列表中包含的对象之间不需要数据结构和数据类型保持一致。

需要自己创建列表的机会并不多。但是，执行统计分析的函数通常以列表形式返回结果，这是因为分析结果中通常包含很多不同的数据指标。

（2）数据帧

用 R 语言进行统计分析时，可以说数据帧是最常用的数据形式。数据帧是一种纵向和横向排列的表格格式，它与电子表格和关系数据库表相似。对于用 Excel 保存的 CSV 文件（用逗号隔开边界的文本数据）和从数据库输出的文件，以数据帧的形式读取能够很好地进行处理。

也可以将向量和列表转换为数据帧。在上述脚本中，对于列表 Sizelist，使用 as.data.frame() 函数创建一个名为 DFSize 的数据帧。在通过 head() 函数查看数据帧的内容时，将显示前 6 行数据。如果用 str() 函数查看数据组成，则可以看到其中含有两个向量（见例 2.12）。

例2.12　数据帧

```
> DFSize <- as.data.frame(Sizelist)          #转换为数据帧
>
> colnames(DFSize) <- c("cup", "fl.oz")      #定义列名（头部）
>
> head(DFSize)                               #最开始的 6 行数据
cup fl.oz
1 Kids       7
2 Short     10
3 Medium    14
4 Tall      18
5 Grand     24
>
> class(DFSize)                              #查看数据类型
[1] "data.frame"
>
> str(DFSize)                                #查看数据类型和数据组成
'data.frame': 5 obs. of 2 variables:
 $ cup : Factor w/ 5 levels "Grand","Kids",..: 2 4 3 5 1
 $ fl.oz: num 7 10 14 18 24
```

注意： 如果使用 View() 函数，则数据帧的内容将以表格的形式显示（图 2.2）。但是，在数据量很大的情况下，数据的显示需要耗费很多时间，所以最好使用 head() 或 tail() 等函数，这样会比较方便。

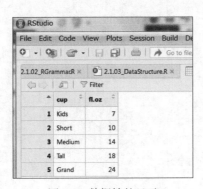

图 2.2　数据帧的显示

（3）数据帧的查询

以列为单位查询数据帧时，如DFSize$cup，在$符号后描述列的名称，就可以取得其内容。另外，如果以适当的名称（这里是 DFSize$USD）存储向量，则可以添加新列（见例 2.13）。要从数据帧中提取元素，需要同矩阵一样使用索引。具体实现方法与矩阵相同，但也可以指定列的名称（见例 2.14）。

例 2.13　数据帧的查询

```
> DFSize$cup              #指定列名读取数据
[1] Kids Short Medium Tall Grand
Levels: Grand Kids Medium Short Tall
>
> DFSize$fl.oz
[1]  7 10 14 18 24
>
> DFSize$USD <- c(NA, 2.45, 2.85, 3.25, 3.65)
>
> DFSize$USD              # 创建以 USD 为名的列
[1]  NA 2.45 2.85 3.25 3.65
>
> head(DFSize)            #最开始的 6 行
    cup    fl.oz    USD
1 Kids       7      NA
2 Short     10      2.45
3 Medium    14      2.85
4 Tall      18      3.25
5 Grand     24      3.65
>
> str(DFSize)            #查看数据类型和数据组成
'data.frame': 5 obs. of 3 variables:
$ cup : Factor w/ 5 levels "Grand","Kids",..: 2 4 3 5 1
$ fl.oz: num 7 10 14 18 24
$ USD : num NA 2.45 2.85 3.25 3.65
```

例 2.14　通过索引查找数据帧

```
> DFSize[2, 3]           # row 2, column 3
[1] 2.45
>
> DFSize[2, ]            # row 2, 所有的 column
    cup    fl.oz    USD
```

```
2 Short    10       2.45
>
> DFSize[, 3]              #所有的 row, column 3
[1] NA 2.45 2.85 3.25 3.65
>
> DFSize[, "USD"]          #所有的 row, column 名为 USD
[1] NA 2.45 2.85 3.25 3.65
>
> DFSize$USD[2]            #向量 DFSize$USD 的第二个元素
[1] 2.45
```

此外，虽然是特殊的使用方法，但也可以在指定的行（或列）部分编写条件式（见例 2.15）。在这个例子中，首先进行 DFSize$cup=="Short" 的逻辑运算，结果以 F、T、F、F、F 的逻辑值返回。如果在该逻辑值向量中查找元素为 T 的行，则结果将找出第 2 行。

例 2.15 通过条件式查找数据帧

```
> DFSize[DFSize$cup=="Short", ]
    cup fl.oz  USD
2 Short   10 2.45
>
> DFSize[DFSize$cup=="Short", "USD"]
[1] 2.45
```

另外，如果将读取的数据帧的列作为向量，则可以以向量的形式对它们进行计算。在这里，将 DFSize$cup 除以 DFSize$fl.oz，可以创建一个每盎司单价（UnitPrice）的新列（见例 2.16）。

例 2.16 向量计算

```
> DFSize$UnitPrice <- DFSize$USD / DFSize$fl.oz
>
> head(DFSize)
cup fl.oz USD UnitPrice
1 Kids    7    NA    NA
2 Short  10  2.45  0.2450000
3 Medium 14  2.85  0.2035714
4 Tall   18  3.25  0.1805556
5 Grand  24  3.65  0.1520833
```

2. 对象的类型

（1）对象的数据类型

1）具有一个值的数据（可以作为向量的元素处理）

- integer：整数。
- numeric：数值（实数）。
- character：字符串。
- logical：逻辑值。
- factor：因子。

2）更加复杂的数据结构

- matrix：矩阵。
- list：列表。
- data.frame：数据帧。

3）其他

- function：函数。
- NULL。

NULL 表示不存在的特殊类型。例如，对数据帧的列进行 DFSize$UnitPrice<-NULL 操作时，UnitPrice 列将被删除。请注意不要将其与表示缺失值的 NA 混淆。

（2）关于 factor 类型的注意事项

在处理上特别麻烦的是因子（factor）类型。实际上，在数据帧的查询中 DFSize$Cup 的类型就是 factor 类型（见例 2.17）。

例 2.17 factor 类型的使用示例

```
> str(DFSize$cup)                    #查看数据类型和数据组成
  Factor w/ 5 levels "Grand","Kids",..: 2 4 3 5 1
>
> DFSize[1, 1]
[1] Kids
Levels: Grand Kids Medium Short Tall
```

factor 类型的对象一般用于表示 male/female、东京 / 大阪 / 名古屋等具有分类值的变量（**分类变量**）。实际值是整数，但是为 1、2、3、…每个值都分配了标签（label）。例如，与 1 相对的是 Grand、与 2 相对的是 Kids、与 3 相对的是 Medium。这样的对应关系将自动按字母顺序分配。

另外，上述例子中的杯子规格有 5 个种类，这些分类在统计用语中叫作**级别**（levels）。因此，DFSize$Cup 是 5 个 levels，与之相对的有相应的 Grand、Kids、Medium、Short、Tall 等标签。

虽然从遣词用句来看，上述方法可能会让人觉得很烦琐，但是也有不需要使用这种麻烦的 factor 类型就可以解决问题的方法。R 语言提供了很多分析方法，不仅有 factor 类型，字符串型向量也可以作为分类变量来处理。因此，除了类别原本是以数字记录的情况及数据量太大想尽量减少容量的情况以外，无须使用 factor 类型。一般来说，如果以字符串处理，则失误会比较少。

此外，在创建数据帧时，可以指定字符串是作为 factor 类型处理，还是直接作为字符串类型处理。如果在创建时指定 stringsAsFactors = F 作为参数，则字符串不会转换成 factor 类型，特别是读取 CSV 文件时需要注意（CSV 文件的读取见 2.4 节的说明）。

（3）数据类型的转换

数据类型的转换可以使用 as.xxxxx() 形式的函数。在 xxxxx 处是数据类型的名称，如 integer、numeric、character、logical、factor、matrix、list、data.frame。

在上述例子中，对于 factor 类型的 DFSize$cup，可以使用 as.character() 函数返回字符串（见例 2.18）。

例 2.18 数据类型的转换

```
> DFSize$cup <- as.character(DFSize$cup)        #转换为字符串类型
>
> class(DFSize$cup)                             #查看数据类型
[1] "character"
>
> DFSize[1, 1]                                  #元素为字符串类型
[1] "Kids"
```

3. 控制结构

与一般的程序设计语言相比，使用 R 语言进行数据分析时，很少使用条件分支和循环处理等控制语句。但是，有时使用这些语句会更有效率，所以这里简单地介绍一下。

（1）条件分支

条件分支语句使用 if() 函数。一般情况下，该语句的语法格式如下。

语法：

```
if（逻辑式）{
逻辑式的值为 TRUE 时的处理内容
} else {
除了上述情况时的处理内容
}
```

下面的脚本中创建了新的 get_price() 函数，其中使用了条件分支语句。将 get_price() 的参数与 DFSize$cup 进行比较，用 which() 函数取得符合条件的是第几个元素。所取得的值（第几个）先以 idx 变量保存，然后返回相应的价格 DFSize$USD[idx] 的值（见例 2.19）。如果给出的值是 Kids，则返回 sorry。

例 2.19 使用 if() 函数的条件分支控制

```
> get_price <- function( c ){          #创建函数 get_price()
+  if(c == "Kids"){                     #如果给定的 c 为 Kids
+  return("sorry")                      #返回值为 sorry
+  } else {                             #否则
+    idx <- which(DFSize$cup == c)      #查看 c 是第几个元素，将其保存在 idx 中
+    return( DFSize$USD[idx] )          #返回 idx 所对应的 USD 的值
+  }
+ }
>
> choice <- "Medium"
> get_price( choice )
[1] 2.85
```

（2）循环处理

循环处理使用 for() 函数。

语法：

```
for (i in X) {
    需要循环处理的内容
}
```

其中，i 是控制循环的变量；X 是表示该变量值的向量。例如，如果 X 中指定 1：3 或 c（1,2,3），则 i 为 1 ~ 3，该循环通过改变 i 的值，进行了三次处理。

在上述的脚本示例中，可以创建记录多个 Cup 名称的 order_list，并且循环重复执行次数为该向量的元素数量。此外，在执行前，使用 NULL 创建空对象 order_price（用于记录结果）。在循环处理中，使用之前创建的函数 get_price()，从 order_list 中的 Cup 名称取得相应的价格，将该价格的值追加到 order_price 中。循环结束后，可以得到与 order_list 对应的价格一览（order_price）（见例 2.20）。

例 2.20 循环处理

```
> order_list <- c("Medium", "Tall", "Kids", "Short", "Tall", "Kids",
                + "Kids", "Medium", "Short", "Tall", "Kids", "Short",
                + "Medium", "Tall", "Medium", "Short", "Tall", "Short",
                + "Short", "Grand")
>
> length(order_list)                       #order_list 的元素数量
[1] 20
>
```

```
> order_price <- NULL                    # 在 order_price 中设定 NULL（什么都没有的状态）
>
>
> for(i in 1:length(order_list)){        # 从 i=1,2,3,…依次执行循环处理
+   order_price <- append(order_price,get_price(order_list[i]))
                                          # 追加 get_price 的结果到 order_price
+ }
> order_price
 [1]  "2.85" "3.25"  "sorry" "2.45" "3.25" "sorry" "sorry" "2.85" "2.45"
[10]  "3.25" "sorry" "2.45"  "2.85" "3.25" "2.85"  "2.45"  "3.25" "2.45"
[19]  "2.45" "3.65"
```

（3）向量的替换处理

如例 2.20 所示的循环处理，在通常的程序设计中是常见的，但是在 R 语言中不能说是优秀的编码。实际上，该循环处理可以用以下一行语句替代处理，因此没有必要事先创建存储结果的列表。

```
sapply(order_list, get_price)
```

sapply() 函数是对给定向量或列表（第一个参数）中的所有元素同时调用指定函数（第二个参数）的函数。在这种情况下，对 order_list 中的所有 Cup 执行 get_price 处理，因此一次可以获得所有的价格（见例 2.21）。

例 2.21 向量的替换处理

```
> sapply(order_list, get_price)          # 对 order_list 的所有元素执行 get_price 处理
Medium    Tall    Kids   Short    Tall    Kids    Kids  Medium   Short
 "2.85"  "3.25" "sorry" "2.45"  "3.25" "sorry" "sorry"  "2.85"  "2.45"
  Tall    Kids   Short  Medium    Tall  Medium   Short    Tall   Short
 "3.25" "sorry"  "2.45"  "2.85"  "3.25"  "2.85"  "2.45"  "3.25"  "2.45"
 Short   Grand
 "2.45"  "3.65"
```

2.3 | Python 语言入门

2.3.1 Python 语言概述

1. Python 语言的特点

Python 是通用的程序设计语言，它不局限于数据科学领域，还可以应用于各种领域的程序设计。虽然是在 Web 应用程序等开发中也能够使用的真正程序设计语言，但是与 C 和 Java 语言相比，Python 更加容易理解。对于编程的入门者来说，Python 是很容易上手的语言。

根据 Python 创始人吉多·范罗苏姆（Guido van Rossum）的说法，Python 的开发是以"个人兴趣的编程"开始的，其目的是建立与编程教育所用语言 ABC 的系谱相关联的、便于使用的语言。另外，Python 这个名字的由来与作者是英国喜剧团体 Monty Python 的粉丝有关[1]。

数据科学（特别是机器学习）中使用 Python 是因为该领域的扩展程序库非常完善。如果没有 SciPy、NumPy、Pandas 等程序库的存在，就无法考虑 Python 的应用。另外，scikit-learn、TensorFlow 等面向机器学习程序库的充实也使 Python 处于其他语言无法企及的状态。

另外，Python 有以数字 2 开头的旧版本和以数字 3 开头的新版本。这两个系列有很大的不同，务必明确区分。只要没有特别的需求，各位读者可以使用 Python 3.x 版本。本书的程序全部遵循 Python 3.x 版本。

2. Python 语言的运行环境

由于Windows操作系统中未提供运行Python的环境，因此只要不需要在其他用途中使用Python，我们就可以与安装R语言一样，不必太在意对OS等的影响而直接进行Python的安装。另外，Linux和macOS中具备标准的Python运行环境，因此，是利用标准环境还是创建与标准环境分离的专用环境成为我们需要考虑的问题。

如果只限于数据分析等用途，则使用 Anaconda 发行版创建"用于数据科学的 Python 环境"是可行的选择。如果在其他用途的编程中也需要使用 Python 的情况下，则需要根据用途研究适合

---

[1] Guido van Rossum. Foreword for Programming Python. 1st ed. 1996.

自己的环境构建方法。

Anaconda 中包含 Python 用的 IDE，如 Spyder 和 Jupyter Notebook。关于安装这些工具的方法，请从本书的支持维护站点下载并参考。

3. 面向对象

无论是过程型、函数型（见 2.2.1 小节）还是**面向对象型**，用户都可以根据用途和自己的理解来选择喜欢的编程风格。可以说，这是 Python 的一大特点。

如果在基本的统计分析和机器学习中使用 Python，则与 R 语言一样，以过程型的编程为基础，根据需要配合自定义的函数一起使用。但是，如果进行真正的数据处理，或者自行完成增强型学习等复杂的逻辑，则需要应用面向对象进行编程。

在这里省略有了关面向对象的说明，但是需要理解其基本概念，如定义为类的"**类型**"及其附带的功能（**方法**），并通过将它们组合起来形成程序。Python 通常用于需要非常规处理的情况，如果我们了解面向对象的概念，则 Python 在应用层面上将得到很大的扩展。

另外，Python 在数据分析中经常使用的功能很多，由于扩展程序库中提供 Python 支持的类及其附带的方法，因此如果我们不理解面向对象的概念，则会感到困惑。理解面向对象的概念这一点对编程初学者来说可能有点难度。

4. 扩展程序库

在数据科学中使用 Python 时最大的特点是可以调用**扩展程序库**。在 Python 中，扩展程序库提供了如 R 语言中的软件包所具备的矩阵处理、数据管理、统计分析等功能。下面介绍一些必需的程序库。

（1）NumPy：NumPy 是 numberical python 的缩写，它是提供科学计算所需功能的程序库。NumPy 提供的功能中尤为重要的是数组及矩阵的运算功能，相当于 R 语言中具备的向量处理功能（见 2.2.1 小节）。

（2）Pandas：Pandas 提供以表格形式呈现数据管理和操作的程序库，其提供的数据帧是与 R 语言的数据帧相对应的数据结构。据说 Pandas 这个名字是由调查中使用的面板数据（panel data）得来的[1]。

（3）Matplotlib：Matplotlib 是用于制作直方图和散点图等图表的程序库。另外，还有一个称为 seaborn 的程序库，利用它可以更好地查看 Matplotlib，并且可以制作具有高级功能的图表。

以上介绍了具有代表性的三个程序库。如果没有这些程序库，仅使用 Python 进行数据分析将会非常困难。另外，这些库作为扩展功能，也会带来一些麻烦。

---

［1］Wes McKinney, pandas: a Foundational Python Library for Data Analysis and Statistics. Python High Performance Science Computer 2011.

例如，在 R 语言中，无论是在列表中添加元素还是在向量中添加元素，都可以使用 append() 函数。然而，在 Python 中，作为列表功能（方法）的 append() 和 NumPy 提供的 np.append() 需要区别使用，因为两者调用参数的方法不同。

同样，显示数据开头元素的 head() 函数在 R 语言中可以对向量、矩阵、列表、数据帧等多个数据类型使用。而在 Python 中，由于 head() 函数是作为 Pandas 的数据帧所具备的功能来使用的，因此 NumPy 的数组、矩阵及 Python 的标准列表则无法使用。

因此，在 Python 中，关于操作数据类型和数据的基本函数、方法，需要在编写代码的同时注意它们是 Python 的基本功能还是 NumPy、Pandas 等程序库提供的功能。

关于获取和安装程序库软件包的方法，请参阅相关文档中的说明（关于下载方法，请参阅前言中的相关叙述）。另外，Anaconda 从一开始就包含了基本的软件包，所以很多程序库只需在程序中直接调用即可。

2.3.2 Python 语言的语法

在这里，我们在不使用扩展程序库的条件下对 Python 的基本语法进行说明。另外，学习本小节时，尽量与 2.2.2 小节中 R 语言的语法进行对照学习。这是因为两小节有重复的部分，所以本小节省略了与前述 R 语言脚本重复的内容。

这里使用的脚本示例为 2.3.02a.PythonGrammer.py、2.3.02b.PythonGrammer.py、2.3.02c.PythonGrammer.py（见清单 2.3 ~ 清单 2.5）。另外，还准备了使用 Jupyter Notebook 的脚本文件 2.3.02.PythonGrammar.ipynb，请将该文件保存在计算机的合适目录中，然后从 Jupyter Notebook 的文件一览表中打开并执行。

在脚本中可以通过鼠标等来选择目标代码单元，然后按 Ctrl+Enter 组合键执行选定的代码单元。另外，想在执行一次后清除结果时，可以选择 Jupyter Notebook 中 Kernel 菜单的 Restart & Clear Output 命令，并执行相应页面的重启。

 关于 Jupyter Notebook 的基本使用方法和界面操作的说明文档，请读者参考网络中的相关说明。

下面介绍 Jupyter Notebook 的特点。在 Jupyter Notebook 中，在界面内的"代码单元 (cell)"中输入 Python 程序。如果切换代码单元的"模式"，也可以输入日语的语句或公式。要输入和显示文档或公式，可以在菜单栏下方单击 Code 按钮，然后将其修改为 Markdown。在本书的脚本示例中，在程序代码单元的前后部分，以 Markdown 形式标注了简单的代码说明。

另外，使用的 Jupyter Notebook 脚本文件以 .ipynb 为扩展名，该文件以 JSON 的形式记录了代码单元中的显示内容，并不是直接记录 Python 的程序代码。虽然 Jupyter Notebook 本身的使用非常便利，但是在通常的文本编辑器中不能查看程序，在其他的执行环境中无法直接应用，这就有点不太方便了。

因此，本书除了提供 Jupyter Notebook 使用的脚本文件（扩展名为 .ipynb），还提供了在文本编辑器中可以查看、在其他环境中也可以执行的脚本文件（扩展名为 .py）。特别是在纸面上，从一览性的角度出发，可以将 .py 代码以清单形式列举出来。另外，在第 2 章中，还列举了以 Jupyter Notebook 中的代码单元为单位的执行内容作为示例。

清单 2.3　2.3.02a.PythonGrammer.py

```
# -*- coding: UTF-8 -*-
# 上面的注释表明该脚本的字符编码为 UTF-8
# 程序的执行可以不需要注释
## Python 的语法
## # 表示注释
#-------------------------------------------------------------
### 四则运算
# 演示四则运算及乘幂的例子
# 乘幂不是用 Excel 或 R 语言的符号来表示的，而是用 ** 来表示
#-------------------------------------------------------------
# 算术运算
print(3 + 2)                    # 加法
print(3 - 2)                    # 减法
print(3 * 2)                    # 乘法
print(3 / 2)                    # 除法
print(3 ** 2)                   # 乘幂
print(3**2)                     # 可以不要空格
#-------------------------------------------------------------
# 赋值操作用 = 表示
# 显示值时用 print() 函数
#-------------------------------------------------------------
# 存储至对象（赋值操作）
a = 1                           # 将 1 存储至 a
A = 2                           # 将 2 存储至 A
b = a + A                       # 将 a+A 存储至 b
print( b )                      # 显示 b
a                               # 如果不写 print()，则无法显示 a 的值
```

```
A                                      # 但是，可以显示写在语句块最后对象的值
#---------------------------------------------------------------
### print() 函数

# 用逗号隔开参数，则可以显示多个对象的值
# 如果在引号中使用反斜杠，则会加上换行符或制表符

# > 反斜杠可以是 "¥" 或 "\" 中的任意一个
#---------------------------------------------------------------
#print() 函数的用法
print( "hello!")
print( a, A )
print( "a =", a, ", A =", A, "\n --- and a+A =", a+A )

# 用 "\n" 加入换行符
# 用 "\t" 加入制表符

# 显示 "%s" 后 % 指定的字符串
# 显示 "%f" 后 % 指定的数值
#--- 可以像 "%05.2" 那样指定位数
price = 2.25 ; fruit = "orange"
print( "\nSale! %s\t --> $%05.2f" %(fruit, price) )
#---------------------------------------------------------------
### 列表
# 列表类似于存储多个元素的盒子
# > 请注意与 R 语言中的向量的不同
# 不能作为一次全部计算的对象
#---------------------------------------------------------------
# list
# list 仅是一个 "盒子"，不能直接计算
a = [1, 2, 3]                          # 将 (1, 2, 3) 存储至 a
print("a is ", a)                      # a 是列表
x = [1.5, "abc", 2]                    # 其中的元素即使是不同数据类型也可以
print("x is ", x)
A = range(4, 7)                        # 将 (4, 5, 6) 存储至 A
print("A is ", A)                      # A 是 range object
A = list(A)                            # 将 A 转换为列表
print("A is ", A)                      # A 是列表
print("a+A is ", a+A)                  # 用 "+" 将列表连接起来（不是做加法）
#---------------------------------------------------------------
# 关于列表类型对象的操作
```

```
fr1 = "apple"                           # 字符串
fr2 = ["orange", "lemon"]               # 以字符串为元素的列表
fr2.insert(0, fr1)                      # 0 表示列表的开始位置
print("inserted -> ", fr2)
fr2.append(fr1)                         #append() 函数是在最后添加元素
print("appended -> ", fr2)
#------------------------------------------------------------
# 关于列表操作的注意事项
fr3 = fr2                               # 将 fr2 赋给 fr3（分配）
fr2[3] = "kiwi"                         # 将 fr2 最后的元素变为 kiwi
print("\nfr2 is ", fr2)                 # 变更后的 fr2
print("fr3 is ", fr3)                   # 将 fr2 的变化反映到 fr3
fr4 = fr1                               # 将 fr1 赋给 fr4（复制）
fr1 = "melon"                           # fr1 变为 melon
print("\nfr1 is ", fr1)                 # 变更后的 fr1
print("fr4 is " , fr4)                  # fr1 的变化并未反映到 fr4 中
#------------------------------------------------------------
### 逻辑式
# 如果使用比较运算符，则结果返回为逻辑值
#> 作为比较运算符，可以使用 >、>=、<、<=、==、!= 等运算符
# 结果为 True 或 False
#------------------------------------------------------------
# 比较运算
bool_list = [ 2 >= 0.5, 2 < 1+1,"pen"=="apple", "pen"!="apple"]
print(bool_list)
#------------------------------------------------------------
### 查看数据类型
# 查看对象的数据类型，可以使用 type() 函数
#------------------------------------------------------------
# 对象的数据类型
print( "fr1 : ", type(fr1) )            # 使用 type() 函数显示数据类型为字符串
print( "fr2 : ", type(fr2) )            #列表
print( "3   : ", type(3) )              #整数
print( "3.3 : ", type(3.3) )            #实数（浮点数）
print( "True: ", type(True))            #逻辑值
#------------------------------------------------------------
### 下标
# 指定下标以从列表中查找元素
#------------------------------------------------------------
# 下标（索引）
# -- 在 Python 中，下标不是从 1 开始，而是从 0 开始
```

2

```
print( fr2 )
print("\n")
print(" 0, 2:", fr2[0],  fr2[2] )          # 从头开始数
print("-1,-2:", fr2[-1], fr2[-2])          # 从后面开始数
print("\n")
print("from 0 to 3:", fr2[0:3])            # 从下标 0 到下标 3 前面的元素（即到下标 2 为止）
print("the 1st ...:", fr2[0:3][1] )        # 其中的第 1 个元素
```

清单 2.4　2.3.02b.PythonGrammer.py

```
# -*- coding: UTF-8 -*-
## Python 的语法
## # 表示注释
#--------------------------------------------------------------
### 元组
# 元组是与列表类似的数据类型，用小括号表示
# 元组不可以改变元素
# > 执行以下操作会发生错误（由于要改变不能改变的内容）
#--------------------------------------------------------------
# 元组
# -- 虽然与列表相似，但是其内容不能更改

# 包含两个元组的元组
two_tapples = (("A", "B", "C", "D"), ("apple", "orange", "lemon", "apple"))
print( two_tapples )
print( two_tapples[1][2] )                 #（从 0 开始数）第 1 个元组的第 2 个元素
two_tapples[1][2] = "orange"               # 不能变更内容……发生 TypeError
```

清单 2.5　2.3.02c.PythonGrammer.py

```
# -*- coding: UTF-8 -*-
## Python 的语法
## # 表示注释
#--------------------------------------------------------------
### 字典
# 字典也是同列表类似的数据类型
# 其特征是将键和值成对保存
#--------------------------------------------------------------
# 字典
# -- 键和值成对的组成
# 中间用冒号（:）隔开，前面是键，后面是值（这里有 5 个元素）
```

```
Price = { "Kids":None, "Short":2.45, "Medium":2.85, "Tall":3.25, "Grand":3.65 }
print( "Price of Medium : ", Price["Medium"] )          #指定键的名称检索
print( "\n" )
print( "keys= ", Price.keys() )                          #显示所有的键
print( "values= ", Price.values() )                      #显示所有的值
```

1. 算术运算与对象的存储

与 R 语言相同，在 Python 语言脚本的开始部分显示了算术运算示例。其中，乘幂运算符不是 Excel 或 R 语言中使用的符号，而是用 ** 符号来表示（见例 2.22）；使用 = 符号为对象（变量）赋值（见例 2.23）。

注意： Jupyter Notebook 只有在代码单元最后且无须任何附加的记录，才可以显示对象的值。如果想在代码单元结尾以外显示对象值，则必须使用 print() 函数。在 R 语言的程序中可以省略 print() 函数，但是在 Python 的程序中不能省略。

例 2.22　算术演算

```
In  [1]:                    #算术演算
        print(3 + 2)        #加法
        print(3 - 2)        #减法
        print(3 * 2)        #乘法
        print(3 / 2)        #除法
        print(3 ** 2)       #乘幂
        print(3**2)         #可以不要空格
Out [1]:  5
          1
          6
          1.5
          9
          9
```

例 2.23　存储至对象中（赋值）

```
In  [2]:                    #存储至对象中（赋值操作）
        a = 1               #将 1 保存储至 a 中
        A = 2               #将 2 保存储至 A 中
        b = a + A           #将 a+A 存储至 b 中
        print( b )          #显示 b
        a                   #若不写 print() 函数，则无法显示 a 的值
        A                   #但是，可以显示写在语句块最后对象的值
Out[2]:  3

          2
```

2. print() 函数的使用方法

print() 函数可以通过在小括号内使用逗号（,）作为分隔符来显示多个对象。另外，在用引号引起来的字符串中，如果使用 "\n" 或 "\t" 这样的反斜杠（\）[1]，则可以实现添加换行符或制表符。同样，如果使用 "%s" 或 "%f" 等符号，则可以在相应的位置显示指定对象的值（在名称的头部加上 %）（见例 2.24）。

例 2.24　print() 函数的使用方法

```
In [3]: # print() 函数的使用方法
        print( "hello!")
        print( a, A )
        print( "a =", a, ", A =", A, "\n --- and a+A =", a+A )
        #用 "\n" 加入换行符
        #用 "\t" 加入制表符
        # 显示 "%s" 后 % 指定的字符串
        # 显示 "%f" 后 % 指定的数值
        # --- 可以像 "%05.2" 那样指定位数
        price = 2.25 ; fruit = "orange"
        print( "\nSale! %s\t --> $%05.2f" %(fruit, price) )
Out[3]: hello!
        1 2
        a = 1 , A = 2
        --- and a+A = 3

        Sale! orange --> $02.25
```

3. 列表

列表用方括号（[]）将元素括起来表示。如果元素为数字，则无须特殊处理；如果元素为字符串，则用引号（单引号或双引号）引起来。列表是存储多个元素数组的一种形式，但其仅是一个"盒子"，而不是像 R 语言向量一样的计算对象。另外，"盒子"中元素的数据类型可以各不相同，也可以在列表中加入列表作为元素。在 R 语言中，与此接近的数据类型也还是列表。它并非向量，与 C 语言和 Java 语言的数组也不同。

此外，与列表相关的函数有 range()，如 range(4,7) 表示 4 ~ 7 的值，即 4、5、6。当想要将其作为列表进行处理时，可以使用 list() 函数进行转换（见例 2.25）。

---

[1]反斜杠（\）在很多日语处理系统中都用 ¥ 符号表示。

例 2.25　list() 函数和 range() 函数

```
In [4]: # list
        # list 仅仅是一个 "盒子"，不能直接进行计算
        a = [1, 2, 3]                       #将 (1, 2, 3) 存储至 a 中
        print("a is ", a)                   # a 是列表
        x = [1.5, "abc", 2]                 #其中的元素即使是不同数据类型也可以
        print("x is ", x)
        A = range(4, 7)                     #将 (4, 5, 6) 存储至 A 中
        print("A is ", A)                   # A 是 range object
        A = list(A)                         #将 A 转换为列表
        print("A is ", A)                   # A 是列表
        print("a+A is ", a+A)               #用 "+" 将列表 a 和 A 连接起来（不是做加法）
Out[4]: a is [1, 2, 3]
        x is [1.5, 'abc', 2]
        A is range(4, 7)
        A is [4, 5, 6]
        a+A is [1, 2, 3, 4, 5, 6]
```

使用 insert() 或 append() 函数将元素添加到列表中（见例 2.26）。例如，如果在列表 fr2 中添加对象 fr1（的值），在 R 语言中，写作 fr2<–append(fr2,fr1)，表示 append() 函数对 fr2 和 fr1 这两个对象进行操作，并将输出的结果保存（赋值）到 fr2 中。而在 Python 中，写作 fr2.append(fr1)，表示操作的原理不同，即 fr2 这个对象本身就有 append() 方法。我们可以认为，fr2 本身就可以用自己的方法将 fr1 连接进来。因此，不需要使用等号（=）进行赋值操作。

关于列表还有一个注意事项（见例 2.27）。在用 fr3=fr2 语句将 fr2 赋值给 fr3 后，如果改变 fr2 的内容，则 fr3 的内容也会发生变化。但在 R 语言中，使用 fr3<–fr2 语句时不会发生这样的事情。在 Python 中，对于列表，使用等号（=）进行的操作不是进行复制，而是相当于分配了相同的内容。对于非列表的普通数字或字符串类型的对象，不会发生这种情况。

例 2.26　向 list 中追加元素（R 语言与 Python 语言的不同）

```
In [5]: #关于列表类型对象的操作
        fr1 = "apple"                       #字符串
        fr2 = ["orange", "lemon"]           #以字符串为元素的列表
        fr2.insert(0, fr1)                  # 0 表示列表的开始位置
        print("inserted -> ", fr2)
        fr2.append(fr1)                     #append() 函数是在列表的最后添加元素
        print("appended -> ", fr2)
Out[5]: inserted -> ['apple', 'orange', 'lemon']
        appended -> ['apple', 'orange', 'lemon', 'apple']
```

例2.27　操作列表时的注意事项

```
In [6]:  #关于列表操作的注意事项
         fr3 = fr2                            # 将 fr2 赋给 fr3（分配）
         fr2[3] = "kiwi"                      # 将 fr2 最后的元素变为 kiwi
         print("\nfr2 is ", fr2)             # 变更后的 fr2
         print("fr3 is ", fr3)               # 将 fr2 的变化反映到 fr3
         fr4 = fr1                            # 将 fr1 赋给 fr4（复制）
         fr1 = "melon"                        # 将 fr1 变为 melon
         print("\nfr1 is ", fr1)             # 变更后的 fr1
         print("fr4 is " , fr4)              # fr1 的变化并未反映到 fr4 中
Out[6]:  fr2 is  ['apple', 'orange', 'lemon', 'kiwi']
         fr3 is  ['apple', 'orange', 'lemon', 'kiwi']
         fr1 is  melon
         fr4 is  apple
```

4. 逻辑运算

逻辑运算返回的结果是 True 或 False（见例 2.28）。R 语言中是用 T、F、TRUE、FALSE 这样的缩写或大写的写法，而在 Python 中只用大写字母开头的单词表示。

例2.28　逻辑运算

```
In [7]:  #比较运算
         bool_list = [ 2 >= 0.5, 2 < 1+1, "pen"=="apple", "pen"!="apple"]
         print(bool_list)
Out[7]:  [True, False, False, True]
```

5. 数据类型的查看

可以通过 type() 函数查看对象类型（类）（见例 2.29）。基本的数据类型包括整数 int、实数（浮点数）float、字符串 str、列表 list、逻辑 bool（值是 True 或 False）等。

例2.29　查看数据类型

```
In [8]:  #对象的数据类型
         print( "fr1 : ", type(fr1) )        #使用 type() 函数显示，字符串
         print( "fr2 : ", type(fr2) )        #列表
         print( "3   : ",   type(3) )        #整数
         print( "3.3 : ", type(3.3) )        #实数（浮点数）
         print( "True: ", type(True))        #逻辑值
Out[8]:  fr1 : <class 'str'>
         fr2 : <class 'list'>
         3   : <class 'int'>
```

```
3.3 : <class 'float'>
True: <class 'bool'>
```

6. 提取列表的内容

从列表中提取特定元素时，需要指定下标（索引）（见例 2.30）。在 Python 中，请注意下标是从 0 开始的。在 R 语言中，下标是从 1 开始的，所以容易与 Python 中的混淆，需要引起注意。

例如，如果要指定 fr2 对象的第 2 个对象，则会像 fr2[2] 这样用方括号括起来并指定下标，而第 2 个对象是从 0 开始数到后面第 2 个对象，所以实际上是第 3 个对象。

另外，0:3 看起来是从 0 到 3 的意思，在这里表示"从 0 数到 3 的前面"。实际上是从第 0 个到第 2 个，即表示要取出 3 个。

例 2.30 从列表中提取数据

```
In [9]: #下标（索引）
        #  -- 在 Python 中，不是从 1 开始，而是从 0 开始数
        print( fr2 )
        print("\n")
        print(" 0, 2:", fr2[0], fr2[2] )          #从头开始数
        print("-1,-2:", fr2[-1], fr2[-2])          #从后面开始数

        print("\n")
        print("from 0 to 3:", fr2[0:3])            #从 0 数到 3 的前面（即到 2 为止）
        print("the 1st ...:", fr2[0:3][1] )        #其中的第 1 个元素
Out[9]: ['apple', 'orange', 'lemon', 'kiwi']
         0, 2: apple lemon
        -1,-2: kiwi lemon

        from 0 to 3: ['apple', 'orange', 'lemon']
        the 1st ...: orange
```

7. 元组

元组是稍微特殊的数据类型，基本上与列表相似，但是其内容无法改变（见例 2.31）。列表用方括号（[]）表示，元组用小括号（()）表示。

例 2.31 元组

```
In [10]: #元组
         #  -- 虽然与列表相似，但是其内容不能更改
         #包含两个元组的元组
```

2

```
two_tapples = (("A", "B", "C", "D"), ("apple", "orange", "lemon", "apple"))

print( two_tapples )
print( two_tapples[1][2] )                    #（从 0 开始数）第 1 个元组的第 2 个元素

two_tapples[1][2] = "orange"                  #不能变更内容……发生 TypeError
```
```
Out[10]:(('A', 'B', 'C', 'D'), ('apple', 'orange', 'lemon', 'apple'))
        lemon
        ---------------------------------------------------------------
        TypeError                      Traceback (most recent call last)
        <ipython-input-10-47de0cbddba8> in <module>()
          8 print( two_tapples[1][2] )        #（从 0 开始数）第 1 个元组的第 2 个元素
          9
        ---> 10 two_tapples[1][2] = "orange"   #不能变更内容，并且会发生 TypeError
        TypeError: 'tuple' object does not support item assignment
```

8. 字典

字典也与列表相同，各元素由键和值成对构成（见例 2.32）。列表用方括号（[]）表示，但字典用大括号（{}）表示。在列表中，一般会通过在下标中指定数字来提取元素，但在字典中，则会通过指定键来提取元素。

例 2.32　字典

```
In [11]: #字典
         # -- 各元素由键和值成对构成
         #中间用冒号（:）隔开，前面是键，后面是值（这里有 5 个元素）
         Price = { "Kids":None, "Short":2.45, "Medium":2.85, "Tall":3.25,"Grand":3.65 }

         print( "Price of Medium : ", Price["Medium"] )        #指定键的名称检索

         print( "\n" )
         print( "keys=    ", Price.keys() )                    #显示所有的键
         print( "values= ", Price.values() )                   #显示所有的值
```
```
Out[11]: Price of Medium : 2.85
         keys=    dict_keys(['Kids', 'Short', 'Medium', 'Tall', 'Grand'])
         values= dict_values([None, 2.45, 2.85, 3.25, 3.65])
```

2.3.3　Python 语言的程序设计

在 2.2 节中，虽然通过简单的脚本程序介绍了 Python 语言的基础，但是，Python 是通用程序设计语言，我们在编写程序时需要掌握一些基本的规范和要点。本节中使用的示例脚本为 2.3.03a.PythonProgam.py、2.3.03b.PythonProgam.py 和 2.3.03c.PythonProgam.py（见清单 2.6 ～ 清单 2.8）。另外，Jupyter Notebook 的脚本文件是 2.3.03.PythonProgram.ipynb。

清单 2.6　2.3.03a.PythonProgam.py

```python
# -*- coding: UTF-8 -*-

# 上面的注释表明该脚本的字符编码为 UTF-8
# 程序的运行和注释无关

## 用 Python 语言编写的程序

## # 表示注释

#-------------------------------------------------------------
### 编程规范

# Python 是通用程序设计语言
# 因此，需要遵循一定的规范编写
#-------------------------------------------------------------

# 通常的编写规范
# 但是，不按照这样的顺序编写也可以执行（规范的问题）

# 声明
import sys                                    # 导入扩展程序库 sys

# 定义函数、类等
def test(a):                                  # 自定义函数的定义（传入参数 a）
    print(" 这是 ", a, " 。")                  # 在 a 的前后连接字符串

# 处理主体
    if __name__ == '__main__':                # 作为主程序时执行以下操作
    A = 123.45                                # 保存数字
    B = "apple"                               # 保存字符串
```

```
        C = sys.version                    # sys 名为 version 的函数（获取 Python 版本）
        test(A)                            # 自定义函数的运行
        test(B)
        test(C)
```

清单 2.7　2.3.03b.PythonProgam.py

```
# -*- coding: UTF-8 -*-

## 使用 Python 语言编写的程序

## # 表示注释

#------------------------------------------------------------
# 作为分析工具使用 Python 时，不需要太在意规范
# 即使不按照规范编写，程序也可以运行
#------------------------------------------------------------

# 不遵循规范也能运行的例子

A = 123.45                         # 保存数字
B = "apple"                        # 保存字符串

import sys                         # 导入扩展程序库 sys
C = sys.version                    # sys 具有名为 version 的函数（获取 Python 版本）

def test(a):                       # 自定义函数的定义（传入参数 a）
    print("这是 ", a, " 。")        # 在 a 的前后连接字符串
test(A)                            # 自定义函数的运行
test(B)
test(C)
```

清单 2.8　2.3.03c.PythonProgam.py

```
# -*- coding: UTF-8 -*-

## 使用 Python 语言编写的程序

## # 表示注释

#------------------------------------------------------------
```

控制语句 (if 和 for)、自定义函数的定义 (def)

```
# 函数定义示例
#类似于在 R 语言中定义的函数，定义一个根据订单要求的大小返回价格的函数
#在该函数中，使用了 if 语句的条件分支
#------------------------------------------------------------

# 自定义函数的定义 def
# 条件分支 if

#字典
Price = { "Kids":None, "Short":2.45, "Medium":2.85, "Tall":3.25, "Grand":3.65 }

# 定义函数
def get_price( c ) :                        # 定义自定义函数 get_price()
    if c == "Kids" :                        # 如果给定的值为 Kids
        return("sorry")                     # 返回 sorry
    else :                                  # 否则
        return( Price[ c ] )                # 从字典中取得相应的值

# 调用函数
print( get_price( "Short" ) )


#------------------------------------------------------------
# 调用上面的函数并循环执行
# 使用 for 语句进行循环处理
#------------------------------------------------------------

# 循环处理

order_list = ["Medium", "Tall", "Kids", "Short", "Tall", "Kids",
              "Kids", "Medium", "Short", "Tall", "Kids", "Short",
              "Medium", "Tall", "Medium", "Short", "Tall", "Short",
              "Short", "Grand" ]

len(order_list)                             #列表中元素的个数
order_price = []                            #空的列表

for i in range( len(order_list) ):          # 从 0 开始到（列表的元素个数 -1）次的循环
order_price.append( get_price( order_list[i] ) ) #向列表中追加元素
```

2

```
print( order_price )

#-------------------------------------------------------------
### 类与方法

# 类是用于创建新对象的"模板"

# > 基于模板创建的对象称为实例
# 如果将人看作一个类, 则 John 是一个实例

# 在类的定义中, 描述功能的内容称为方法

# > 方法是只有属于该类的对象才具有的功能
# 执行时, 描述为"对象名 . 方法名 ()"
#-------------------------------------------------------------

# 类与方法

# 类的定义
class Human:
    # 构造方法, 接收身高 (m) 和体重 (kg) 并计算 BMI
    # 创建实例时执行
    def __init__(self, height, weight):
        self.BMI = weight / (height**2)

    # 方法 value : 四舍五入 BMI 值并返回保留两位小数的数值
    def value(self):
        return round(self.BMI, 2)            # 从构造方法接收 self.BMI
                                             # 通过函数 round() 四舍五入


    # 方法 is_fat : 诊断体重是否合适, 并通过 print() 函数显示字符串内容
    def is_fat(self):
        if self.BMI < 18.5 :                 # 从构造方法接收 self.BMI
            print("Under")                   # 根据不同的 self.BMI 值显示不同的字符串内容
        elif self.BMI >= 30 :
            print("Over")
        else :
            print("OK!")

# 运行
if __name__ == '__main__':
```

```
      John = Human(1.80, 82)                # 由类 Human 生成实例 John
   Taro = Human(1.65, 88)                   #John 或 Taro 都是 Human

   print( John.value() )                    # 执行方法 value()
   print( Taro.value() )                    # 执行后只会返回值，所以用 print() 函数进行显示

   print( "\n" )
   John.is_fat()                            # 执行方法 is_fat()
   Taro.is_fat()                            # 在 is_fat() 方法中调用了 print() 函数
```

1. 程序的设计方法

在通常的程序设计方法中，首先声明扩展程序库的导入等，接着是函数和类等的定义，最后编写处理的主体（见例 2.33）。另外，在这个例子中，处理的主体部分开头有 if__name__==
'__main__' 这样稍微难懂的语句。这是指只在直接执行该程序的情况下，才执行以下操作。如果是从其他程序调用（即不是直接执行），就不执行该处理。

例 2.33　通常的编写方法

```
In [5]: # 通常的编写规范
        # 但是，不按照这样的顺序编写也可以执行（规范的问题）


        # 声明
        import sys                          # 导入扩展程序库 sys

        # 定义函数、类等
        def test(a):                        # 自定义函数的定义（传入参数 a）
            print("这是 ", a, " 。")          # 在 a 的前后连接字符串
        # 处理主体
        if __name__ == '__main__':          # 作为主程序时执行以下操作
            A = 123.45                      # 保存数字
            B = "apple"                     # 保存字符串
            C = sys.version                 # sys 具有名为 version 的函数（获取 Python 版本）
            test(A)                         # 自定义函数的运行
            test(B)
            test(C)
Out[5]: 这是 123.45。
        这是 apple。
        这是 3.7.0 (default, Jun 28 2018, 08:04:48) [MSC v.1912 64 bit (AMD64)]。
```

并不是必须要这样写，而是基于易读且令人有亲切感这一观点来推荐这种写法。在 Python 中，即使不采用“正确的规范”，也能相当自由地编写程序。这一点与 R 语言相同，只有在必要时导

2

入或定义必要的内容才可以执行（见例 2.34）。作为现实问题，如果是在比较简单的数据分析中，则没有必要勉强自己按照正确的规范去编写程序。

例2.34　不遵循规范却能执行的示例

```
In [6]: #不遵循规范却能执行的示例

        A = 123.45                     #保存数字
        B = "apple"                    #保存字符串

        import sys                     #导入扩展程序库 sys
        C = sys.version                # sys 具有名为 version 的函数（获取 Python 版本）

        def test(a):                   #自定义函数（传入参数 a）
            print("这是 ", a, " 。")    #在 a 的前后连接字符串

        test(A)                        #自定义函数的运行
        test(B)
        test(C)
Out[6]: 这是 123.45。
        这是 apple。
        这是 3.7.0 (default, Jun 28 2018, 08:04:48) [MSC v.1912 64 bit (AMD64)].
```

在 Python 程序中，**缩进**有重要的含义。R 语言用大括号（{}）指定了函数的定义、条件分支、循环等处理的范围，而 Python 语言则通过缩进来表示。在例 2.33 中，定义函数的 def 和处理主体的 if 语句的下一行都进行了缩进。

在使用 IDE 编写代码时，如果在以 def 和 if 开头的处理中换行，则会自动缩进。请注意如果随意改变，则会导致意料之外的处理或错误。

2. 定义函数

在 R 语言中，定义自定义的函数也是函数的一个作用，而在 Python 中，函数的定义是在 def 声明中的（见例 2.35）。该声明可以认为是与函数不同的命令表示法，缩进区域即为函数定义部分。定义函数的语法格式如下。

语法：

```
def 函数名称（参数）：
    函数的处理内容
```

例2.35　自定义函数的定义

```
In [19]: #自定义函数的定义 def
```

```
# 条件分支 if

# 字典
Price = { "Kids":None, "Short":2.45, "Medium":2.85, "Tall":3.25,"Grand":
3.65 }

# 定义函数
def get_price( c ) :                    # 定义自定义函数 get_price()
    if c == "Kids" :                    # 如果给定的值为 Kids 话
        return("sorry")                 # 返回 sorry
    else :                              # 否则
        return( Price[ c ] )           # 从字典中取得相应的值

# 函数的调用
print( get_price( "Short" ) )
Out[19]:          2.45
```

3. 条件分支

条件分支不是函数，而是用 if 语句来表示，也就是将缩进的范围作为分支进行处理的语句。

语法：

```
if 条件式 :
    条件式结果为 TRUE 时的处理内容
else :
    上述之外条件情况下的处理
```

4. 循环处理

循环处理是使用 for 语句（见例 2.36）。

语法：

```
for i in X :
    需要循环处理的内容
```

其中，i 表示控制循环的变量；X 表示该变量值的列表或 range 对象。例如，如果在 X 中指定 [0，1，2]，则从 i=0 到 i=2 通过依次改变 i 的值，执行 3 次处理。另外，也可以用 range（3）、range（0,3）代替 [1,2,3]。

```
In [23]: #循环处理
         order_list = ["Medium", "Tall", "Kids", "Short", "Tall", "Kids",
                       "Kids", "Medium", "Short", "Tall", "Kids", "Short",
                       "Medium", "Tall", "Medium", "Short", "Tall", "Short",
                       "Short", "Grand" ]
         len(order_list)                          #列表中元素的数量
         order_price = []                         #空的列表
         for i in range( len(order_list) ) :      #从 0 开始到（列表的元素个数 -1）次的循环
             order_price.append( get_price( order_list[i] ) ) #向列表中追加元素
         print( order_price )
Out[23]: [2.85, 3.25, 'sorry', 2.45, 3.25, 'sorry', 'sorry', 2.85, 2.45, 3.25,
          'sorry', 2.45, 2.85, 3.25, 2.85, 2.45, 3.25, 2.45, 2.45, 3.65]
```

5. 类与方法

类与方法都是面向对象编程中的概念。虽然即使不理解这些概念也可以编写 Python 程序，但是在理解 Python 程序的功能，或者阅读其他人编写的程序时，还是需要掌握最低限度的相关知识。

所谓**类**，是指对象的类型，之前提到的"字符串""列表""字典"等概念也是类的一种。**实例**是指基于类生成的一个个实例。另外，方法是指类所具有的功能。

作为一个简单的例子，编写一个根据每个人的身高和体重来计算 BMI 值的程序，以判断体重是超过标准体重还是低于标准体重，或者是 OK（正好是标准体重）（见例 2.37）。在这里有 Human（人）类，John 和 Taro 等为 Human 的个别例子，也就是实例。而且，BMI 是 Human 所有的人都拥有的值。在 Human 类中定义"返回 BMI 的值""返回判定结果"两个方法，即 value() 和 is_fat() 两个方法。

例 2.37　类与方法

```
In [14]: #类与方法


         #类的定义
         class Human:
             #构造方法，接收身高（m）和体重（kg）并计算 BMI
             #创建实例时执行
             def __init__(self, height, weight):
                 self.BMI = weight / (height**2)

             #方法 value : 四舍五入 BMI 值并返回保留两位小数的数值
             def value(self):
                 return round(self.BMI, 2)            #从构造方法接收 self.BMI
                                                      #通过函数 round() 四舍五入
```

```
# 方法 is_fat ：诊断体重是否合适，并通过 print() 函数显示字符串内容
def is_fat(self):
    if self.BMI < 18.5 :          # 从构造方法接收 self.BMI
        print("Under")           # 根据不同的 self.BMI 值显示不同的字符串内容
    elif self.BMI >= 30 :
        print("Over")
    else :
        print("OK!")


# 运行
if __name__ == '__main__':
    John = Human(1.80, 82)       # 由类 Human 生成实例 John
    Taro = Human(1.65, 88)       # John 或 Taro 都是 Human

    print( John.value() )        # 执行 value() 方法
    print( Taro.value() )        # 执行后只会返回值，所以用 print() 函数进行显示

    print( "\n" )
    John.is_fat()                # 执行 is_fat() 方法
    Taro.is_fat()                # 在 is_fat() 方法中调用了 print() 函数
Out[14]: 25.31
         32.32
         OK!
         Over
```

在这里，BMI 的计算和体重是否合适的判断，不是使用共同的函数，而是作为 Human 类中的方法。这是因为对于"家"或"个人计算机"等其他的类来说，计算 BMI 没有意义。另外，在定义"女性""男性""员工"等新类时，还可以直接继承 Human 的特性。

在程序脚本中，类定义中最开始的 def __init__ 语句称为**构造方法**，这是生成实例时（创建 John、Taro 等对象时）执行的内容。圆括号中的 self 是作为"约定"的参数，指的是对象本身。后面的两个参数 height、weight 是生成实例时所具有的属性值。具体来说，对于 John，将传入 1.80 和 82。根据这两个值计算 BMI，并存储在 self.BMI 中。

方法实际上是定义为附属于类的函数，并且能够调用执行。value() 方法的功能是将 self.BMI 的值通过 round() 函数四舍五入后返回。使用 is_fat() 方法执行 if 语句的条件判断，如果 self.BMI 的值小于 18.5，则输出 Under；如果 Self.BMI 的值大于或等于 30，则输出 Over；其他情况，则输出"OK！"。

调用方法时，如 John.value()，在对象（John 或 Taro 等实例）的名称后，通过点（.）指定方法名进行调用。

在调用 value() 方法时，因为只能得到 BMI 值，所以在控制台上显示其值时需要使用 print() 函数。在调用 is_fat() 方法时，因为在方法的定义中调用了 print() 函数，所以只需调用 is_fat() 方法，信息就能够输出到控制台。

2.3.4　NumPy 与 Pandas

在 Python 中，用于计算的数组或数据帧是由扩展程序库提供的。包括之前介绍的内容在内，图 2.3 所示为代表性的数据结构。使用的脚本是 2.3.04.NumPyAndPandas.py（见清单 2.9）。另外，Jupyter Notebook 使用的脚本文件为 2.3.04.NumPyAndPandas.ipynb。

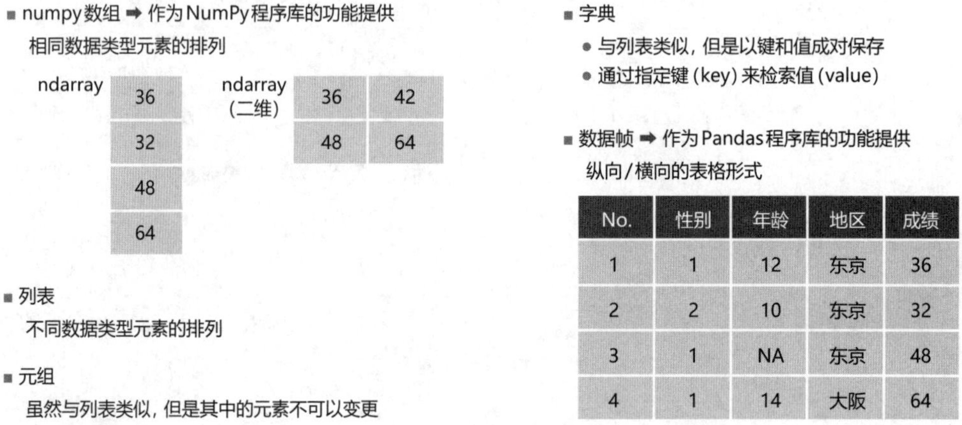

图 2.3　基本的数据结构

1. 数组和矩阵

在 NumPy 提供的各种功能中，将介绍有关数组和矩阵的计算。除了 Python 的列表数据类型，NumPy 还提供了特有的数组和矩阵（以下称为 numpy 数组或 ndarray）作为对象的类型。

如果将 numpy 数组当作 R 语言的向量或矩阵，则非常容易理解。在一个 numpy 数组中可以存储的元素仅限于同一类型。另外，数组本身还可以作为加法或乘法的运算对象。例如，如果对 numpy 数组 [1,2,3] 乘以数值 2，结果就是 [2,4,6]，再加 1 就是 [3,5,7]。这一点与 R 语言中的向量相同。

但是，也需要注意与 R 语言不同的地方（因为是非常细节性的问题，所以忽略了也没有关系）。如果用 R 语言创建 2×2 的矩阵，并与具有两个元素的向量 (1,2) 相加，则结果为第 1 行元素加 1，第 2 行元素加 2。另外，如果将向量 (1,2) 换作 (1,2,1,2) 进行加法计算，那么也会得到相同的结果。因为在 R 语言中加法的运算顺序为 1 行 1 列、2 行 1 列、1 行 2 列、2 行 2 列。

另外，如果用 NumPy 创建 2×2 的矩阵并同 numpy 数组 [1,2] 相加，则第 1 列的元素加 1，第 2 列的元素加 2。如果要同 [1,2,1,2] 相加，则会因为形态不一致而出错。也就是说，R 语言是在列方向处理向量的，而 NumPy 是在行方向处理向量的，并且 NumPy 在形式上更加严格。这一点通过文字描述很难理解，所以建议有兴趣的读者自己尝试一下。

2. 数据帧

Pandas 的主要功能是在 Python 中追加序列和数据帧等数据结构。关于数据帧的结构说明与 R 语言相同，不再赘述。关于序列，只需将其看作是包含一列数据的数据帧即可。

与 R 语言最大的区别是操作数据帧的函数处理。如 2.3.1 小节所述，在 Pandas 中操作数据帧的函数是数据帧对象本身具有的功能。如果不理解类和方法的概念，则很难理解这一点。具体请参见 2.3.3 小节的"5. 类与方法"中的内容。

（1）NumPy

在 Python 中，使用 import 语句导入程序库，并且在 as 后指定在程序中使用的简称。例如，读取 NumPy 时一般使用 np 这个简称。

要创建 NumPy 提供的数组或矩阵，使用 NumPy 的 array() 函数将列表转换成 numpy 数组。与列表不同的是，ndarray 是加法和乘法等的计算对象（见例 2.38）。

例 2.38　numpy 数组的加法和乘法

```
In [1]: import numpy as np              # 将 numpy 以 np 的名称导入
        # 创建 numpy 数组（由列表转换）
        a = np.array([1, 2, 3])
        A = np.array([4, 5, 6])
        # 与 R 语言中的向量一样可以参与运算
        print("a+A", type(a+A), " : ", a+A)    # 相应的元素进行加法运算
        print("a*A", type(a*A), " : ", a*A)    # 相应的元素进行乘法运算
        print("a*5", type(a*5), " : ", a*5)    # 乘以 5
Out[1]: a+A <class 'numpy.ndarray'> : [5 7 9]
        a*A <class 'numpy.ndarray'> : [ 4 10 18]
        a*5 <class 'numpy.ndarray'> : [ 5 10 15]
```

矩阵是具有二维结构的 ndarray。如果将嵌套有多个列表的列表转换成 ndarray，则将生成为矩阵。

Arrange() 是 NumPy 提供的函数，具有与 Python 的标准函数 range() 相似的功能。与 range() 函数一样生成数列，生成的结果为 ndarray。除此以外，还提供了 insert() 和 append() 等函数，用于对 ndarray 进行插入或追加元素。需要注意的是，这些函数容易与处理标准列表的 insert() 和 append() 函数混淆。

可以使用 reshape() 函数改变数组的结构。另外，ndarray 还具有 shape() 方法，可以使用该方法查看数据的组成（行数、列数）（见例 2.39）。

例 2.39 将列表转换为 numpy 数组

```
In [2]: #将列表转换成二维 numpy 数组（矩阵）
        print("\n", np.array([[1,2,3], [4,5,6], [7,8,9]] ))    #创建矩阵

        # 通过 arange() 创建 numpy 数组
        Nums = np.arange(4, 63, 2, dtype=np.int32)  #创建元素为从 4 到 62 且间隔为 2 的数组
        print("\narray:\n", Nums )

        Nums = np.insert(Nums, 0, 2)                 # 在第 0 个位置加入 2
        Nums = np.append(Nums, 64)                   # 在最后位置追加 64
        print("array:\n", Nums )

        Nums = np.reshape(Nums, (8, 4))              #转换为 8×4 的矩阵
        print("\narray:\n", Nums )

        print("\nshape: ", Nums.shape )              #shape 是 numpy 数组中的方法
        print("object type: ", type(Nums) )         #利用 type() 函数显示类型

Out[2]: [[1 2 3]
        [4 5 6]
        [7 8 9]]
        array:
        [ 4  6  8 10 12 14 16 18 20 22 24 26 28 30 32 34 36 38 40 42 44 46 48 50
        52 54 56 58 60 62]
        array:
        [ 2  4  6  8 10 12 14 16 18 20 22 24 26 28 30 32 34 36 38 40 42 44 46 48
        50 52 54 56 58 60 62 64]
        array:
        [[ 2  4  6  8]
         [10 12 14 16]
         [18 20 22 24]
         [26 28 30 32]
         [34 36 38 40]
         [42 44 46 48]
         [50 52 54 56]
         [58 60 62 64]]
        shape: (8, 4)
        object type: <class 'numpy.ndarray'>
```

如果要从 numpy 数组中提取特定元素，则需要指定下标（索引）。例如，如果要指定 Nums 对象（从 0 开始计数）的第 2 个元素，需要像 Nums[2] 这样用方括号括起来并标注下标的表示方法。如果是一维数组，则可以获得第 2 个元素的值；如果是二维数组，则可以取得第 2 行作为 ndarray 数组。这是因为在二维数组中，行被视为一个元素（见例 2.40）。

例2.40　从 numpy 数组中取得特定的元素

```
In [3]: print( Nums[2] )           # row 2（在二维的情况下，行是一个元素）
        print( Nums[2:4] )         # row 2 和 row 3
        print( Nums[1][2] )        # row 1, column 2（第 1 个元素的第 2 个）
        print( Nums[1, 2] )        # row 1, column 2（用逗号隔开）
        print( Nums[:, 2] )        # 所有的 row, column 2
        print( Nums[2, :] )        # row 2, 所有的 columns
Out[3]: [18 20 22 24]
        [[18 20 22 24]
         [26 28 30 32]]
        14
        14
        [ 6 14 22 30 38 46 54 62]
        [ 18 20 22 24]
```

如果从二维数组中直接取得特定元素的值，则需要指定两个下标。例如，第 1 行、第 2 列的元素，记为 Nums[1][2] 或 Nums[1,2]。另外，省略其中一个值时，在相应的位置并非是空白，而是使用冒号（:）。例如，如果写为 Nums[:,2]，则表示指定列为（从 0 开始数）第 2 列。

（2）Pandas

Pandas 的主要功能是在 Python 中追加序列和数据帧等数据结构。关于序列，只需将其看作一列的数据帧即可。数据帧与 R 语言中相同，因此这里省略。

引用数据帧的某列时，如 DFSize['cup'] 这样指定列的名称（见例 2.41）。如果使用 display() 函数，则在 Jupyter Notebook 中数据帧的数据会以表格形式输出（图 2.4）。除了 Jupyter Notebook，还需要预先从程序库 IPython 读取 display() 函数，参见清单 2.9 中第 5 行 ❶。

例2.41　输出数据帧的内容

```
In [4]: import pandas as pd           #将 pandas 以 pd 的名称导入
        from numpy import nan         #使用 numpy 的缺失值功能

        #数据帧的创建
        DFSize = pd.DataFrame({"cup" : ["Kids", "Short", "Medium", "Tall","Grand"],
                               "fl.oz" : [7, 10, 14, 18, 24],
```

```
                                    "USD" : [nan, 2.45, 2.85, 3.25, 3.65]} )

         #列的引用
         print( DFSize['cup'] )

         #数据帧中列的运算
         DFSize['UnitPrice'] = DFSize['USD'] / DFSize['fl.oz']

         print( "\nobject type:\n", type(DFSize) )          # 显示类型
         display( DFSize )                                   # 显示数据帧
Out[4]:  0          Kids
         1          Short
         2          Medium
         3          Tall
         4          Grand
         Name: cup, dtype: object
         object type:
         <class 'pandas.core.frame.DataFrame'>
```

这里显示为图 2.4 所示的表格。

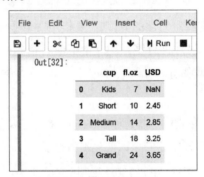

图 2.4　数据帧的显示

清单 2.9　2.3.04.NumPyAndPandas.py

```
# -*- coding: UTF-8 -*-
## NumPy 和 Pandas
## # 表示注释
# 在 Jupyter Notebook 以外运行时执行下面一行代码
from IPython.display import display ❶
#-------------------------------------------------------------
### NumPy 的使用
# 如果使用 NumPy，则数组和矩阵可以参与运算
```

```
# 在 NumPy 中处理称为 ndarray 的数据形式（numpy 数组）
# 相当于 R 语言中的向量或矩阵

# 创建一维数组的方法如下所示
#------------------------------------------------------------------
import numpy as np                                   # 将 numpy 以 np 的名称导入

# 创建 numpy 数组（由列表转换）
a = np.array([1, 2, 3])
A = np.array([4, 5, 6])

# 与 R 语言中的向量一样可以参与运算
print("a+A", type(a+A), " : ", a+A)                  # 相应的元素进行加法运算
print("a*A", type(a*A), " : ", a*A)                  # 相应的元素进行乘法运算
print("a*5", type(a*5), " : ", a*5)                  # 乘以 5


#------------------------------------------------------------------
# 创建二维矩阵的方法如下所示
#------------------------------------------------------------------

# 将列表转换成二维 numpy 数组（矩阵）
print("\n", np.array([[1,2,3], [4,5,6], [7,8,9]] ))     # 创建矩阵

# 通过 arange() 创建 numpy 数组
Nums = np.arange(4, 63, 2, dtype=np.int32)           # 创建元素为从 4 到 62 且间隔为 2 的数组
print("\narray:\n", Nums )

Nums = np.insert(Nums, 0, 2)                          # 在第 0 个位置加入 2
Nums = np.append(Nums, 64)                           # 在最后位置追加 64
print("array:\n", Nums )

Nums = np.reshape(Nums, (8, 4))                      # 转换为 8×4 的矩阵
print("\narray:\n", Nums )

print("\nshape: ", Nums.shape )                      # shape 是 numpy 数组中的方法
print("object type: ", type(Nums) )                 # 利用 type() 函数显示类型


#------------------------------------------------------------------
# 可以使用索引来引用元素
#------------------------------------------------------------------
```

2

```
print( Nums[2] )                              # row 2（在二维的情况下，行是一个元素）
print( Nums[2:4] )                            # row 2 和 row 3
print( Nums[1][2] )                           # row 1, column 2（第1个元素的第2个）
print( Nums[1, 2] )                           # row 2, column 1（用逗号隔开）
print( Nums[:, 2] )                           # 所有的 row, column 2
print( Nums[2, :] )                           # row 2, 所有的 columns
#------------------------------------------------------------------
### Pandas 的使用
# 如果使用 Pandas，则可以应用数据帧
# 理解为和 R 语言中的数据帧类型相似即可
# 创建数据帧的方法如下所示
#------------------------------------------------------------------
import pandas as pd                           # 将 pandas 以 pd 的名称导入
from numpy import nan                         # 使用 numpy 的缺失值功能

# 数据帧的创建
DFSize = pd.DataFrame({"cup" : ["Kids", "Short", "Medium", "Tall", "Grand"],
                       "fl.oz" : [7, 10, 14, 18, 24],
                       "USD" : [nan, 2.45, 2.85, 3.25, 3.65]} )
# 列的引用
print( DFSize['cup'] )

# 数据帧中列的运算
DFSize['UnitPrice'] = DFSize['USD'] / DFSize['fl.oz']

print( "\nobject type:\n", type(DFSize) )     # 显示类型
display( DFSize )                             # 显示数据帧


#------------------------------------------------------------------
# 可以使用索引引用元素
# 查找数字时使用 iloc 方法
#------------------------------------------------------------------

# 使用索引引用（使用 .iloc 方法）
print( "\n", DFSize.iloc[1, 2] )              # row 1, column 2
print( "\n", DFSize.iloc[0:2, :] )            # row 0:2, 所有的 column
print( "\n", DFSize.iloc[:, 2] )              # 所有的 row, column 2


#------------------------------------------------------------------
# 下面是取得满足条件的行
#------------------------------------------------------------------
```

```
# 通过条件式取得
print( "\n", DFSize[DFSize.cup == "Tall"] )          # 取出 cup 为 Tall 的数据
print( "\n", DFSize[DFSize.USD <= 3.0] )             # 取出价格小于或等于 3.0 的数据
```

使用 iloc 方法指定数据帧的行和列进行检索。如果指定 DFSize.iloc[1,2]，则可以取得（从 0 开始计数）第 1 行第 2 列的元素（见例 2.42）。如果要省略其中一个部分，则在相应的位置使用冒号（:)，而不是空格，也可以通过条件式进行抽取（见例 2.43）。

例 2.42 使用 iloc 方法的示例

```
In [5]: # 使用索引引用（使用 iloc 方法）
        print( "\n", DFSize.iloc[1, 2] )          # row 1, column 2
        print( "\n", DFSize.iloc[0:2, :] )        # row 0:2, 所有的 column
        print( "\n", DFSize.iloc[:, 2] )          # 所有的 row, column 2
Out[5]: 2.45
           cup   fl.oz   USD   UnitPrice
        0  Kids   7      NaN       NaN
        1  Short  10     2.45     0.245
        0  NaN
        2  2.85
        3  3.25
        4  3.65
        Name: USD, dtype: float64
```

例 2.43 通过条件式提取数据

```
In [6]: # 通过条件式提取数据
        print( "\n", DFSize[DFSize.cup == "Tall"] )    # 取出 cup 为 Tall 的数据
        print( "\n", DFSize[DFSize.USD <= 3.0] )       # 取出价格小于或等于 3.0 的数据
Out[6]:      cup    fl.oz   USD    UnitPrice
        3    Tall    18    3.25    0.180556
             cup    fl.oz   USD    UnitPrice
        1   Short    10    2.45    0.245000
        2   Medium   14    2.85    0.203571
```

2.4 | 比较 R 语言与 Python 语言的运行实例

下面使用 R 语言和 Python 语言对相同数据执行相同的处理。处理内容仅是读取数据并绘制散点图，在散点图上距离原点（0,0）不到 1 的位置用深色（实际上是深蓝色）表示，大于 1 的位置用浅色（实际上是浅蓝色）表示。

具体步骤如下（表 2.3）。

（1）导入必要的程序库。

（2）读取由两个数据项 varA、varB 构成的 CSV 文件（sample.csv），并将其存储至数据帧中。

（3）查看数据帧开始的几行数据。

（4）查看 case 的数量等。

（5）查看统计数据（平均值、最大值、最小值等）。

（6）对 varA 和 varB 求平方和（与原点距离的平方），并通过条件判定其是否小于 1。因为判定的结果是 TRUE/FALSE 的逻辑值，所以将其以 ID 的名称存储。

（7）在数据帧中以 ID 的名称创建新的列，输入颜色名称为 steelblue 的值。

（8）在 id 的值（行）为 TRUE 的情况下，用 darkblue 替换 ID 的值。

（9）对于 ID 的值，计算 steelblue 和 darkblue 的数量（频数）。

（10）指定以下的值绘制散点图。

- 用于横轴的变量：varA。
- 用于纵轴的变量：varB。
- 颜色的名称：ID。
- 设定透明度（alpha）：0.6。
- 点的大小：根据情况而变更。

执行上述步骤的 R 语言示例脚本为 2.4.01.Example.R（清单 2.10），Python 语言示例脚本为 2.4.01.Example.py（清单 2.11）。另外，Jupyter Notebook 中的脚本文件为 2.4.01.Example.ipynb。注意事项在源代码中以注释形式标注。

清单 2.10　2.4.01.Example.R

```
# 导入程序库
```

```r
library(ggplot2)                                          # 扩展图形

# 读入文件 sample.csv，存储至数据帧 DF 中
# 对于带有标题的数据，必须指定 header = TRUE
DF <- read.table( "sample.csv",
                  sep = ",",                              # 逗号隔开
                  header = TRUE )                         # 标题行（列名）

# 显示最开始的 6 行
head(DF)

# 显示数据类型等
str(DF)

# 获取描述性统计量
summary(DF)

# 识别接近原点的数据
id <- DF$varA^2 + DF$varB^2 < 1
head(id)

# 创建名为 ID 的新列
# 所有的值都存储至 steelblue
DF$ID <- "steelblue"

# 只有接近原点的数据 ID 值设为 darkblue
DF$ID[id==T] <- "darkblue"

# 确认各个数据有几个
table(DF$ID)

# 查看数据帧的内容
head(DF)

# 散点图用颜色区分标记
# color 为颜色规格；size 为点的大小；alpha 为透明度
ggplot() +
    geom_point(aes(DF$varA, DF$varB), color=DF$ID, size=4, alpha=0.6)
```

清单 2.11　2.4.01.Example.py

```python
# -*- coding: UTF-8 -*-
```

```
# 在 Jupyter Notebook 以外执行以下行
from IPython.display import display
#--------------------------------------------------------------

# 导入程序库
import pandas as pd                              # 数据帧
import matplotlib.pyplot as plt                  # 图形
#--------------------------------------------------------------
# 读入文件 sample.csv, 存储至数据帧 DF 中
#read_csv 是 pandas 的功能
# 自动识别标题
DF = pd.read_csv("sample.csv", sep=",")          # 逗号隔开

# 显示最开始的 6 行
# head 是数据帧附带的功能
display(DF.head(6))


#--------------------------------------------------------------
# 数据类型
print(type(DF))
# 数据结构（行数和列数）
#shape 是 numpy 数组或数据帧附带的功能
print(DF.shape)
#--------------------------------------------------------------

# 获取描述性统计量
#describe() 是数据帧附带的功能
display(DF.describe())
#--------------------------------------------------------------

# 定义识别接近原点数据的列
id = DF['varA']**2 + DF['varB']**2 < 1
print(id.head(6))
#--------------------------------------------------------------

# 创建名为 ID 的新列
# 将所有值都存入 steelblue
DF["ID"] = "steelblue"

# 只有接近原点的数据 ID 值设为 darkblue
# loc 是数据帧附带的功能（指定行、列）
```

```
DF.loc[id==True, "ID"] = "darkblue"

#确认各个数据有几个
#value_counts()是数据帧附带的功能
DF["ID"].value_counts()
#----------------------------------------------------------------

#查看数据帧的内容
display(DF.head(6))
#上述部分在 Juptyer Notebook 中使用 display()

#散点图用颜色区分标记
# c 为颜色规格；alpha 为透明度；s 为点的大小
plt.scatter(DF["varA"], DF["varB"],c=DF["ID"], alpha=0.6, s=70)
plt.show()
```

为了便于比较，在表 2.3 中分别整理了两种语言的代码。虽然在语法上存在细微的区别，但大致上可以按照相同的步骤来执行。

表 2.3　R 语言和 Python 语言的代码比较

R	Python	
导入必需的程序库		
library(ggplot2)　　#扩展绘图包	import pandas as pd	#数据帧
	import matplotlib.pyplot as plt	#绘图包
读入 CSV 文件并存储至数据帧中		
DF <- read.table("sample.csv", sep = ",", header = T)	DF = pd.read_csv("sample.csv", sep = ",")	
查看开始的几行数据		
head(DF)	display(DF.head(6))	
查看行数和列数		
str(DF)	print(type(DF))	#类型
	print(DF.shape)	#形态
查看平均值、最大值、最小值等		
summary(DF)	display(DF.describe())	
将 varA 和 varB 分别平方后求和，判定是否小于 1		
id <- DF$varA^2 + DF$varB^2 < 1	id = DF['varA']**2 + DF['varB']**2 < 1	
创建名为 ID 的列，存入 steelblue 颜色的名称		
DF$ID <- "steelblue"	DF["ID"] = "steelblue"	

2

R	Python
对于 ID 的值为 TRUE 的数据（行），用 darkblue 替换 ID 的值	
DF$ID[id==T] <- "darkblue"	DF.loc[id==True, "ID"] = "darkblue"
计算 ID 值的频数	
table(DF$ID)	DF["ID"].value_counts()
绘制散点图（横轴的变量为 varA；纵轴的变量为 varB；颜色的名称为 ID）	
ggplot() + geom_point(aes(DF$varA, DF$varB), color=DF$ID, alpha=0.6, size=4)	plt.scatter(DF["varA"], DF["varB"], c=DF["ID"], alpha=0.6, s=70) plt.show()

补充说明如下。

1. 导入程序库

在 R 语言中使用 library() 函数导入程序库，而在 Python 中则使用 import 语句。对于执行此示例所需的程序库，R 语言仅需要扩展图形功能的 ggplot2，而 Python 需要使用处理数据帧的 Pandas 及提供图形功能的 Matplotlib。另外，在 Jupyter Notebook 中，为了设定显示图形的位置，需要设置 %matplotlib inline。

2. CSV 文件的读取

在 R 语言中使用 read.table() 函数读取 CSV 文件。第一个参数是文件名，之后的两个参数分别表示该文件中各字段的分隔符为逗号，以及文件开始的行是标注有字段名称的标题行。

在 Python 中使用 pd.read_csv() 函数读取 CSV 文件，由于它是程序库 Pandas 中的函数，所以在前面有名称 pd。

3. 数据帧的操作

在 R 语言中，当指定数据帧的列时，在列名前加 $ 符号。计算平均值等数据时使用 summary() 函数。此外，在计算频数时，使用 table() 函数按 ID 列中记录的颜色名称计数，table() 函数是按类别分类统计数据的函数。此处仅使用一个参数（DF$ID），如果指定多个参数，则为交叉统计。

在 Python 中，在数据帧的名称后标注方括号，并用引号标记列名。平均值等的计算则使用 describe() 函数，频数的计算使用 value_counts() 函数，这些函数并不是通用的函数，而是数据帧附带的功能（方法）。

4. 图形显示

在 R 语言中，使用 ggplot() 函数和 geom_point() 函数绘制散点图。这两个函数是程序库 ggplot2 中的函数。为了使用 ggplot2，需要事先安装软件包（关于软件包的安装方法，详情请参见本书前言中"本书资源下载及联系方式"说明下载后查看。)。

在 Python 中，使用 plt.scatter() 和 plt.show() 两个函数绘制散点图。这两个函数为程序库 Matplotlib 中的函数，所以在开头有 plt 这个名称。

图 2.5 为使用 R 语言中 ggplot2 程序库绘制的散点图。此处省略了使用 Python 绘制的散点图(由 Matplotlib 绘制)，两者是几乎相同的画面。

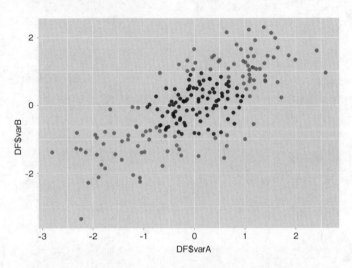

图 2.5 使用 R 语言中 ggplot2 程序库绘制的散点图

例 2.44 步骤①

```
In [ ]: #图形的设定
        %matplotlib inline

        #导入程序库
        import pandas as pd                    #数据帧
        import matplotlib.pyplot as plt        #图形
```

例 2.45 步骤②、③

```
In [ ]: #读入文件 sample.csv, 存储至数据帧 DF 中
        #read_csv 是 pandas 的功能
        #自动识别标题
        DF = pd.read_csv("sample.csv", sep=",")  #逗号隔开

        #显示最开始的 6 行
        # head 是数据帧附带的功能
        display(DF.head(6))
```

例 2.46 步骤④

```
In [ ]: #数据类型
        print(type(DF))
        #数据结构（行数和列数）
        #shape 是 numpy 数组或数据帧附带的功能
        print(DF.shape)
```

例 2.47 步骤⑤

```
In [ ]: #获取描述性统计量
        #describe() 是数据帧附带的功能
        display(DF.describe())
```

例 2.48 步骤⑥

```
In [ ]: #定义识别接近原点的数据列
        id = DF['varA']**2 + DF['varB']**2 < 1
        print(id.head(6))
```

例 2.49 步骤⑦、⑧、⑨

```
In [ ]: #创建名为 ID 的新列
        #所有值都存入 steelblue
        DF["ID"] = "steelblue"

        #只有接近原点的数据 ID 值设为 darkblue
        #loc 是数据帧附带的功能（指定行、列）
        DF.loc[id==True, "ID"] = "darkblue"

        #确认各个数据有几个
        #value_counts() 是数据帧附带的功能
        DF["ID"].value_counts()
```

例 2.50 步骤⑩

```
In [ ]: #查看数据帧的内容
        display(DF.head(6))

        #散点图用颜色区分标记
        #c 为颜色规格；alpha 为透明度；s 为点的大小
        plt.scatter(DF["varA"], DF["varB"],c=DF["ID"], alpha=0.6, s=70)
        plt.show()
```

第 **3** 章

数据分析与典型的模型

3.1 捕捉数据特征

3.1.1 捕捉分布的形态——视觉上的确认

数据分析的根本首先是了解数据的"分布"。所谓分布，简单地说，是指数据以哪里为中心，以及数据的离散程度。下面介绍几种确认数据分布的方法。

1. 直方图和密度图

通过绘制直方图或密度图可以确认数据分布的形态。直方图是在水平轴上表示数据的**组距**（分类），在纵轴上表示数据的**频数**（图 3.1）。以身高为例，按照 150cm 以上且小于 155cm、155cm 以上且小于 160cm 进行分类。频数表示对应于 150cm 以上且小于 155cm 的人数。

如图 3.1 所示，可以看到大多数人的身高是 155~175cm。与纵轴上的数字对照，有大约 400 人的身高为 160~165cm。组距（或分类）划分得越精细，直方图就越详细。

密度图直观上就如同将直方图用平滑线相连。与直方图类似，可以看到分布的形态（图 3.2）。但是，纵轴不是频数，而是称为**密度**（density）或**概率密度**（probability density）的值。密度可以认为是在某值的周围聚集了多少数据。如图 3.2 所示，可以看到在身高 160cm 附近聚集了很多数据。

2. 密度图的含义[1]

密度和概率有着密切的关系。密度图的内部按面积为 1.0 计算。在这里，想知道"身高 155cm 到 165cm 之间的概率"。身高为某个值的概率，如果计算一下 155 和 165 这两个值之间的面积就明白了（即"计算积分"）。当面积是 0.36 时，概率即为 36%。

此时，请注意"身高 160cm 的概率"的说法并没有什么意义。身高正好是 160cm 是非常罕见的，概率几乎为 0。图 3.2 中 160cm 的值是一条线，所以面积为 0。从纵轴来看，160cm 对应的密度值大约相当于 0.04，但并不表示身高 160cm 的概率就是 0.04（4%）。准确地说，身高大概为 160~161cm 的概率是 1×0.04，即大约为 4%。

---

[1] 严格来说，是密度（概率密度）的估计值。

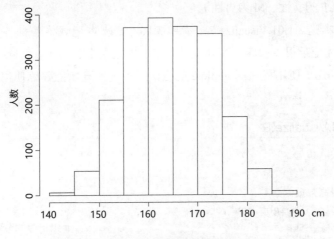

图 3.1　身高的直方图

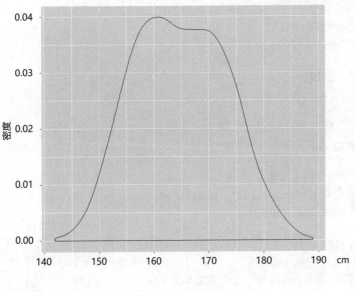

图 3.2　密度图

3. 使用 R 语言运行

上面提到的身高数据是日本高中 17 岁男女学生身高的测定结果[1]。样本数据保存在 heitht.csv 文件中。数据项如下所示，第 1 列记录身高；第 2 列记录性别。

Height：身高（cm）。

---

[1] 这个数据是根据日本文部科学省 2013 年的保健统计调查得出的。该数据并不是实际的数据，为了能够再现调查结果的分布而做了一些修改。

Gender：性别（F 为女性、M 为男性）。

执行的示例脚本是 3.1.01.Visualize.R（清单 3.1）。该脚本记载了各种各样的例子，主要是为了能更好地展现才记录很多内容，实际上没有必要把这些全部都用上。除了标准函数 hist() 和 boxplot()，还介绍了几个使用程序库 ggplot2 的方法，不过一开始能熟练使用两个标准函数就足够了。

清单 3.1　3.1.01.Visualize.R

```
# 获取分布的形态

# 读取高中生的身高数据
DF <- read.table( "height.csv",
                  sep = ",",                          # 以逗号为分隔符的文件
                  header = TRUE,                      # 第一行为标题行（列名）
                  stringsAsFactors = FALSE)

# 确认数据的结构及属性列表
str(DF)

# 显示数据帧的开始几行
head(DF)

# 绘制身高的直方图
hist(DF$height)

# 修改颜色和分类数并加上标题
hist(DF$height, col="steelblue", breaks=50,
    main=" 高中生的身高分布 ")

# 使用 ggplot2 程序库绘制
library(ggplot2)                                      # 导入程序库
# 将变量（数据项）写在 aes() 中，并将常量写在外面
ggplot(DF)+                                           # 设置数据帧
  geom_histogram( aes(height),                        # 所需绘制的变量
          fill="steelblue",                           # 设置填充色
          alpha=0.8,                                  # 设置透明度
          binwidth=1 )                                # 分类的幅度（在本例中为 1cm）

# 绘制密度图
ggplot(DF)+                                           # 设置数据帧
    geom_density( aes(height) ) +                     # 所需绘制的变量
    theme(axis.text=element_text(size=12),            # 设置文字的大小
          axis.title=element_text(size=14,face="bold"))
```

```
# 按性别进行颜色区分，绘制直方图
ggplot(DF)+                                          # 设置数据帧
    geom_histogram( aes(x =height,                   # 所需绘制的变量
                        fill=gender),                # 所需填充的变量
                    position="identity",             # 设置堆积模式为重叠
                    alpha=0.5,                       # 设置透明度
                    binwidth=1 )                     # 分类的幅度（在本例中为 1cm）


# 可以设置颜色
ggplot(DF)+                                          # 设置数据帧
    geom_histogram( aes(x =height,                   # 所需绘制的变量
                        fill=gender),                # 所需填充的变量
                    position="identity",             # 设置堆积模式为重叠
                    alpha=0.5,                       # 设置透明度
                    binwidth=1 )+                    # 分类的幅度（在本例中为 1cm）


# 添加设置分类的颜色
# 注意: 不要忘记从前面的行开始 + 连接
scale_fill_manual( values=c("darkgreen", "orange") )+
# 更改轴的字体大小
theme(axis.text =element_text(size=12, face="bold"),   # 轴的数值
      axis.title=element_text(size=14) )               # 轴的名称


# 按性别进行颜色区分，绘制密度图
ggplot(DF)+                                          # 设置数据帧
    geom_density( aes(x =height,                     # 所需绘制的变量
            color=gender) )+                         # 所需区分颜色绘制的变量
# 添加颜色区分的设置
scale_color_manual( values=c("darkgreen", "orange") )


# 可以进行填充
ggplot(DF)+                                          # 设置数据帧
    geom_density( aes(x =height,                     # 所需绘制的变量
                    color=gender,                    # 所需区分颜色绘制的变量
                fill =gender),                       # 所需填充区分的变量
                alpha=0.3 )+                         # 设置透明度


# 添加颜色区分的设置
scale_color_manual( values=c("darkgreen", "orange") )+
scale_fill_manual( values=c("darkgreen", "orange") )+
# 更改轴的字体大小和标题的字体
theme(axis.text =element_text(size=12, face="bold"),   # 轴的数值
      axis.title=element_text(size=14) )               # 轴的名称
```

```
# 按性别分组并绘制箱形图
boxplot(DF$height ~ DF$gender,                          # 设置值（纵轴）与分组
        col="orange")                                   # 设置颜色

boxplot(DF$height ~ DF$gender,                          # 设置值（纵轴）与分组
        col="orange",                                   # 设置颜色
        horizontal=T,                                   # 设置方向（T 为水平、F 为垂直）
        main=" 高中生的身高分布 ")                       #标题

# 使用 ggplot2 程序库绘制
ggplot(DF)+                                             # 设置数据帧
  geom_boxplot( aes(y    =height,                       # 纵轴的变量
                    x    =gender,                       # 分组变量
                    fill =gender),                      #所需填充对象的变量
                    alpha=0.7 )                         # 设置透明度

# 绘制小提琴图
ggplot(DF)+                                             # 设置数据帧
  geom_violin( aes(y    =height,                        #纵轴的变量
                   x    =gender,                        # 分组变量
                   fill =gender),                       # 所需填充对象的变量
                   alpha=0.5 )                          # 设置透明度

# 在小提琴图上叠加绘制直方图
ggplot(DF)+                                             # 设置数据帧
  geom_violin( aes(y    =height,                        #纵轴的变量
                   x    =gender,                        # 分组变量
                   fill =gender),                       # 所需填充对象的变量
                   alpha=0.5 )+                         # 设置透明度
  geom_boxplot( aes(y    =height,                       # 纵轴的变量
                    x    =gender),                      # 分组变量
                    fill ="grey",                       # 设置颜色
                    width=.2,                           # 幅度减小（20%）
                    alpha=0.7)+                         # 设置透明度
# 添加颜色区分的设置
scale_color_manual( values=c("darkgreen", "orange") )+
scale_fill_manual( values=c("darkgreen", "orange") )
```

　　首先读入样本数据。这里为以 DF 命名的数据帧，使用 str() 和 head() 函数可以确认数据的结构和内容。第 1 列为身高（height），其以 cm 为单位记录到小数点后 1 位。第 2 列为性别（gender），F 表示女性；M 表示男性。

　　使用 hist() 函数绘制身高的直方图。由于需要绘制的为身高数据，因此把数据帧的名称和变

量名指定为 DF$height。颜色用 col 指定，分类的分类数（直方柱的数量）用 breaks 指定。另外，如果像 breaks=seq(140,190,5) 这样设定，则是指从 140cm 到 190cm 以 5cm 大小的间隔进行分类。

如果使用标准函数 hist()，则绘制的图形不是太好看；如果使用 ggplot2 程序库，则可以绘制出漂亮的图形。需要注意的是，基础的 ggplot() 函数和绘制直方图的 geom_histogram() 函数用 "+" 连起来。alpha 是指定着色透明度的选项。如果指定 alpha，则绘制的图形看起来会很舒服。

在绘制密度图时，使用 ggplot() 和 geom_density() 函数。本例如图 3.2 所示，可以看出在分布的中央，165cm 附近的线是凹进去的，这种统计分布显得有点不自然，这是由于数据是混合有女性和男性的身高。因此，下面按照不同性别来确认分布的形态。

要按性别绘制直方图，请在 geom_histogram() 函数的 aes() 中指定要填充的变量（本例中为 gender）。aes 是美学（aesthetic）的缩写，它是指将图形的外观与变量（数据项名称）相关联的操作。如果要将填充指定为类似于 red 这样的常量而不是变量，则无须使用 aes()，将其写在外部即可。

ggplot 按红色、蓝色、绿色……这样的顺序分配填充颜色，但是如果需要自定义颜色时，则使用 cale_fill_manual() 函数。

密度图的颜色区分也是一样的。在最后的代码中，指定了线的颜色（color）和填充色（fill）。如果需要自定义颜色分类，则使用 scale_color_manual() 函数。

如此可以看出，男女身高的分布形态都是呈现左右对称的吊钟形（图 3.3）。图 3.2 的中央凹进去是由于两个分布重叠在一起的原因。这样确认分布的形态在分析时非常重要。

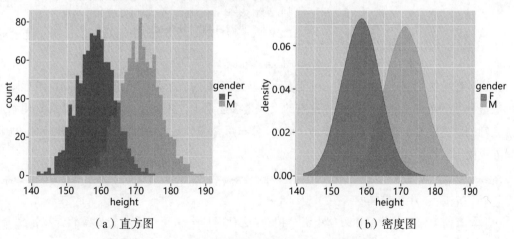

（a）直方图　　　　　　　　　　　　（b）密度图

图 3.3　本 17 岁男女高中生身高分布直方图和密度图

4. 组间比较和箱形图

最后，为了能够简单、方便地比较数值分布，我们来了解一下箱形图（**盒须图**）（图 3.4）。虽然箱形图并不像直方图和密度图那样能够准确确认分布的形态，但是可以方便进行组间比较。

使用标准函数 boxplot() 进行绘制时，在圆括号中记入"~"，在"~"的左边是纵轴变量，在右边是进行分组的变量。如果按性别分组比较身高，则写法为 boxplot（DF$height~DF$gender）。如果想要绘制出更加美观的图，可以使用 ggplot2 的 geom_boxplot() 函数。

在箱形图中，箱形中央的粗线是每个组的中位值（图 3.4）；箱形的高度（纵向高度）表示各个分组的数据的 50% 在该范围内；上面和下面的白色圆圈表示离群值；上下延伸的须相当于除去离群值的最大值和最小值。

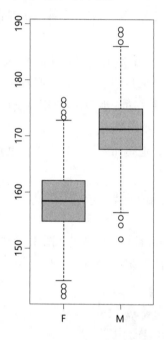

- 与条形图一样，可以简单、方便地进行组间的比较。
- 在条形图中无法获知分布的范围，因此最好使用箱形图。
- 中间的线表示中位值，箱子表示各组 50% 分布的范围。
- 类似于图 3.3 中直方图和密度图的垂直图像。

箱形图的查看方式

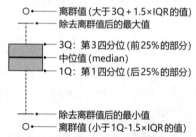

○——— 离群值（大于 3Q + 1.5×IQR 的值）
————— 除去离群值后的最大值

—— 3Q：第 3 四分位（前 25% 的部分）
—— 中位值（median）
—— 1Q：第 1 四分位（后 25% 的部分）

————— 除去离群值后的最小值
○——— 离群值（小于 1Q-1.5×IQR 的值）

注：IQR (interquartile range)
- 3Q 和 1Q 之间的差异，对应于箱形图中箱体的高度。
- 在箱形图中，将 IQR 乘以 1.5 并乘以 3Q（或从 1Q 减去）获得的值用作确定其是否为异常值的指标。

图 3.4　箱形图

像这样在分组之间比较数值时，可能有不少人会把平均值用条形图排列。但是，条形图不能表示数值分布的范围。超过男性平均身高的女性是多还是少，还是完全没有，这些都是用条形图无法获知的。即使平均值之间的差异为 10cm，分布重叠部分的大小也将使含义完全不同。因此，尽量养成使用箱形图确认的习惯。

备注　小提琴图
　　有一种图称为"小提琴图"，这种图结合了箱形图和密度图的特征，主要用来显示数据的分布形状。本书中不作过多说明，但是在脚本示例 3.1.01.Visualize. R（清单 3.1）中记录了实现的代码，可以尝试运行。

3.1.2　计算描述性统计量——代表值与离散程度

为了捕捉数据的特征，经常会使用平均值、中位数、方差、标准偏差等指标。这些指标称为描述性统计量。

1. 代表值

数据分析中最常用的是平均值（mean）。通常，它是通过将所有的值相加并除以个数 n（算术平均）而获得的值。

$$平均（算术平均）值 \quad m = \frac{1}{n}\sum_{i=1}^{n} x_i = \frac{x_1 + x_2 + \cdots + x_n}{n}$$

其他计算方法还有**相乘平均（几何平均）**、**调和平均**等，如果只是单纯地说"平均"，则一般是指算术平均[1]。因为平均值被认为代表了整体的值，所以也称为代表值。

除了平均值以外，经常使用的代表值还有**中位数**（median）。中位数简单来说就是"从数据的最大、最小两端来看，正好位于中间的值"。例如，有 3 个值 1、10、100，平均值为 (1+10+100)÷3 = 37；中位数正好是正中间的 10。但是，在 n 是偶数的情况下，如在 1、10、20、100 这 4 个值的情况下，中位数则是 10 和 20 的平均值 15。

另外，频繁出现最多的值被称为**众数**（mode）。例如，如果有 7 个值 1、2、2、3、4、5、6，则平均值是 3.3，中位数是正中间的 3，但是众数为 2。这个例子中因为全部都是整数，所以非常简单。在连续变化的值中不存在严格意义上完全相同的值，因此，通常取概率密度最大的值为众数。在图 3.2 的身高数据分布中，众数约为 160cm。

此外，本书将数据的个数 n 作为数据中所包含案例（样本）的个数，称为"样本数量"。统计学术语中也有**样本容量（标本数量的多少）**的说法，请参见 3.3.2 小节的说明。

2. 离散程度

在调查数据的特性时，平均值确实非常重要，但是更重要的可以说是**方差**（variance）。理解方差到底是什么样的指标，可以毫不夸张地说是数据分析专业人员所应具备的基本素质之一。实际上，方差是统计学中非常重要的概念之一。

方差是表明数值有多大程度离散的指标，可以说是数据离散程度的指标。具体来说，取得各个值与平均值的差，将计算得到的差求平方和，再除以 n 即得方差。与平均值的差会出现正和负两种情况，由于是求平方，所以全部为正值。

---

[1] 在计算平均增长率时使用几何平均。例如，如果要平均 3 年的销售变化（如 1.2 倍、1.5 倍和 1.6 倍），则计算 1.2 × 1.5 × 1.6 的立方根（1/3 幂）得 1.42 倍。这里的要点是 1.2 × 1.5 × 1.6 = 1.42 × 1.42 × 1.42 成立。

$$方差 S_2 = \frac{1}{n} \sum_{i=1}^{n} (x_i - m)^2$$

式中，m 为 $x_1, x_2, \cdots, x_n$ 的平均值。

　　偏离平均值的数据越多，方差越大。即使数据的平均值相同，但是如果方差很小，则表明数据在平均值附近聚集，分布将呈现比较尖锐的形态（图 3.5）。反之，如果方差较大，则分布图形的基部将较宽，并且分布会呈现比较平坦的形态。

　　另外，将方差取平方根的指标又称为**标准偏差**。

$$标准方差 S = \sqrt{\frac{1}{n} \sum_{i=1}^{n} (x_i - m)^2}$$

式中，m 为 $x_1, x_2, \cdots, x_n$ 的平均值。

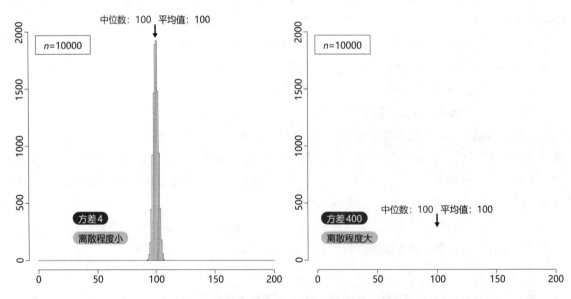

图 3.5　分布的形态及平均值、中位数、方差

　　标准偏差简写为 SD，经常作为测量各个值与平均值偏离程度的单位使用。如以 SD 为单位，考查某个值是在平均值的 1SD（1 标准偏差）以内，还是在 1SD 以上，或者是在 2SD 以上等。特别是在正态分布（见 3.1.5 小节）的情况下，已知从平均值到平均值 ±2SD 范围内的值占样本数的 95.4%（图 3.6）。换言之，当数据遵循正态分布时，与平均值相差 ±2SD 以上的值出现的可能性小于 5%。

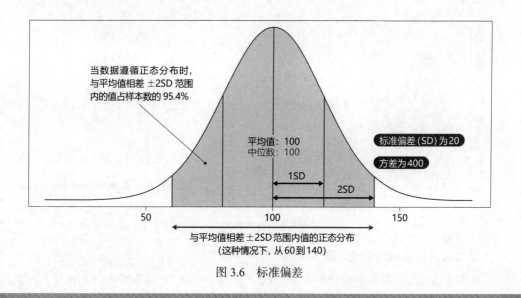

当数据遵循正态分布时，与平均值相差 ±2SD 范围内的值占样本数的 95.4%

平均值：100
中位数：100

标准偏差 (SD) 为 20

方差为 400

1SD

2SD

50   100   150

与平均值相差 ±2SD 范围内值的正态分布
（这种情况下，从 60 到 140）

图 3.6　标准偏差

偏差值

使用公式 $X=10(x-m)/S+50$ 计算得到的 X 值称为偏差值。其中，x 表示各个值；m 表示平均值；S 表示 SD，偏差值经常用于比较测试成绩。这个公式中是将分布转换成平均值为 50、SD 为 10 时的 X 值。因此，如果测试结果正好是平均分，则偏差值为 50。

另外，在除以数据个数计算方差时，有时是除以 $n-1$ 而不是除以 n 的值，这称为**无偏方差**。

3. 分布的偏态

虽然图 3.5 所示两个示例的分布情况不同，但都是左右对称的分布。与此相对，图 3.7 所示的分布形式则呈现为偏左。如果分布为左右对称，则平均值和中位数一致；如果分布呈现偏态，则平均值和中位数不一致。

例如，根据 2014 年日本政府"关于家庭经济金融行为的舆论调查"的结果显示，日本 2 人以上家庭的储蓄额平均值为 1180 万日元。情侣（或父子 / 母子 2 人）有 1000 万日元以上储蓄额的情况很多，但是中位数只有 400 万日元，比平均值低很多。实际上 3 成日本家庭的储蓄额为 0，很多日本家庭的储蓄额不满 1000 万日元。这表明平均值被一部分富裕家庭的储蓄额拉高。如果要了解日本"一般家庭"的生活，则建议使用中位数而不是算术平均值。

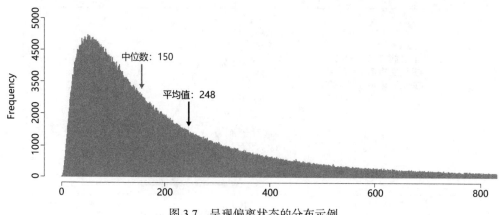

图 3.7　呈现偏离状态的分布示例

4. 使用 R 语言计算描述性统计量

这里再次使用前面提到的身高数据（height.csv）。脚本示例为 3.1.02.Summarize.R（清单 3.2）。
R 语言中包含 summary() 函数，该函数可以一次性地计算描述性统计量[1]。如果在圆括号中设定数据帧，则对数据帧内的各个元素计算统计量（见例 3.1）。但 gender 是字符串形式，用于表示男、女分类的分类变量（见 3.2.3 小节），所以不做计算。这里仅针对 height 计算统计量，已知平均值为 164.7、中位数为 164.5。

在这里计算出的统计量有 6 种：**最小值**（minimum）、**第 1 四分位**（1st quarter）、**中位数**（median）、**平均值**（mean）、**第 3 四分位**（3rd quarter）、**最大值**（maximum）。

清单 3.2　3.1.02.Summarize.R

```
# 计算描述性统计量

# 读入高中生的身高数据
DF <- read.table( "height.csv",
                  sep = ",",              # 以逗号为分隔符的文件
                  header = TRUE,          # 第一行为标题行（列名）
                  stringsAsFactors = FALSE)   # 以字符串类型导入


# 设定数据帧计算描述性统计量
summary(DF)

# 指定目标变量（数据项）进行计算
summary(DF$height)
```

[1] summary() 函数不仅可以用于计算描述性统计量，还可以用于显示分析结果。总之，使用 summary() 函数能够呈现对数据的分析。

```
# 分别使用不同的函数进行计算
mean(DF$height)                # 平均值
median(DF$height)              # 中位数
min(DF$height)                 # 最小值
max(DF$height)                 # 最大值
var(DF$height)                 # 方差（无偏方差）❶
sd(DF$height)                  # 标准偏差 SD（无偏方差的平方根）❷

# 参考：var 和 sd
# 为了进行确认，计算无偏方差并代入 v，显示 v 及 √v
v <- sum( (DF$height-mean(DF$height))^2 ) / (length(DF$height)-1)  ❸
v ; sqrt(v) ❹

# 确认男、女人数
#table 为用于汇总的函数（按照类别计数）
table(DF$gender)

# 按照男、女分别计算统计量
#  tapply( 对象 , 类别 , 适用的函数 )
#  按类别分类分别应用函数
#  在这个例子中，将 height 按照 gender 分别使用函数 summary
tapply(DF$height, DF$gender, summary)

# 分别计算男、女身高的方差
tapply(DF$height, DF$gender, var)
```

例 3.1 summary() 函数的运行示例

```
> summary(DF)

height gender
Min.   :141.9 Length:1998
1st Qu.:158.2 Class :character
Median :164.5 Mode  :character
Mean   :164.7
3rd Qu.:171.2
Max.   :188.9
```

例 3.2 table() 函数和 tapply() 函数的运行示例

```
> table(DF$gender)
```

```
     F       M
  998    1000

> tapply(DF$height, DF$gender, summary)
$`F`
  Min.   1st Qu.   Median     Mean   3rd Qu.    Max.
 141.9     154.7    158.4    158.4     162.0   175.2

$M
  Min.   1st Qu.   Median     Mean   3rd Qu.    Max.
 151.5     167.2    171.1    171.1     174.8   188.9

> tapply(DF$height, DF$gender, var)
      F        M
28.70861 32.60290
```

第 1 四分位数是指由下向上开始计算 25% 的位置，正好相当于 1/4 位置的值。在这个例子中，$N = 1998$，相当于从下面开始 500 人位置的值。第 3 四分位数与其相反，是由上向下计算相当于 1/4 位置的值。另外，正好位于 50% 的位置（相当于正中央位置）的第 2 四分位数为中位数。

平均值、中位数可以分别使用 mean() 函数、median() 函数计算，其中 mean() 函数是经常使用的。

但是，summary() 函数不能用于计算方差和标准偏差。计算方差（无偏方差）和标准偏差（无偏方差的平方根）使用 var() 函数和 sd() 函数。作为参考，本书中增加了确认上述内容的代码（参见清单 3.2 中的 ❶~❹）。

由于用于分析身高的数据中同时存在男生和女生的身高数据，因此，需要分别确认男、女生身高的代表值。此时，可以使用按照类别分类计数的 table() 函数统计男、女生的身高。

为了分别计算男、女生身高数据的描述性统计量，可以使用 tapply() 函数，即将作为统计对象的数据按照类别进行分类，分别使用不同的函数（summary() 和 mean() 等函数）进行计算。在这里将身高 height 按照性别 gender 分类，使用 summary() 函数计算（见例 3.2）。女生身高的平均值为 158.4cm，男生身高的平均值为 171.1cm，两者的差大约有 13cm。另外，由于分布是左右对称的，因此可以看出平均值和中位数是一致的。

因为方差也需要按男、女生分开计算，所以在 tapply() 函数中使用计算方差的 var() 函数。女生身高的方差为 28.7，男生身高的方差为 32.6，则可以看出男生身高的方差更大。在 3.1.1 小节绘制的男、女生身高数据密度图中，男生身高的密度图比女生的凸起要低一些。综合以上内容可以看出，关于身高，男生的离散程度比较大。

3.1.3 把握关联性——相关系数的使用方法和含义

前面例子中统计的是身高这一个变化量。将这种用来表示某种现象的变化量用数值表示的方式称为"**变量**"。接下来，研究多个变量之间的关系。

1. 把握关联性

我们来考虑一下身高和体重这两个变量的关系。总体上来说，身高高的人其体重也重。但是，即使身高相同，肌肉和体脂量不同也使得每个人的体重并不是完全一致的。当将身高和体重两个变量的关系进行可视化显示时，最有效的方法就是绘制**散点图**（scatter plot）。

图 3.8 是关于 17 岁男性的身高、体重的数据，将横轴设定为身高（height），纵轴设定为体重（weight），绘制各数据的分布状态图[1]。从这张图可以看出，点的范围是从左下方向右上方延伸，即意味着身高越低则体重越轻；相反，身高越高则体重越重。但是，这些点并不是以直线形式排列的，而是有相当大的扩散趋势。即使身高相同，体重也会因人而异，也就是说有一定程度的离散。例如，身高 170cm 的数据，体重从不足 50kg 到接近 100kg 有相当大的变化幅度。

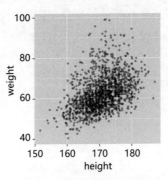

图 3.8　身高和体重分布图

2. 相关系数的使用方法

相关系数（correlation coefficient）是表示两个变量（见 3.2.1 小节）关联性的指标，一般简写为 r。如果两个变量是用数值表示的数据项，那么即使单位不同也没有问题。例如，身高(cm)与体重(kg)、某种商品的销售数量（个）与价格（日元）等，在具有不同量纲的数量之间也可以计算出相关系数。

相关系数 r 取 $-1 \sim 1$ 的值。如果相关系数为 0，则可以认为两个变量没有相关性（不相关）。如果值接近 -1 或 1，则具有较强的相关性（图 3.9）。顺便提一下，在图 3.8 所示的身高与体重的关系中，r 的值为 0.42。

---

[1]这个数据基于日本文部科学省 2013 年的保健统计调查数据。为了再现调查结果的分布，这里对各个数据重新进行了整理。

由此大家可能会注意到，相关系数的值到底为多少才算是相关性强或相关性弱呢？这个基准根据领域或者评价者的不同而不同。虽然可能大多数人会认为绝对值为 0.2 ~ 0.4 是弱相关性、为 0.4 ~ 0.7 是中等程度、为 0.7 以上是强相关性，但这种观点归根结底仅可以作为一个参考。

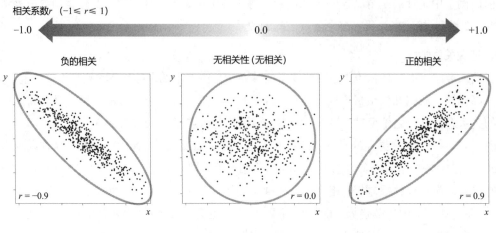

图 3.9　相关系数

需要注意的是，可以通过相关系数判断的关联性仅限于图 3.9 所示的具有椭圆型分布的关系。而在图 3.10 所示的例子中，数据分布呈现 V 字形[1]。虽然可以说 x 和 y 之间有明显的关联性，但是在这种情况下，相关系数却为 0[2]。

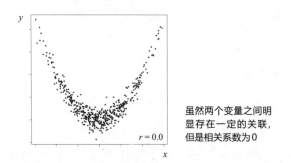

虽然两个变量之间明显存在一定的关联，但是相关系数为 0

图 3.10　无法使用相关系数的示例

3. 相关性与因果关系

相关系数所表示的关联性归根结底是两个变量之间的联动性。虽然说是联动，但也不一定存

---

[1] 在这个 V 字形的例子中，可以说应用像 $y=b_0+b_1x+b_2x^2$ 这样关于 x 的二次函数会比较合适。相反，如果相关性是直线，则可以应用一次函数。

[2] 关于图 3.8，还需要注意的是，数值的分布不是通常的椭圆形。特别是体重的数据分布，与其说是向下扩散，不如说是向上扩散。这表明体重的数据分布并非严格遵循正态分布。

在直接的**因果关系**（causality）。因果关系是**原因**（cause）及其**结果**（effect）之间的关系。严格来说，虽然有"原因是什么"这样的哲学问题，但在这里请首先考虑"由于原因 A 而导致某种结果 B"的关联性。特别是在实际的业务中，如果改变 A，则 B 也必然会发生改变的情况。

下面举一个容易理解的例子。下列的研究可以认为是正确的吗？

> 对每个家庭所拥有电视机的尺寸和孩子的学习能力进行调查，发现电视机的尺寸（in）和孩子的学习能力（偏差值）有着很强的正相关。
>
> 因此，可以认为，购买大尺寸电视机可以提高孩子的学习能力。

即使调查和分析的方法正确，上面矩形框中第二段的结论也明显是错误的。为什么电视机和学习能力之间会产生很高的关联呢？因为越是富裕的家庭越有能力购买大尺寸的电视机，而且越富裕的家庭越能够致力于孩子的教育。也就是说，上述的两个指标之间虽然存在间接的关系，但是并不存在直接的因果关系（图 3.11）。

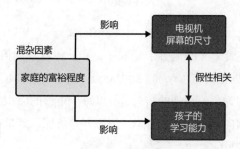

图 3.11 假性相关

因此，将这种关系称为**假性相关**（spurious correlation）[1]，而造成这种关系的共同因素（在本例中为家庭的富裕程度）称为**混杂因素**（confounding factor）。通过数据对原因和结果进行研究时，如何处理这种混杂因素是非常重要的问题（见 4.4.1 小节和 4.4.2 小节）。

另外，在分析时间序列变动的值时需要注意。例如，在一年中每天记录一定的数据作为 $n=365$ 的样本，在这样得到的变量中，不论是直接的还是间接的，都可能存在完全无关的高相关性数据。这种问题被称为"虚假回归"[2]，可能出现根据现在的状态来决定下一个状态的现象。

4. 相关系数在数学中的含义

为了慎重起见，下面将介绍相关系数的数学含义。

相关系数是"**协方差**除以标准偏差的积"。方差是考察以平均值为中心，数据有多大程度离散

---

[1] 虽然是有些冗余，但是笔者认为，相关和因果本身就是不一样的概念，将不存在因果关系的相关称为假性相关令人感到费解。不如理解为假性相关也是相关的，并且相关和因果为不同的概念，这样会更清楚一些。

[2] 详情请参见参考文献 [22]。

的指标，而**协方差**（covariance）表示以两个变量的平均值（重心）来看数据偏向于哪一方。

两个变量 x 和 y 的协方差可以用以下公式计算，单纯看公式是很难理解的，请参考图 3.12。

$$协方差\ S_{xy} = \frac{1}{n}\sum_{i=1}^{n}(x_i - m_x)(x_i - m_y)$$

式中，m_x 是 $x_1, x_2, \cdots, x_n$ 的平均值；m_y 是 $y_1, y_2, \cdots, y_n$ 的平均值。

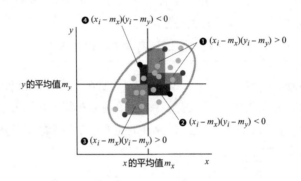

图 3.12　协方差的含义

图 3.12 的中心位置（粗线交叉的地方）是取了 x 和 y 各自平均值的点（m_x，m_y）。上式中的（$x_i - m_x$）（$y_i - m_y$）表示各个数据值的点（x_i, y_i）到中心点（m_x, m_y）的矩形面积。由于 ❶ 和 ❸ 中为正值相加的结果，❷ 和 ❹ 中为负值相加的结果，所以每个矩形的面积总体上如果偏向 ❶ 和 ❸ 的方向，为协方差正值；如果偏向 ❷ 和 ❹ 的方向，为协方差负值。如果在中心点周围均等地分布着数据，则正和负互相抵消变为 0。

但是，因为协方差的值随着数据单位的变化而变化，所以无法得出协方差大于某个值则相关性大的判断。因此，用协方差除以两个变量标准偏差的积来统一度量，即相关系数。相关系数的公式如下。

$$相关系数 = \frac{x\ 和\ y\ 的协方差}{x\ 的标准偏差 \times y\ 的标准偏差}$$

$$= \frac{\dfrac{1}{n}\sum_{i=1}^{n}(x_i - m_x)(y_i - m_y)}{\sqrt{\dfrac{1}{n}\sum_{i=1}^{n}(x_i - m_x)^2}\sqrt{\dfrac{1}{n}\sum_{i=1}^{n}(y_i - m_y)^2}}$$

相关系数的值与数据的单位无关，均在 –1 至 1 之间。归根结底，由于是从重心（中心点）来看数据是偏向 ❶❸ 还是偏向 ❷❹ 的，因此很明显无法用于前面 V 字形分布的例子。

另外，由于是通过除以标准偏差的乘积来统一度量的，因此不会影响散点图上直线的偏离程度。也就是说，当 x 增加 1 时并不会对 y 是增加 1 还是增加 10 产生影响。如果用图表来示，只需考虑画直线时调整成 45° 或 –45° 的纵横比例，然后看数据在直线上聚集了多少即可。如果数据完全

3

集中在直线上，则相关系数为 1 或 –1。但是，即使数据完全位于直线上，该直线为垂直或水平时也无法计算相关系数，值为"不确定"[1]。

3.1.4　使用 R 语言的相关分析——利用日本地方政府调查数据的案例

下面使用 R 语言进行相关案例分析。

1. 分析的目的

日本政府统计的综合窗口（e-Stat）中提供有日本实施的统计调查等各种数据。在这里，我们可以获取关于东京都的市区町的表示各市、区、县等地方特性的指标并进行分析。

在这些指标中应该存在具有较高相关性的数据。例如，在平均每个家庭人口数较多的地区中，如果孩子的数量较多，则不满 15 岁的人口比率也许就会较高；如果老年人的数量较多，则 65 岁以上的人口比率也许就会较高。下面分析这些指标之间的关系。

2. 数据的准备和加工

原始数据是通过在 e-Stat 网站[2]中选择菜单栏中的"查找统计数据"→"从数据库中查找"→"以政府统计进行筛选" → "社会和人口统计体系" → "市区町村数据" 命令获得。

在提供的市区町村数据中，几乎所有的数据项如人口总数、家庭数、不满 15 岁的人口数、65 岁以上的人口数、迁入者的数量、迁出者的数量等都是以绝对数量的形式（不是比例而是数量本身）提供的。这些数据的值在人口较多的地区中都会变大，在人口少的地区中都会变小。换言之，与任何一个都是相似的指标，对所有数据项都有很强的相关性。这样则无法进行有效的分析。

因此，在进行分析前，计算上述数值的比率。常用的有以下数据项公式。

• 每户人口数 = 人口总数 ÷ 家庭数
• 年龄未满 15 岁的比率 = 未满 15 岁的人口数 ÷ 人口总数
• 迁入者人口比 = 迁入者的人数 ÷ 人口总数

另外，考虑到上下班和上下学的流入、流出人口数（白天人口数）与该地区居住人口数（夜间人口数）之比即白天的人口比，则从一开始就以比率的形式提供。这个数据是以百分比记录的，为了与其他数据的比率和单位统一，应该将其除以 100。但是，相关分析即使尺度不同也可以执行，所以在本例中则维持不变。

[1] 有关相关系数的更详细的说明，请参见参考文献 [32]。
[2] 日本政府统计的综合窗口。

一般来说，这样的数据获取与加工比想象中要耗费更多的时间。这里，为了方便起见，将预先加工处理的 6 个数据项的值作为样本数据，并存储在 TokyoSTAT_six.csv 文件中。另外，e-Stat 提供的是由调查中多个不同时间点的统计数据组合而成的数据，因此，并不是所有的数据都是同一时间点的数据。本次的数据中包含了从 2010 年到 2014 年的调查数据。虽然使用不同调查时间的数值进行分析在正确性上会存在一定的问题，但是因为本书中的示例是以学习为目的的，所以这里不再改动数据项。

3. 通过 R 语言程序运行

首先读入样本数据（TokyoSTAT_six.csv）。这个数据由 50 行 × 8 列构成。其中，第 1 列是市区町的名称，第 2 列是所有地区的行政代码（表 3.1）。需要注意的是，行政代码是由数字组成的，用 R 语言读取时被识别为 integer 型（整数）。但是，行政代码实际上仅仅代表一个符号，并不具有作为数值分析的含义。分析对象为第 3 ~ 8 列的数据项。

表 3.1　代表东京都地区特征的指标

市区町	行政代码	每户人口数	年龄未满 15 岁的比率	年龄超过 65 岁的比率	……
千代田区	13101	1.8433	0.1073	0.1916	……
中央区	13102	1.8058	0.1054	0.1589	……
港区	13103	1.8629	0.1118	0.1698	……
新宿区	13104	1.6697	0.0766	0.1865	……
……	…	…	…	…	……

指标（成分分析对象的变量）

本次使用的样本脚本是 3.1.04.Correlation.R（清单 3.3）。

在该脚本中，以 DF[,-c(1,2)] 的形式指定了分析的对象。在数据帧名称 DF 之后的方括号中，逗号前表示行的设定，逗号后表示列的设定。在该例子中，因为省略了逗号前面的设定内容，所以表示设定所有行。在列的设定中，c(1,2) 是指具有 1 和 2 两个元素的向量。在表示行或列时，负号表示不包括特定的行或列。也就是说，在本例中，设定的数据为"对于被命名为 DF 的数据帧的所有行，取出除第 1 列和第 2 列以外的所有列"。

分析的流程请参见脚本中注释形式的说明。下面介绍脚本中使用的几个函数。

清单 3.3　3.1.04.Correlation.R

```
# 使用 R 语言进行相关分析

# 读取东京都地区的特征指标数据
DF <- read.table( "TokyoSTAT_six.csv",
```

```
                sep = ",",                    # 以逗号为分隔符的文件
                header = TRUE,                 # 第一行为标题行（列名）
                stringsAsFactors = FALSE,      # 以字符串类型导入字符串
                fileEncoding="UTF-8")          # 字符编码为 UTF-8

# 确认数据结构和数据项列表
str(DF)

# 显示第 1 列和第 2 列以外数据帧的开始几行
head(DF[, -c(1, 2)])

# 逗号前面是行，后面是列
# 因为行的设定被省略，所以所有的行都为处理对象
# 列指定为不包括第 1 列和第 2 列的其他所有列

# 指定多行或多列时用 c() 括起来，将它们作为向量处理
# 加上负号表示除外的意思

# ① 散点图矩阵的显示

# 使用标准函数 paris()
pairs(DF[, -c(1, 2)])

# 尝试更进一步显示图形
# 生成用于区分东京 23 区和其他地区的标签（后续用于绘制）
DF$ 区部 <- " 市町 "                          # 创建一个名为区部的列
DF[1:23, ]$ 区部 <- " 区 "                     # 将前 23 行的值更改为区

# 使用 lattice 程序库的 splom() 函数
library(lattice)
splom(DF[, -c(1, 2, 9)],                      # 从散点图中去除区部（第 9 列）
      groups=DF$ 区部 ,                        # 颜色区分
      axis.text.cex=.3,                       # 坐标轴刻度的字体大小
      varname.cex=.5)                         # 数据项名称的字体大小

# 利用 GGally 程序库的 ggpairs() 函数绘制散点图矩阵
# 需要一点时间
library(ggplot2)
library(GGally)
ggpairs(DF[, -c(1, 2)],                       # 包含区部（第 9 列）
        aes( colour=as.factor( 区部 ),         # 颜色区分
```

```
            alpha=0.5),                           # 透明度
        upper=list(continuous=wrap("cor", size=3)) ) +
        # 相关系数的字体大小
  theme(axis.text =element_text(size=6),          # 坐标轴刻度的字体大小
        strip.text=element_text(size=6))          # 数据项的字体大小
```

#② 相关矩阵的输出

```
# 计算相关矩阵并将其存储在对象 COR 中
COR <- cor(DF[, -c(1, 2, 9)])
# 显示 COR 的内容
COR
```

#③ 显示相关系数的图

```
# 使用 qgraph 程序库，以 r=0.20 为基准进行可视化处理
library(qgraph)
qgraph( COR,
        minimum=.20,                    # 显示大于 0.20 的相关关系
        labels=colnames(COR),           # 不做省略，显示数据项名称
        edge.labels=T,                  # 在侧边显示相关系数
        label.scale=F,                  # 以一定大小显示数据项名称
        label.cex=0.8,                  # 数据项的字体大小
        edge.label.cex=1.4 )            # 侧边的字体大小
```

#④ 求关于相关系数的假设概率

```
# 计算两个变量之间的相关系数，并将其存储在对象 TestRes 中
TestRes <- cor.test(DF$ 每户人口数，DF$ 白天人口比 _per)
# 显示 TestRes
TestRes
```

通常，如果 p-value 的值小于 0.05，则认为是显著的

对清单中的内容解释如下。

① 散点图矩阵的显示

并排生成关于所有 6 个指标组合的散点图，如图 3.13 所示。在 R 语言中有多个绘制散点图矩阵的函数。这里使用的是标准函数 pairs()、lattice 程序库中包含的 splom() 函数、GGally 程序库中包含的 ggpairs() 函数，三者的基本功能相同。

图 3.13 为使用标准函数 pairs() 的示例，其中显示了 15 种不同的数据项组合（6 个数据项）的散点图。请注意左下角和右上角仅仅是纵轴和横轴互换，即进行了翻转。

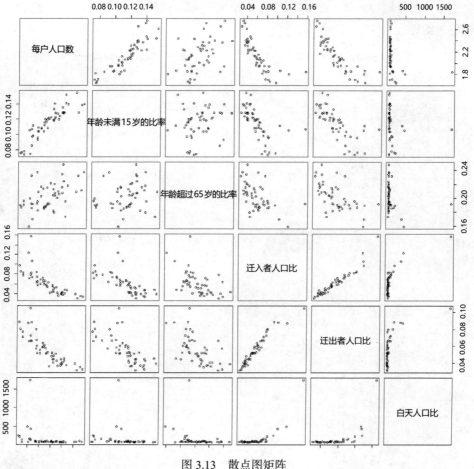

图 3.13　散点图矩阵

　　在使用 splom() 函数和 ggpairs() 函数的例子中，在东京 23 个特别区和除此以外的市町分别设定区分色进行显示。为此，作为预先准备，在数据帧中设置了名为"区部"的列，在最初的 23 行中设定为"区"，其他的行设定为"市町"的值。实际的步骤是，首先将所有的行设置为"市町"，然后将最开始的 23 行修改为"区"的值。

　　ggpairs() 是三个函数中功能最强大的函数，但是在绘制过程中会花费一些时间。在这个例子中，除了将 23 个区和其他地区进行了颜色区分的 15 个散点图，还自动输出了分别包括 6 个数值项的密度图、直方图、箱形图，以及以区和市町分组计算的各指标间的相关系数值（图 3.14）。

　　② 相关矩阵的输出

　　6 个指标之间的相关系数也可通过 ggpairs() 函数显示，但是一般使用 cor() 函数以矩阵形式输出数值（称为**相关矩阵**）。在本例中，临时生成 COR[1] 对象，用来存储数值，然后重新显示内容（见

————————————————
[1] 名称是什么不重要，在这里 COR 是 correlation（相关）的缩写。

例 3.3）。此时，如果输出区域（RStudio 中左下角的 Console 窗格）的宽度较窄，则会换行显示，很难看出输出结果。

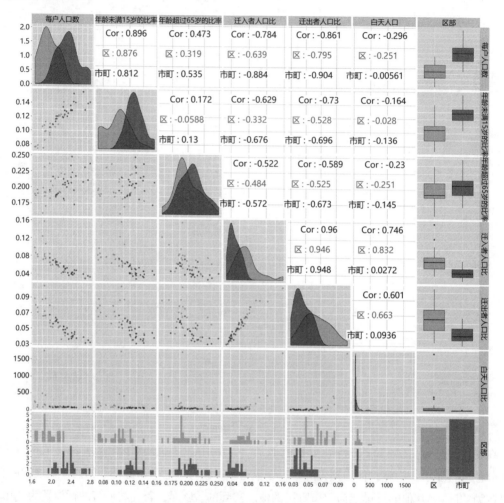

图 3.14　使用 ggpairs() 函数绘制的散点图矩阵

例 3.3　相关矩阵的输出

```
> COR <- cor(DF[, -c(1, 2, 9)])
> COR
```

	每户人口数	年龄未满 15 岁的比率	年龄超过 65 岁的比率	迁入者人口比	迁出者人口比	白天人口比
每户人口数	1.0000000	0.8960259	0.4728719	-0.7837793	-0.8609970	-0.2960266
年龄未满 15 岁的比率	0.8960259	1.0000000	0.1719359	-0.6293479	-0.7297224	-0.1641727
年龄超过 65 岁的比率	0.4728719	0.1719359	1.0000000	-0.5215069	-0.5887915	-0.2299990
迁入者人口比	-0.7837793	-0.6293479	-0.5215069	1.0000000	0.9599464	0.7462093
迁出者人口比	-0.8609970	-0.7297224	-0.5887915	0.9599464	1.0000000	0.6010949
白天人口比	-0.2960266	-0.1641727	-0.2299990	0.7462093	0.6010949	1.0000000

3

在该执行结果中，对角线上是同一个数据项之间的相关性，因此显示为 1.0000000。这在分析上并非是有意义的数值，可以忽略。从其他数值来看，迁入者人口比和迁出者人口比之间的相关系数约为 0.96，因此它们之间有很强的正相关。

③ 相关系数的图表显示

一次输出多个指标之间的相关系数时，一般会像上述"②相关矩阵的输出"那样以矩阵形式处理，但是由于需要纵、横向进行比较，因此查看数值非常麻烦。

与此相对，使用 qgraph 程序库中包含的 qgraph() 函数可以根据连接数据项的线的粗细确认相关系数的大小（图 3.15）。正相关显示为绿色，负相关显示为红色。

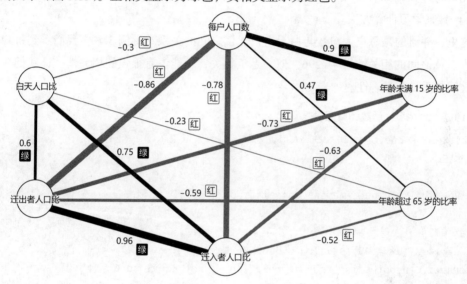

图 3.15　相关系数的图示

注："绿""红"是加上去的，实际的图中没有输出。

本次的分析结果表明，迁入者人口比和迁出者人口比之间有非常强的相关性。另外，每户人口数和年龄满 15 岁的比率之间也有很强的相关性。以东京为例，在一个有很多家庭的城市中，可以认为有很多有孩子的家庭。

此外，每户人口数与迁出者人口比，每户人口数与迁入者人口比之间存在很强的负相关性。我们还发现，人口流动比较大的城市往往家庭人口数较少。据推测，许多这样的地区中单身人口比较多。

如果如同远观一样朦胧地观察整张图，则会看到有两条绿色线相连的组（左边的白天人口比、迁出者人口比和迁入者人口比这三个数据项，以及右边的每户人口数和年龄未满 15 岁的比率这两个数据项）。另外，可以看出在不同组中的数据项之间是用红色线连接的。

由此可以想象到的是，在家庭人口数较多的地区存在孩子数也较多的趋势，以及在白天人口众多的地区存在许多迁入者和迁出者的趋势，并且这两种趋势存在矛盾。那么请读者自己查看一下数据，看一看每个地区是哪种趋势更强。

另外，"是否可以将相似的数据项（变量）组合在一起"的想法非常重要。在这里省略说明，但是这种想法与维数约简技术有着密切的联系（见 4.3.2 小节），如主成分分析和因子分析。

④ 计算相关系数的假设概率

尽管并非总是需要分析业务数据，但有时需要知道计算出的相关系数是否具有统计学上的意义，如样本数较少时。

换句话说，检验"实际上并没有真正的相关性，但是是否碰巧获得了似乎相关的结果"的问题。为此，将计算诸如假设概率和置信区间等指标，具体内容将在 3.3.2 小节中说明。下面通过 cor.test() 函数来学习计算方法。

在这里，探讨的是每户人口数与白天人口比例之间的关系（见例 3.4）。我们看到每户人口数与白天人口比之间的相关性是 –0.296，似乎是负相关，不能说有很强的相关性。让我们来验证一下两者之间是否具有显著性。

例 3.4 通过 cor.test() 函数计算假设概率

```
> TestRes <- cor.test(DF$ 每户人口数，DF$ 白天人口比 )
> TestRes


    Pearson's product-moment correlation

data: DF$ 每户人口数 and DF$ 白天人口比
t = -2.1472, df = 48, p-value = 0.03686 ❶
alternative hypothesis: true correlation is not equal to 0
95 percent confidence interval:❷
 -0.53064969 -0.01926643
sample estimates:
        cor
-0.2960266
```

注意： 在示例 3.4 的执行结果中"p–value = 0.03686" ❶ 称为**假设概率**，在这种情况下，其表示"实际上并没有真正的相关性，但是碰巧得到了似乎相关的结果"的概率。通常，如果该值小于 0.05（即 5%），则偶然性的概率很低，结果被认为是显著的，并且该值不论大小，都可以认为存在一定的相关性。相反，如果该值为 0.05 以上，则无法认为存在相关性。需要注意的是，在样本数少于 100 的情况下，获得弱相关时可能存在非显著性。

此外，在下面的几行输出结果中，"95 percent confidence interval" ❷ 称为置信区间，在其下方记录的相关系数值为 –0.53064969 ～ –0.01926643，表明有 95% 的概率处于该区间。相反，恰

巧是 –0.2960266 的值出现在此次的数据中，根据不同的情况，其可能会在 –0.531 ～ –0.019 内波动。但是，不太可能超过 –0.019 并大于 0，意味着结果是显著的。

3.1.5　各种统计分析——理论与实际思考方式

关于数值的分布，下面进一步作一些理论性的说明。因为是比较复杂的内容，所以可以先跳过，以后再阅读也没有关系。

1. 分布的外观

分布的外观可以分成几个方面来考虑（图 3.16）。首先，可以考虑将值按从小到大的顺序均匀分布，但是，在实际分析中几乎看不到这样的分布。

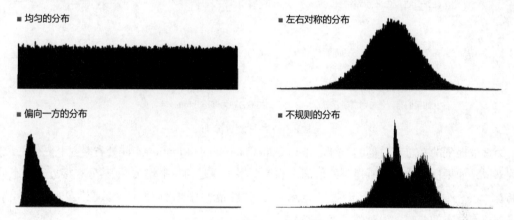

■ 均匀的分布

■ 左右对称的分布

■ 偏向一方的分布

■ 不规则的分布

图 3.16　分布的形态

接下来是左右对称的分布，类似男女身高的分布等。另外，还存在偏向于某一边的分布。一般来说，企业的销售额和家庭收入等指标都是偏左（小的一方）分布的。

除此以外，还有诸如中央凹陷、不连续变化等不规则的分布。这种情况可能是由于混入两种或两种以上具有不同性质的数据所导致的。

2. 各种统计分布

分布的形式因其产生机制的不同而发生变化。在统计学中，理论上有各种各样的分布形式（图 3.17）。

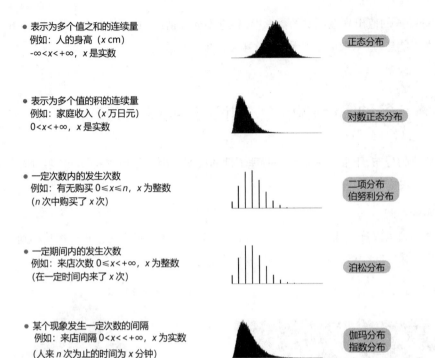

- 表示为多个值之和的连续量
  例如：人的身高（x cm）
  $-\infty < x < +\infty$，x 是实数

  正态分布

- 表示为多个值的积的连续量
  例如：家庭收入（x 万日元）
  $0 < x < +\infty$，x 是实数

  对数正态分布

- 一定次数内的发生次数
  例如：有无购买 $0 \leq x \leq n$，x 为整数
  （n 次中购买了 x 次）

  二项分布
  伯努利分布

- 一定期间内的发生次数
  例如：来店次数 $0 \leq x < +\infty$，x 为整数
  （在一定时间内来了 x 次）

  泊松分布

- 某个现象发生一定次数的间隔
  例如：来店间隔 $0 < x < +\infty$，x 为实数
  （人来 n 次为止的时间为 x 分钟）

  伽玛分布
  指数分布

注：如果伯努利分布为二项分布的 $n=1$ 时，则指数分布为伽玛分布的 $n=1$。

图 3.17　各种统计分布

经常被提到的是左右对称的吊钟形正态分布（Normal distribution），此处省略对其具体的说明。大致来说，如果反复地尝试所得到的值的总和（严格来说是相加平均），则其分布接近于正态分布的形态[1]。另外，理论上正态分布是从 $-\infty$ 到 $+\infty$ 的连续量[2]。如果数值是对数变换（见 4.2.4 小节），则将该正态分布的分布称为**对数正态分布**。

在偏向一边的分布中，可以处理的是取正值的连续量。如果正态分布是求和（加法）的结果，则对数正态分布可以视为求乘积（乘法）的结果。例如，如果工资不是"几日元"而是"百分之几"上下浮动，那么变动的效果是相乘的。虽然不知道现实中是否有这样的机制在起作用，但是观察收入的分布，可以看出实际上该分布是接近对数正态分布的[3]。

二项分布（binomial distribution）也是经常使用的分布。例如，下面试着考虑分析顾客解约的情况。指标是"n 人中 x 人解约"中的人数 x。如果 x 除以 n，则可以理解为从 0（0%）到 1（100%）

---

[1] 准确的说法请参见参考文献 [13] 等中心极限定理的说明。

[2] 把身高的分布作为正态分布来理解，有可能会有负值，看起来似乎不太合理，但是如果平均 160 的方差是 30，取得 0 以下的概率就会很小，可以忽略。

[3] 贝冢启明等人《劳动者家庭收入分配的研究 人的资本理论和各阶段收入分配》，经济研究所研究系列 34 号，内阁府经济社会综合研究所，1979 年 7 月。

的比率。如果将这个数据用于从 −∞ 到 +∞ 数值的正态分布，则会令人感到费解。可能会得出某人解约的可能性是 −5% 或 180% 等令人莫名其妙的结果。

这时使用二项分布，如"投掷 5 次硬币正面出现了 3 次（60%）""20 位顾客中有 8 人（40%）解约"等，即在一定的次数内，某个现象发生了几次。数值的下限是 0，上限也是确定的值（上面的例子分别是 5 和 20）。

此外，要考虑到还有像足球比赛中的投掷硬币的情况，只投掷一次，正面出现的次数限定为 0 或 1。这种分布在二项分布中称为伯努利分布（Bernoulli distribution）。分析处理时可以视作正面或背面、续约或解约、No 或 Yes 这样 0 或 1 的二值数据（二进制数据）分布。

另外，还有其他各种各样的分布。**泊松分布**（Poisson distribution）是为了处理诸如"10 分钟内来了 3 次电话"等一定时间内将发生几次某种现象的分布。相反，**伽玛分布**（Gamma distribution）则是处理"来电话 3 次的时间是 10 分钟"等某种现象发生一定次数的时间间隔。其中，发生一次事件的间隔称为**指数分布**（Exponential distribution）。

如果二项分布和泊松分布的预期发生次数较多时，则分布近似于正态分布。因此，如果预期发生的次数大于 100，则可以视为正态分布来分析。伽玛分布也一样，如果符合条件的次数多，则可以看作正态分布来分析[1]。

3. 实际数据分析中的思考方法

通过统计建模解释或预测现象时，通常要确认解释或预测对象值的分布并创建可再现该分布的模型。

但是，在实际的数据分析中，通常无法从理论上确定其分布类型。在业务数据分析中，如果数据分布看起来对称，就将其视为正态分布并进行分析。但是，需要注意的是，数据分布是对称的，还是偏向某一边的分布；是能够取幅度较大范围的值，还是二进制数据。同时，特别要注意，解释或预测对象**目标变量**的值（见 3.2.1 小节），因为如果错误地分析目标变量值的分布，将极大地影响分析的准确性。

另外，用于解释和预测目标变量的**解释变量**数量可能非常大，并且可能无法正确确认每个变量值的分布。通常，解释变量值的分布差异不会像目标变量分布差异那样明显。但是，在通过缩小数据项范围进行详细分析时，或者在使用对分布差异有较大影响的算法时，也需要注意解释变量的分布。

---

[1]处理一次值的伯努利分布和指数分布不适用于此条件。

3

3.2 根据数据建立模型

3.2.1 目标变量和解释变量——解释和预测的"方向"

本节讨论统计建模。在这里,"建模"是指将数据引入到数学表达式和数理的概念中(见 1.1.3 小节)。在建立模型时,重点在于如何表达数据的特征及如何很好地再现其特征。

1. 建模中变量的处理

统计建模中首先要考虑的是将什么作为**变量**(variable)处理。例如,考虑对某个产品的价格和销量之间的关系建模。数据是,当价格为 800 日元时,销量为 20;当价格为 700 日元时,销量为 30;当价格为 600 日元时,销量为 50 等诸如此类历史销售实际数据的记录。假设分析的目的是弄清楚价格的高低到底会使销量产生多大的差异。

变量是指某种变化的值,或者不同情况下的不同值,在本示例中为价格和销量。在初中和高中数学中可能学习过诸如变量是"未知的值",即"不知道的值"的概念,但是,在统计领域中却并非如此。价格和销量都已经有了实际的数值,但是,每个变量都有多个值,如销量为(20,30,50,…)、价格为(800,700,600,…)。在程序中,将这些数据作为向量进行处理(见 2.2.1 小节)。

2. 目标变量

目标变量(objective variable)是指作为解释和预测对象的变量(图 3.18)。也有人使用**被解释变量**、**因变量**(dependent variable)、**应变量**(response variable)等术语,都表示相同的含义。在前面的示例中,销量是被解释的对象,相当于目标变量。

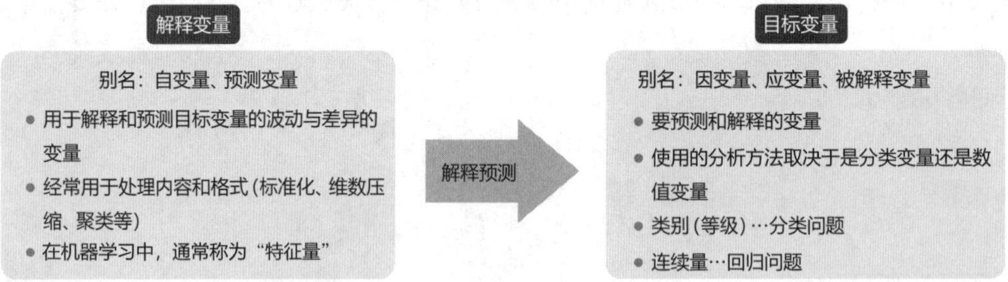

图 3.18 目标变量和解释变量的设定

目标变量可以大致分为数值变量（实数、整数等）和分类变量。此外，关于分类变量，存在0或1、No或Yes这种具有两个类别的情况（**二项分类**），以及具有东京、大阪、名古屋三个以上分类的情况（**多项分类**）。同时，对于多项分类，也可以将其视为二项分类的一种变体。例如，判断东京、大阪和名古屋的每个分类是0还是1。

在解释或预测某个目标变量时，如果数值是对象，则称为"**回归问题**"；如果分类为对象，则称为"**分类问题**"，这一区别很重要。因此，分析人员需要熟悉目标变量的性质并选择适当的方法。

分类通常称为"类"（class），但在统计中，分类变量的值称为"级别"（level）。类和级别存在细微的差别，在这里认为两者含义几乎相同。

3. 解释变量

解释目标变量波动的变量，如在前面的示例中，价格称为**解释变量**（explanatory variable）。其也称为**自变量**（independent variable）或**预测变量**（predictor variable），都表示相同的含义。在机器学习中，也称为**特征量**（feature）。

建立统计模型的目的通常是使用解释变量来解释目标变量的变化，或者根据解释变量的值来估计目标变量的值。解释变量可应用于多种回归模型、决策树（见4.3.5小节）或专门用于预测等，同样也应用于随机森林（见5.2.2小节）和SVM（见5.2.3小节）等机器学习中。但是在诸如维数约简和聚类等技术中，没有提供目标变量，而仅仅使用解释变量来聚合变量及对样本进行分类。

解释变量是数值还是分类对建模方法的选择没有太大影响。虽然需要考虑，但并不会像目标变量那样产生重大影响。

4. 解释和预测的方向

考虑什么是目标变量、什么是解释变量，对制定可行的假设很重要。此外，解释及预测的方向与实际因果关系的方向并不总是匹配的。因果关系是指在3.1.3小节中所讲述的原因与结果之间的关系。

接下来让我们来具体分析。在下面 ❶ ~ ❹ 的示例中，请思考什么是目标变量、什么是解释变量、什么是原因、什么是结果。答案如图3.19所示。

❶ 根据啤酒的价格、天气及广告的有无预测啤酒的销量。

❷ 由海水的温度预测水母的数量。

❸ 根据汽车损坏的程度估算碰撞时的速度。

❹ 根据身高和体重估算卡路里的摄入量。

其中，需要进行讨论的是 ❸。实际上，由于速度过快而导致汽车被损坏，但是并不会因为大量地破坏汽车就能够使汽车的速度变得更快。原因是"速度"，结果是"损坏程度"。但是，分析的目的是根据损坏的程度来估计速度，因此解释变量为"损坏程度"，而目标变量为"速度"。换句话说，解释和预测的方向与因果关系的方向相反。

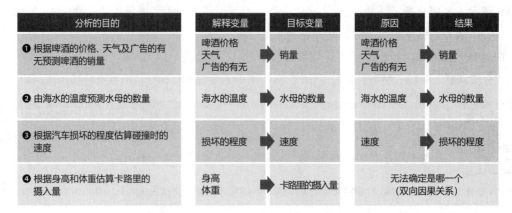

图 3.19　解释、预测的方向及因果关系的方向

关于设定哪个为目标变量，关键取决于"解释及预测的方向"。但是，出于分析因果关系的目的，我们可能也会考虑到因果关系的方向而建模（见 4.4.1 小节和 4.4.2 小节）。

同样，❹是一个令人费解的问题，无法确定哪个是原因、哪个是结果。由于体格较大，因此需要摄取大量卡路里，或者由于摄取大量卡路里而使身体生长，其中可能存在双向因果关系。但是，由于分析的目的是估计卡路里的摄取量，因此目标变量是"摄取的卡路里"。

由上述的各个示例可以看到，解释及预测的方向取决于分析的目的。如果相反，则模型的含义将有所不同。关于这方面的内容，将在 3.2.5 小节中说明。

3.2.2　简单线性回归模型——R 语言程序的运行与结果

接下来，将通过具体示例解释统计建模的概念。重要的是建立一个可以很好地再现数据特征的模型。为了便于说明，我们将从一个简单的模型开始，然后逐步完善该模型。在现实的分析中，从一开始就建立一个具有一定复杂度的模型，但是在这里，为了便于理解"通过模型反映现实世界情况"的概念，我们通过以下模型逐步解释。

- 以一个数值变量作为解释变量的线性回归模型（最简单的模型）。
- 具有虚拟变量的模型。
- 同时包含数值变量和虚拟变量的模型。
- 具有交互作用的模型。

1. 根据工作年数的不同，员工加班时间增加或减少的程度

作为建立模型的示例，下面以某家企业（公司 A）加班时间数据为例。提供信息服务的公司 A 目前正在计划采取措施以减少公司内员工的加班时间。从几乎不加班的员工到每个月加班超过 50 个小时的员工，各个员工之间会有很大的差异。因此，本次分析的目的是弄清楚哪些员工加班并对此采取措施。

样本数据存储在 StaffOvertime.csv 文件（图 3.20）中。数据中记录有以下 4 个数据项。

- ID：员工的 ID。
- section：所属部门（Admin、IT、Sales 中的一个）。
- tenure：工作累计年限。
- overtime：加班时间。

ID	section	tenure	overtime
10012	Admin	35	34.2
10015	IT	34	42.9
10019	IT	34	38.1
10020	Admin	33	34.7
⋮	⋮	⋮	⋮

325名员工人的数据

ID：员工的ID
section：所属部门
 Admin…管理部门
 IT…IT部门
 Sales…销售部门
tenure：工作累计年限
overtime：加班时间

图 3.20　公司 A 的加班时间数据

第二列的 section 为字符串类型，其中，Admin 是管理部门；IT 是提供信息服务的 IT 部门；Sales 是提供销售服务和简单咨询的销售部门。总共记录了 325 名员工的数据。

因为分析的目的是弄清楚影响加班时间的原因及影响的程度，所以目标变量是"加班时间"（overtime）。可以将"部门"（section）和"工作累计年限"（tenure）作为解释变量，首先针对工作累计年限探讨一下随着工作累计年限的变化，加班时间增加或减少为何种程度。

2. 线性回归模型

无论是在统计分析还是在机器学习中都是采用了体现**线性回归模型**思想的基本模型。线性回归模型是回归模型的一种，而且可以说是最简单的模型。使用回归模型的分析称为**回归分析**，简单地说，回归分析多指使用了线性回归模型的分析。

在线性回归模型中，用以下公式建立模型并进行验证。

$$y = b_0 + b_1 x_1 + b_2 x_2 + \cdots$$

式中，y 为 3.2.1 小节中所讲述的目标变量；x_1，x_2，$\cdots$ 为解释变量；b_0 称为截距，b_1 和 b_2 称为回归系数，即不确定的值。这些 b 在统计学领域中统称为参数（parameter）。请注意变量（y，x_1，x_2，$\cdots$）和参数（b_0，b_1，b，$\cdots$）的区别。

分析工具中包含的算法基于数据来推测参数的值。如果知道参数的值，则可以解决以下问题。

3

① 了解解释变量的变化对目标变量的变化有怎样的影响。

② 根据解释变量的值预测目标变量的值。

上述的①是关于通过现象获取一些知识的方法，②是机器学习原理的基础。下面使用上述关于加班时间的数据具体说明模型的含义。

3. 使用 R 语言建立线性回归模型

使用 R 语言读取数据并创建一个简单的线性回归模型。用于分析的示例脚本是 3.2.02. LinearModel.R（清单 3.4）。

清单 3.4　3.2.02.LinearModel.R

```
# 简单的线性回归模型

# 目标变量: 加班时间 overtime
# 解释变量: 工作累计年限 tenure
#          部门 section（Ademin, IT, Sales）

# 读入数据
DF <- read.table("StaffOvertime.csv",
sep = ",",                             # 以逗号为分隔符的文件
header = TRUE,                          # 第一行为标题行（列名）
stringsAsFactors = FALSE)              # 以字符串类型导入字符串

# 确认数据的结构及数据项
str(DF)

# 显示数据帧的开始及最后的部分
head(DF)
tail(DF)

# 使用函数 summary() 显示平均值、中位值
summary(DF)

# 显示直方图（将 x 轴设置为 30 个区间）
hist(DF$overtime, breaks=30, col="orange2")
hist(DF$tenure, breaks=30, col="steelblue")

# 显示加班时间和工作累计年限的关系（标准函数 plot()）
plot(DF$tenure, DF$overtime)
```

```
# 显示加班时间和工作累计年限的关系
library(ggplot2)
ggplot(DF, aes( x=tenure, y=overtime) )+            # 设定 x 轴和 y 轴
    geom_point(colour="purple", size=3, alpha=0.7)+  # 颜色、尺寸、透明度
    stat_smooth(method="lm", se=T)                   # 添加回归直线
    #se 是绘制回归直线时指定上下具有的幅度（95% 置信区间）
    #se=T 在直线上加上幅度（se=F 表示只画直线）


# 使用函数 lm() 创建回归模型
# 将要处理的变量以"目标变量～解释变量"的形式编写在括号内
# 仅此无法显示详细信息
lm(overtime ~ tenure, data=DF)


# 将模型暂时以 LM1 的名称存储在对象中
LM1 <- lm(overtime ~ tenure, data=DF)


# 使用函数 summary() 显示已存储的模型
# 此时显示更加详细的信息
summary(LM1)
```

首先，读取示例数据（StaffOvertime.csv）到数据帧中，并将其命名为 DF。在这里，使用诸如 str() 和 head() 等的函数确认数据的结构和内容；还可以使用 summary() 函数显示平均值和中位数（见例 3.5），得到平均加班时间为 25.5 小时，中位数接近该值。另外，由于员工 ID 也是记录为数字形式的，因此将自动计算平均值等，但是请注意，将员工 ID 作为数字计算并没有任何意义。

接下来，绘制一个直方图以确认加班时间和工作累计年限的分布情况（图 3.21）。在图 3.21 中可以看到加班时间呈现左右对称的山形分布，而工作累计年限稍有偏移，可以看出连续工作 20 年以上的老员工较少。

例 3.5 summary() 函数的执行示例

```
> summary(DF)
ID                section               tenure           overtime
Min.   :10012     Length:325            Min.   : 1.00   Min.   : 1.20
1st Qu.:12050     Class :character      1st Qu.: 8.00   1st Qu.:17.30
Median :12135     Mode  :character      Median :13.00   Median :25.90
Mean   :13727                           Mean   :14.66   Mean   :25.54
3rd Qu.:12319                           3rd Qu.:20.00   3rd Qu.:33.10
Max.   :29556                           Max.   :35.00   Max.   :53.70
```

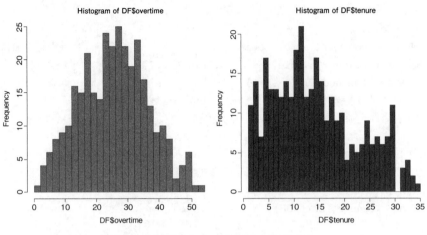

图 3.21　加班时间和工作累计年限的分布

　　图 3.22 是使用 ggplot2 程序库的 ggplot() 函数绘制的加班时间和工作累计年限之间的关系。可以看到每个员工的数据有相当大的差别，存在离散的数据。另外，可以看出有一种略微向右上方的趋势，而不是均匀分布。还可以将 stat_smooth() 与 ggplot() 函数结合起来以便在散点图中绘制拟合回归线。由此能够画出一条向右上方的直线，但是仍然无法仅通过绘制图形来详细判断分析结果。

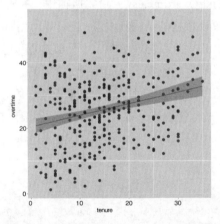

图 3.22　加班时间与工作累计年限的关系

　　使用 lm() 函数将线性回归模型与数据拟合。lm 是 linear model（线性模型）的缩写。在圆括号中，以"目标变量 ~ 解释变量"的形式描述回归方程式中使用的变量。注意，目标变量记录在"~"符号的左侧，解释变量记录在右侧。在这里，记录为 lm（overtime ~ tenure）。

　　执行上述操作时，将看到参数的估算结果（见例 3.6）。R 语言中的执行结果输出在 Coefficients: 中。

　　其中，以 Intercept 输出的部分在日语中称为"切片"（section，截距），相当于下述回归方程式中的 b_0。

$$y = b_0 + b_1 x$$

式中，y 代表加班时间；x 代表工作累计年限。

例 3.6 lm() 函数的运行示例

```
> lm(overtime ~ tenure, data=DF)

Call:
lm(formula = overtime ~ tenure, data = DF)

Coefficients:
(Intercept)          tenure
20.3922              0.3512
```

而且，在 tenure 下面输出的数字是解释变量的**回归系数**，对应 b_1。根据计算得到的值，则公式变为如下形式：

$$y = 20.39 + 0.35x$$

注：精确到小数点后两位。

上述公式对应的回归直线如图 3.22 所示，即散点图中的回归直线。截距 20.39 是指图形中直线与 y 轴相交的位置；回归系数 0.35 表示直线的斜率。计算机推算这些参数的标准将在 3.2.5 小节中介绍。

接下来看看工作累计年限如何影响加班时间。由于回归系数为 0.35，因此意味着"工作累计年限越长，则每月加班工作增加 0.35 小时"。尤为重要的是，如果系数值为正，则表示越有经验的员工越倾向于加班更长的时间。这与散点图中呈略微向右上方的趋势相吻合。

4. 显示详细信息

例 3.6 中直接运行了 lm() 函数，下面的示例中将使用同样的函数 lm()，将结果存储在新的对象 LM1 中（名称不为 LM1 也没有问题）。接下来，使用 summary() 函数显示 LM1 的内容时，将看到更加详细的信息（见例 3.7）。

例 3.7 详细信息的显示

```
> LM1 <- lm( overtime ~ tenure, data=DF)
> summary(LM1)

Call:
lm(formula = overtime ~ tenure, data = DF)

❽ Residuals:
    Min          1Q        Median        3Q          Max
  -21.9557    -8.2093     -0.2118     7.0907      27.4053
```

```
Coefficients: ❶       ❷       ❸       ❹
       Estimate Std. Error t value Pr(>|t|)
(Intercept) 20.39225 1.17393 17.371 < 2e-16 ***
tenure 0.35122 0.06946 5.056 7.17e-07 ***
---
Signif. codes: 0 '***' 0.001 '**' 0.01 '*' 0.05 '.' 0.1 ' ' 1

Residual standard error: 10.52 on 323 degrees of freedom
❺Multiple R-squared: 0.07335, ❻Adjusted R-squared: 0.07048
F-statistic: 25.57 on 1 and 323 DF, ❼p-value: 7.174e-07
```

在例 3.7 输出结果的中间 "Coefficients:" 位置输出以下 4 个数据项。

- Estimate：参数的估计值（截距、回归系数）❶，第一行是截距（intercept）；第二行是解释变量的回归系数。
- Std. Error：标准误差 ❷，与参数估计关联的 "模糊宽度"（相当于估计值的标准偏差）。在计算 t 值时使用。
- t Value：t 值 ❸，参数的估计值除以标准误差的商。在计算每个参数的假设概率时使用。
- Pr(>|t|)：假设概率（针对各个参数）❹，表示回归系数值为 0 的可能性验证结果。如果该概率大于或等于 0.05（5%），则判断为非显著性（见 3.3.2 小节）。

参数的估计值是与回归方程式的 b_0 和 b_1 相对应的值，其含义如前面对回归方程式的解释所述。关于标准误差和 t 值在这里不作详细说明。

每个参数的假设概率是非常重要的，因此在这里进行详细的解释说明。通常假设概率应小于 0.05，如果满足此条件，则结果在统计上被认为是 "显著的"。在这里，截距小于 2×10^{-16}，tenure 的回归系数为 7.17×10^{-7}，两者都是非常小的值[1]。详细说明请参见 3.3.2 小节中的说明，假设概率是指对 "虽然该值实际上为 0，但是由于偶然情况获得了这样的数据" 的可能性的验证结果。"显著性" 可视为 "此结果并非巧合" 的意思。

另外，在表示假设概率的数字右边输出三个 "*"。这里的 "*" 表示结果是显著的。如果有一个 "*"，则表示假设概率小于 0.05；如果有两个 "*"，则表示假设概率小于 0.01，如果有 3 个 "*"，则表示假设概率小于 0.001。"*" 的数目越多，则表明结果越具有统计学上的意义。相反，如果没有 "*"，则此数字被认为是不具有统计学意义的。在 R 语言中，当假设概率大于或等于 0.05 且小

---

[1] 2e-16 是 2×10^{-16} = 0.0000000000000002，而 7.17e-07 是 7.17×10^{-7} = 0.000000717。如果是 123e + 04，则 123×10^4 = 1230000。这种类型的数字符号称为指数符号。在 R 语言中，当位数增多时，会自动以指数表示法显示，但是如果一开始执行 options（scipen = 数值），则可以在某种程度上避免指数表示法。在数字部分中指定的数字越大，则越能避免指数法表示；相反，如果负数的值越大，则越容易显示指数符号。

于 0.10 时，将显示"."，但不应认为结果具有显著性。

接下来，要关注的是输出在底部的数字。

- Multiple R–squared：决定系数 ❺。模型对数据拟合程度的指标。反映了在目标变量的波动（方差）中，有多少比例（%）的数据能为模型所解释。
- Adjusted R–squared：自由度调整后的决定系数 ❻。通过参数数量调整决定系数的指标。过于复杂的模型该值较低。
- p–value：假设概率（对于整个模型）❼。表示所有回归系数（偏回归系数）值为 0 的可能性验证结果。如果该概率为 0.05（5%）或更高，则判断为结果不具有显著性。

　　决定系数和调整自由度后的决定系数表示模型与数据的拟合程度，换句话说，即表示模型能够反映数据波动程度的指标。因为该值为 0.07，所以很遗憾地表明该模型能够反映数据波动的程度（离散）仅仅为 7%。这与散点图中的上下离散程度非常大、偏离回归直线的点很多的情况相符合。关于这部分内容将在 3.3.3 小节中详细说明。

　　输出在最下面的 p–value（假设概率）是表示所有回归系数为 0 的假设验证结果，即表示整个模型是否有意义的指标。这里虽然说是"所有"，但是因为在本次的例子中解释变量 tenure 只有一个，所以回归系数也只有一个是关于 tenure 的，计算结果与 Pr（>|t|）对应的 tenure 处的值相同。最后，输出结果的上方有 Residuls 的部分。

- Residuals：残差的分布 ❽。用于显示残差（模型的理论值和实测值之间的差）的分布情况，输出结果包括最小值、第 1 四分位数、中位数、第 3 四分位数和最大值。

残差是指模型与实际值之间的差异。在 3.2.5 小节中将对其进行详细说明，并将使用密度图和散点图进行确认，而在这里可以使用数值进行确认。

到这里为止，我们已介绍了各种指标。但查看结果的最佳方法是：首先查看整个模型的假设概率（p–value），这是因为如果假设没有意义，则分析结果将无从谈起；接着查看两个决定系数的值以确定模型对数据的拟合程度；最后检查每个参数的假设概率并针对具有显著性的参数确认估计值。

3.2.3　使用虚拟变量建模——分析组间差异

1. 分类变量和虚拟变量

由某些分类而不是由数值记录的变量和数据称为分类变量，又称为类别变量或分类数据。记录数据时，即使记录为数字，如东京为 1、名古屋为 2、大阪为 3 等，这些数字也不是用于做加、减算术运算的。归根结底，"区域"是一个分类变量。另外，当针对某一因素（如"地区"）存在多个分类（如东京和大阪等）时，这些分类称为级别（level）。地区这一数据项设置有三个级别：

东京、大阪和名古屋。

　　由于这些分类（级别）不是数值类型，因此无法原封不动地在模型中进行记录。在统计建模中，为方便起见，可以将它们转换为 0 和 1。这种形式称为虚拟变量（dummy variable）。

　　图 3.23（a）表示的是对所提供娱乐服务进行顾客满意度调查的结果。该调查是针对东京、大阪和名古屋三个地区的顾客进行的，受访者从这三个地区中选择自己的居住地。在研究领域中，这种"仅仅选择一项"的回答方法称为"单选"（Single Answer，SA）。

　　另外，从电影、运动和音乐三种爱好中进行选择。如果有人对任何一种都不喜欢时，则可以一个选项都不选择，而如果全部都喜欢的人，则可以选择三个。像这样"可以选择任意多个"的方法称为"多选"（Multiple Answer，MA）。如果利用虚拟变量替换这些变量，则调查结果如图 3.23（b）所示。

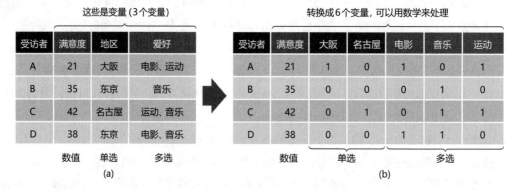

图 3.23　由分类变量转换为虚拟变量

　　受访者 A 所在地区是大阪，他 / 她的爱好是电影和运动，因此"大阪""电影""运动"列中记录为 1，其他列（"名古屋""音乐"）为 0。其他受访者也是如此。

　　这里，可能有人会提出疑问，为什么没有"东京"列。对于单选来说，虚拟变量的数量为选择项数量减去 1。这是因为既不是大阪也不是名古屋的人会被自动确定为东京人。相反，如果添加了"东京"列，则"东京"的信息将和"既不是大阪也不是名古屋"的信息重复，因此不推荐这种处理方法。

　　但是，在使用诸如 R 或 SPSS 等工具进行分析时，工具会自动确定并生成虚拟变量执行分析，而不必用 0 和 1 替换这些数据。这类工具的功能在商业数据分析中非常实用，因为在商业数据中描述某种分类的数据多于数值数据。但是，当查看分析结果时，可能由于没有意识到上述的问题而往往会有"东京在哪里？"的疑问。

2. 使用虚拟变量的回归模型

　　下面继续考虑在 3.2.2 小节中介绍的有关加班时间的建模问题。首先需要分析的是加班时间（overtime）与部门（section）之间的关系。由于存在管理部门（Admin）、IT 部门（IT）和销售部门（Sales）三个部门，因此创建两个虚拟变量，分别对应"是否为 IT 部门"和"是否为销售部门"。注意，这里实际上是由 R 语言自动完成的，但是 section 由两个变量 IT 和 Sales 代替。

另外，未归类为虚拟变量（在这里为 Admin）的分类称为基线。这里可以理解为"通常默认部门为 Admin，而如果为 IT 或 Sales 部门，分别输入 1 以便区别"，这样就很容易理解了。当然，Admin 并不是特别的部门，只是为了分析数据方便。

现在，先暂时忽略工作累计年限并将其从分析中排除，则回归方程如下：

$$y = b_0 + b_1 x_1 + b_2 x_2$$

式中，y 为加班时间；x_1 为 IT；x_2 为 Sales；b_0 是截距；b_1 和 b_2 为回归系数，但是在包含多个解释变量时则称为偏回归系数（partial regression coefficient）。同 3.2.2 小节中的一样，下面来估算这些参数的值。脚本为 3.2.03.DummyVariable.R（清单 3.5）。

清单 3.5　3.2.03.DummyVariable.R

```
# 使用虚拟变量的回归模型

# 目标变量: 加班时间 overtime
# 目标变量: 工作累计年限 tenure
#          部门 section（Admin, IT, Sales）

# 读入数据
DF <- read.table("StaffOvertime.csv",
                 sep = ",",                        # 以逗号为分隔符的文件
                 header = TRUE,                    # 第一行为标题行（列名）
                 stringsAsFactors = FALSE)         # 以字符串类型导入字符串

# 显示数据帧的开始几行
head(DF)

# 按部门确认平均值和中位值
#tapply() 函数和 summary() 函数结合使用
#tapply(x, m, f):
# 将 x 的值按 m 分组后运行函数 ()
tapply(DF$overtime, DF$section, summary)

# 利用 boxplot() 函数可视化中位数和四分位数
boxplot(overtime ~ section, data=DF, col="green")

# 使用 lm() 函数创建回归模型
# 在括号内用"目标变量 ~ 解释变量"的形式记录成为处理对象的变量
#section 自动转换为虚拟变量 (IT, Sales)
```

```
lm( overtime ~ section, data=DF)

# 将模型暂时存储在名称为 LM2 的对象中
LM2 <- lm(overtime ~ section, data=DF)

# 使用 summary() 函数显示暂时存储的模型
# 这时显示更加详细的信息
summary(LM2)

# 通过方差分析来验证整体的倾向是否有偏倚
#aov() : 方差分析
AOV <- aov(overtime ~ section, data=DF)
summary(AOV)

# 只有两个组的情况下只需要方差分析
# 分组有三个及以上的情况下，通过多重比较来观察各组之间的差异
#TukeyHSD() : 通过 Tukey 法进行多重比较
TukeyHSD(AOV)
```

在进行回归分析前，首先计算出每个部门加班时间的平均值（mean）、中位数（median）等（见例 3.8）。计算方法如 3.1.2 小节中所述，通过结合 tapply() 和 summary() 函数执行。另外，加班时间的分布情况使用箱形图显示（图 3.24）。通过该箱形图，可以看出虽然管理部门（Admin）的加班时间相对较少，但仍有一部分员工加班 30 小时左右，而 IT 部门和销售部门（Sales）似乎也有加班时间为 10 小时的员工。

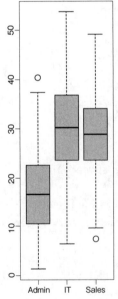

图 3.24　各部门加班时间的差异

例 3.8 计算每个部门加班时间的平均值、中位数等

```
> tapply(DF$overtime, DF$section, summary)
$'Admin'
    Min. 1st Qu.  Median    Mean  3rd Qu.   Max.
    1.20   10.50   16.40   16.94   22.40   40.40

$IT
    Min. 1st Qu.  Median    Mean  3rd Qu.   Max.
    6.40   23.48   30.00   30.03   36.50   53.70

$Sales
    Min. 1st Qu.  Median    Mean  3rd Qu.   Max.
    7.30   23.52   28.35   28.72   33.88   49.10
```

进行回归分析的步骤与 3.2.2 小节相同。但是，在执行 lm() 函数时，将部门（DF$overtime）指定为解释变量，并将其记为 lm(overtime ~ section)（见例 3.9）。R 语言自动将 section 转换为两个虚拟变量。此时，R 语言按字母顺序选择排序在第一个的分类（Admin）作为基线[1]。

例 3.9 执行回归分析

```
> lm(overtime ~ section, data=DF)

Call:
lm(formula = overtime ~ section, data = DF)

Coefficients:
(Intercept)       sectionIT     sectionSales
      16.94           13.09            11.77
```

执行此操作时，将看到例 3.9 中所示的参数。将该参数值代入回归方程式可得到：

$$y = 16.94 + 13.09x_1 + 11.77x_2$$

注：精确到小数点后两位。

在示例脚本中，summary() 函数用于显示详细信息。

3. 使用虚拟变量的回归模型说明

像这样使用多个解释变量的回归模型又称为多元回归模型（multiple regression model）。多元回归模型不能以二维表示。在此示例中存在三个变量（y、x_1 和 x_2），因此图 3.25 显示了三个维度。

---

[1] 如果要设定 IT 或 Sales 为基线也是可以的，但这是一个稍微复杂一些的方法，因此这里省略其说明。一种更简单的方法是将所有 IT 替换为 "_IT"，因为 "_" 的排序在 a 之前，所以将成为基线。

回归方程不是一条直线，而是一个表示平面的方程式。

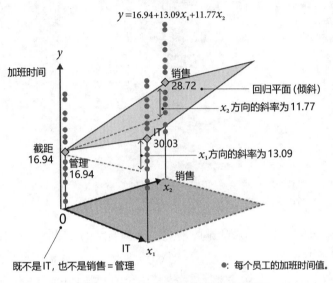

$$y = 16.94 + 13.09x_1 + 11.77x_2$$

图 3.25　使用虚拟变量的线性回归模型

单回归模型

　　与多元回归模型不同，具有一个解释变量的模型称为"单回归模型"，但两者分析的理论或方法没有区别。

　　解释变量均为虚拟变量。部门之间没有大小关系，不会成为一条直线。这就是将三个部门分解为两个虚拟变量的原因。代表每个部门的点在 Admin($x_1 = 0$, $x_2 = 0$)、IT($x_1 = 1$, $x_2 = 0$) 和 Sales($x_1 = 0$, $x_2 = 1$) 的三条垂直长线上。在这种情况下，穿过与每个部门推算加班时间相对应点 (0, 0, 16.94)、(1, 0, 30.03) 和 (0, 1, 28.72) 的平面则为回归平面。回归平面上三个点与其他每个点之间的距离（每个对象的值）是指与模型的误差（残差）。为了减少这种误差，可以推测平面的斜率和截距（见 3.2.5 小节）。

　　实际上，在这种情况下，不需要费心进行回归分析也能够确定回归方程式。截距的 b_0 部分是管理部门的平均加班时间。另外，从 IT 部门的平均值中减去管理部门的平均值可得出 b_1，而从销售部的平均值减去管理部门的平均值则可得到 b_2。如果只想通过部门的信息来预测加班时间，则可以将每个部门的加班时间平均值用作预测值。

　　如果是这样，则可能会被问到分析的目的是什么，但是在这里只需要理解使用虚拟变量进行回归分析的含义。由于这里的基线是管理部门，因此加班时间的标准是管理部门的平均值。与此相对应，如果添加了"IT 部门"的属性，则加班时间将增加 13.09，而如果添加了"销售部门"的属性，则加班时间将增加 11.77。

4. 均值差异检验

这次是一个很好的机会，所以下面试着进行平均值之间差异的检验。从这些数据中，我们来验证一下是否部门之间的平均值确实存在差异。有关详细信息，请参见 3.3.2 小节。

用于检验的函数是aov()，aov为analysis of variance（**方差分析**）的缩写。但是，作为一般的缩写，通常用5个字母表示为ANOVA。其参数与回归模型的相同。在这里，结果存储在一个名为AOV的对象中，并显示出来（见例3.10）。

例 3.10　使用 aov() 函数进行方差分析

```
> AOV <- aov(overtime ~ section, data=DF)
> summary(AOV)
Df Sum Sq Mean Sq F value Pr(>F)
section    2      10937   5469    63.71 <2e-16 ***
Residual   322    27640           86
---
Signif. codes: 0 '***' 0.001 '**' 0.01 '*' 0.05 '.' 0.1 ' ' 1
```

在执行结果中有一处输出为" $Pr(>F)$ "，即通过假设概率表示"实际各部门没有差异"的可能性。与回归模型一样，如果存在三个" * "，则可能性足够小，并且表明存在统计上的显著性差异。从理论上讲，方差分析等价于使用虚拟变量的线性回归模型，并且如果线性回归显著，则方差分析的结果也将显著。

接下来是重点内容。在许多情况下，从这样的分析中想要了解的不仅是"部门之间是否存在差异"，还包括如"管理部门和 IT 部门之间是否存在差异"等具体内容。为了验证这一点，我们使用一种称为**多重比较**的方法。如果只有 2 个部门，则不需要多重比较，因为只有一种组合。如果有 3 个部门，则有 3 种组合。如果有 4 个部门，则有 6 种组合，因此需要进行多次比较才能验证所有的组合。

进行多重比较要使用TukeyHSD() 函数[1]。在参数中，指定存储方差分析结果的对象。查看结果，对于 3 个部门组合中的每个组合，假设概率计算为 p adj（见例 3.11）。其中，Sales–IT（销售部门和 IT 部门）组合的假设概率为一个较高的值 0.539。换句话说，不能排除"没有差异"的可能性，因此结果是非显著性的。对于 IT–Admin 和 Sales–Admin，假设概率接近 0，两者在统计学上都具有显著性。

例 3.11　使用 TukeyHSD() 函数进行多重比较

```
> TukeyHSD(AOV)
  Tukey multiple comparisons of means
```

---

[1]Tukey 是创建这种方法的人的名字。

```
    95% family-wise confidence level

Fit: aov(formula = overtime ~ section, data = DF)

$'section'
                    diff          lwr          upr         p adj
IT-Admin       13.090083    10.144304    16.035861     0.0000000
Sales-Admin    11.774762     8.727184    14.822340     0.0000000
Sales-IT       -1.315321    -4.237938     1.607297     0.5398451
```

3.2.4 复杂线性回归模型——交互作用及模型之间的比较

1. 多种因素的考虑

我们将进一步分析说明 3.2.2 小节和 3.2.3 小节中关于加班时间的模型。本小节将不再分别讨论工作累计年限和部门，而是将它们共同整理到模型中。但是，这里暂时去掉销售部门，只讨论管理部门和 IT 部门。减少部门数量是为了更加便于说明，我们希望将模型限制在三个维数的范围内 [1]。这里使用的 R 语言示例脚本是 3.2.04.ModelComparison.R（清单 3.6）。

清单 3.6　3.2.04.ModelComparison.R

```
# 交互作用和模型之间的比较

# 目标变量: 加班时间 overtime
# 解释变量: 工作累计年限 tenure
#           部门 section（Admin, IT, Sales）

# 读入数据
DF <- read.table("StaffOvertime.csv",
                  sep = ",",                      # 以逗号为分隔符的文件
                  header = TRUE,                  # 第一行为标题行（列名）
                  stringsAsFactors = FALSE)       # 以字符串类型导入字符串

# 显示数据帧的开始几行
head(DF)
```

[1]归根结底是为了方便说明，所以在现实的分析中不需要这样处理。

```
# 为方便起见，考虑将其表示为三个维数的情况（仅管理部门和 IT 部门）
#subset() 函数仅用于抽出满足条件的数据
DFsub <- subset(DF, section!="Sales")          #!= 表示不等于

# 考虑多个因素的模型（部门的不同及工作累计年限）
lm(overtime ~ section + tenure, data=DFsub)
# 显示更加详细的信息
LM3 <- lm(overtime ~ section + tenure, data=DFsub)
summary(LM3)

# 按部门进行颜色区分，以显示加班时间和工作累计年限之间的关系（管理部门和 IT 部门）
library(ggplot2)
ggplot(DFsub, aes(x=tenure, y=overtime))+        # 设定 x 轴和 y 轴
  geom_point(aes(colour=section,                 # 按部门进行颜色区分
                 shape =section),                # 按部门更改形态
             size=3, alpha=0.7)+                 # 尺寸、透明度
stat_smooth(method="lm", se=F)                   # 绘制回归直线
                                                 # 省略绘制置信区间

# 利用原始数据（三个部门）绘制同样的图形
ggplot(DF, aes(x=tenure, y=overtime))+   # 设定 x 轴和 y 轴
  geom_point(aes(colour=section,                 # 按部门进行颜色区分
                 shape =section),                # 按部门更改形态
             size=3, alpha=0.7)                  # 尺寸、透明度

# 重新抽取数据（仅有管理部门和销售部门）
DFsub <- subset(DF, section!="IT")               #!= 表示不等于

# 假设根据部门的不同，工作累计年限产生的影响不同的模型
lm(overtime ~ section + tenure + section:tenure, data=DFsub)
# 显示更加详细的信息
LM4 <- lm(overtime ~ section + tenure + section:tenure, data=DFsub)
summary(LM4)

# 使用原始数据建模

# 不包含交互作用的模型
LM5 <- lm(overtime ~ section + tenure, data=DF)
# 包含交互作用的模型
LM6 <- lm(overtime ~ section + tenure + section:tenure, data=DF)

# 显示详细的模型
```

3

```
summary(LM5)
summary(LM6)

# 使用 AIC（赤池信息量准则）比较模型
# 模型复杂性与数据拟合度平衡的指标
# 越小越好
AIC(LM5)
AIC(LM6)
# 参考：使用 BIC（贝叶斯信息量准则）进行比较
# 对指标值的理解与 AIC 相同
BIC(LM5)
BIC(LM6)


# 关于目标变量的值，模型上的理论值如图 3.26 所示


# 模型上的理论值
# = 将模型应用于 DF 的解释变量值时的预测值


# 理论值在建模时保存为 fitted.values
# 与实测值的差（残差）同样存储在 residuals 中
head(DF$overtime)                               # 实测值
head(LM5$fitted.values)                         # 理论值（基于原始数据的预测值）
head(LM5$residuals)                             # 残差（预测值 – 实测值）


# 以实测值为横轴，以理论值（预测值）为纵轴
# 如果模型完全拟合数据，则点应该排列在对角线（y=x）上
# 与对角线的纵向偏倚表示残差
ggplot()+
  geom_point(aes(x=DF$overtime, y=LM5$fitted.values),
             colour="orange", size=4,          # pr5 以橙色显示
             shape=16, alpha=.6 ) +             # 设置形态为 16（表示 ●）、透明度为 0.6
  geom_point(aes(x=DF$overtime, y=LM6$fitted.values),
             colour="brown", size=3,           # pr6 以棕色显示
             shape=17, alpha=.6 ) +             # 设置形态为 17（表示 ▲）、透明度为 0.6
  xlab(" 实测值 ") +                            # x 轴的标签
  ylab(" 模型的理论值（基于原始数据的预测值）") +
  stat_function(aes(x=DF$overtime), colour="black",
                fun=function(x) x)             # 沿着 y=x 画线


# 通过密度图比较残差的分布
ggplot()+
```

R & Python数据科学与机器学习实践

3

```
    geom_density( aes(x=LM5$residuals),          # LM5 的残差
                  color="orange",                # 橙色边框
                  fill ="orange",                # 填充色也是橙色
                  alpha=0.2 ) +                  # 设置透明度
    geom_density( aes(x=LM6$residuals),          # LM6 的残差
                  color="brown",                 # 棕色边框
                  fill ="brown",                 # 填充色也是棕色
                  alpha=0.2 ) +                  # 设置透明度
xlab(" 残差（模型的理论值 – 实测值）")            # x 轴的标签

# 通过密度图比较残差平方的分布
ggplot()+
    geom_density( aes(x=LM5$residuals^2),        # LM5 的残差（平方）
                  color="orange",                # 橙色边框
                  fill ="orange",                # 填充色也是橙色
                  alpha=0.2 ) +                  # 设置透明度
    geom_density( aes(x=LM6$residuals^2),        # LM6 的残差（平方）
                  color="brown",                 # 棕色边框
                  fill ="brown",                 # 填充色也是棕色
                  alpha=0.2 ) +                  # 设置透明度
xlab(" 残差的平方 ")                             # x 轴的标签
```

首先，仅以管理部门和 IT 部门创建数据帧 DFsub。接下来，将使用此数据创建线性回归模型，回归方程如下：

$$y = b_0 + b_1 x_1 + b_2 x_2$$

式中，y 为加班时间；x_1 为 IT ；x_2 为工作累计年限。

该模型与 3.2.3 小节一样也是一个多元回归模型，在三个维数上绘制而成。其中，x_2 是数值变量，x_1 是虚拟变量。按照字母排序，排在前面的管理部门（Admin）为基线；如果 x_1 是 0，则为管理部门；如果 x_1 为 1，则为 IT 部门（IT）。

在代入 lm() 函数时，将用 + 号连接的 section（部门）和 tenure（工作累计年限）作为解释变量，然后记为 lm(overtime ~ section+tenure)。

执行后，参数如例 3.12 所示。

例 3.12 执行 lm() 函数

```
> lm( overtime ~ section + tenure, data=DFsub)


Call:
lm(formula = overtime ~ section + tenure, data = DFsub)
```

```
Coefficients:
(Intercept)        sectionIT        tenure
   7.1417           12.1260         0.6784
```

将上述的值代入回归方程式，此时回归方程式如下：

$$y = 7.14 + 12.13x_1 + 0.68x_2$$

注：精确到小数点后两位。

式中，工作累计年限 x_2 每增加一年，则加班时间增加 0.68 小时。另外，如果属于 IT 部门（x_1 = 1），则加班时间将增加 12.13 小时。如果绘制成图，则可以绘制为倾斜的回归平面（见图 3.26）。假设直线的斜率对于管理部门（x_1 = 0，后侧的面）和 IT 部门（x_1 = 1，前面的面）都是相同的，且两条直线的高度不同，但斜率相同。因此，连接两条回归直线的平面即为该模型的回归平面。

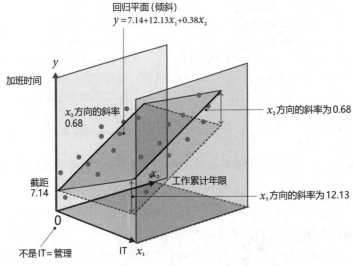

图 3.26　通常的线性回归模型

2. 建模中的假设

模型假设为"平面"，也就是，先设定假设为"某个解释变量的变化对目标变量的变化带来影响的程度是恒定的，与其他解释变量的值无关"。这个假设是否是正确的，在这个阶段是不知道的。如果使用这样的模型进行假设并分析，且假设概率（见 3.3.2 小节）或决定系数（见 3.3.3 小节）等指标能够满足要求，则可以采用该模型。

另外，一定有人会认为"与其假设为平面，不如从一开始就假设为凹凸不平的曲面，这样可以灵活地拟合数据的分布状况不是更好吗？"如果目的仅仅是作一个假设，那么完全没有问题，但是当需要知道事物现象的本质时，就需要先从一个简单的假设开始，验证其与数据的拟合程度，并根据需要使模型复杂化的做法更合理。

备注　　　哲学中有一个"奥卡姆剃刀"的原理。其基本思想就是解释现象的原理应尽可能简单。

接下来，使用一种简单的方法来检验加班时间的例子中，假设为"平面"的拟合度。使用数据帧 DFsub，并根据部门不同，绘制具有不同颜色和形态的散点图，可以看到 Admin 和 IT 的走向都略微向右上方，如图 3.27（a）所示。虽然两者存在一定程度的差异，但是从该图中无法感受到需要进行"两者斜率不同"假设的必要性。虽然省略了详细结果的显示，但是决定系数值高达 0.56，可以认为是一个相对较好的模型。

3. 增加交互作用项

顺便说一下，前述的数据不包括销售部门（Sales）的数据。使用原始数据帧（DF）绘制散点图时，情况则有所不同。销售部门以正方形显示，该部门整体数点图并不存在向右上方的趋势，如图 3.27（b）所示。

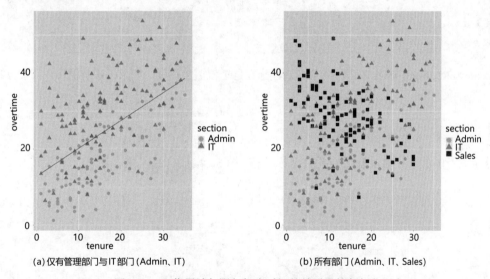

　　(a) 仅有管理部门与IT部门 (Admin、IT)　　　　　　(b) 所有部门 (Admin、IT、Sales)

图 3.27　工作累计年限与加班时间的关系（按部门）

在这里，仍然是为了便于说明，抽取管理部门（Admin）和销售部门的数据创建一个模型，暂时不考虑 IT 部门。首先，仅以管理部门和销售部门重新创建数据帧 DFsub，然后使用该数据建立线性回归模型，但是对回归方程式稍做调整，其公式如下：

$$y = b_0 + b_1 x_1 + b_2 x_2 + b_3 x_1 x_2$$

式中，y 为加班时间；x_1 为 Sales；x_2 为工作累计年限。

与前面相比，最大的不同是解释变量中增加了 $x_1 x_2$ 的乘积项。同时，对于虚拟变量 x_1，如果

x_1 为 0，则虚拟变量 x_1 为管理部门；如果 x_1 为 1，则虚拟变量 x_1 为销售部门。

执行 lm() 函数时，将最后一个乘法项表示为 section : tenure，并将其添加到解释变量中，代码如下（它们之间有无空格都没有关系）。

```
lm( overtime ~ section + tenure + section:tenure )
```

执行该操作，则参数的输出如例 3.13 所示。

例 3.13 增加交互作用项

```
> lm( overtime ~ section + tenure + section:tenure, data=DFsub)

Call:
lm(formula = overtime ~ section + tenure + section:tenure,
    data = DFsub)

Coefficients:
    (Intercept)      sectionSales              tenure
    6.0993           31.0014                   0.7506
sectionSales:tenure
    -1.3721
```

sectionSales:tenure 输出的是 b_3 的值，请注意在这里该值为负值。如果将这些值代入回归方程式，则

$$y = 6.10 + 31.00x_1 + 0.75x_2 - 1.37x_1x_2$$

注：精确到小数点后两位。

这个式子的含义，通过看图会更加容易理解（图 3.28）。

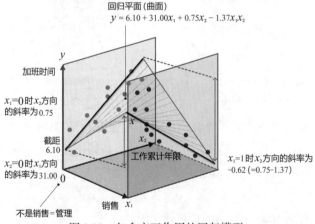

图 3.28　包含交互作用的回归模型

重要的是，管理部门（后面的面）和销售部门（前面的面）之间的直线斜率不同。对于管理

部门，即 $x_1=0$ 一侧，工作累计年限 x_2 每增加一年，则加班时间增加 0.75 小时。另外，如果工作累计年限为 0，则意味着销售部门的加班时间比管理部门的加班时间多 31.00 小时。但是，对于销售部门，即 $x_1=1$ 一侧，工作累计年限 x_2 每增加一年，则加班时间为 0.75−1.37=−0.62，即减少 0.62 小时。此处用减法的原因通过将 $x_1=1$ 代入上述回归方程式即可理解。

由于连接了两条具有不同倾斜度（斜率分别为 0.75 和 −0.62）的直线，因此图 3.28 中的回归平面为折叠的平面。用通俗的语言描述就是"管理部门中越是有经验的员工加班时间越多，而销售部门则相反"。

4. 交互作用的含义

在上述回归方程式中，$b_3 x_1 x_2$ 的乘积项称为交互作用项。交互作用（interaction）可以理解为多个解释变量"互相配合、互相匹配的技术"。这里作一个简单的比喻，如多种药物配合服用的情况。一方面，如果"药物 A 和药物 B 都对治疗有积极作用，但是一起服用时，会引起相反的作用"，这是一种负向的交互作用。如前所述，系数 b_3 为负时就属于这种情况。另一方面，如果"药物 C 和药物 D 单独服用对治疗没有效果，但一起服用时，则会产生好的治疗效果"，这是一种正向的交互作用。在这种情况下，系数 b_3 的符号为正（图 3.29）。

包含交互作用的线性回归  $y = b_0 + b_1 x_1 + b_2 x_2 + b_3 x_1 x_2$

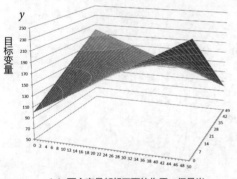

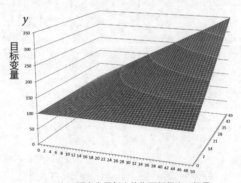

(a) 两个变量都起正面的作用，但是当两者结合在一起时，则会起负面作用

(b) 两个变量每个的作用都很小，但是当两者结合在一起时，则会起正面作用

图 3.29 交互作用的含义示意图

在上述加班时间的示例中，工作累计年限的增加和属于销售部门是导致加班时间增加的因素。但是，如果工作累计年限长和属于销售部门两项都符合时，则加班时间反而将减少，这是一种负向的交互作用。

另外，对于工作累计年限与部门之间的关系来说，部门归根结底是虚拟变量，因此可以预先分别针对管理部门和销售部门进行分析。在实际分析中，与其特意创建具有交互作用的模型，不如采用按部门分为两次进行回归分析的方法（可能更为直接）。

但是，如果两者都是数值变量，则情况就不同了。例如，在本次的数据中没有引入称为通勤时间的数据项，但假定通勤时间与工作累计年限之间存在交互作用。具体来说，需要确认一下是否存在一种现象，即"工作累计年限越长，加班时间越长，但通勤时间越长，工作累计年限对加班时间的影响就越小"。可以根据通勤时间是否超过 60 分钟将其分为两组，但是如果将连续值分成几组，分析的准确性将会降低。在这种情况下，包含交互作用的回归模型是有效的。同时，对于包含交互作用的回归模型，有必要注意后面介绍中的多重共线性问题。详细内容请参见 3.3.6 小节。

5. 回归模型的比较

最后，使用原始数据重新建立线性回归模型。实际上，并不需要像前面介绍的那样分步执行，按照下面的步骤执行也没有问题。

① 在以各个部门用颜色区分的散点图上确认工作累计年限与加班时间之间的关系。

② 建立将部门和工作累计年限作为解释变量的模型（无交互作用）。

③ 建立将部门和工作累计年限作为解释变量的模型（具有交互作用）。

④ 比较在②和③中建立的模型。

由于①已经完成，因此分别为②和③建立名称为 LM5 和 LM6 的模型，并确认其结果（见例 3.14 和例 3.15）。

例 3.14　执行 LM5

```
> summary(LM5)

Call:
lm(formula = overtime ~ section + tenure, data = DF)

Residuals:
Min          1Q            Median        3Q            Max
-22.5967     -5.7597       0.1241        5.3426        23.6480

Coefficients:
      Estimate Std. Error t value Pr(>|t|)
(Intercept) 12.08344  1.22251   9.884  < 2e-16 ***
sectionIT    12.61215 1.19655 10.540  < 2e-16 ***
sectionSales 12.09599 1.23615 9.785  < 2e-16 ***
tenure       0.33631 0.05878 5.722 2.42e-08 ***
---
Signif. codes:  0 '***' 0.001 '**' 0.01 '*' 0.05 '.' 0.1 ' ' 1

Residual standard error: 8.839 on 321 degrees of freedom
Multiple R-squared:  0.3498, Adjusted R-squared:  0.3438
F-statistic: 57.57 on 3 and 321 DF, p-value: < 2.2e-16
```

例 3.15 执行 LM6

```
> summary(LM6)

Call:
lm(formula = overtime ~ section + tenure + section:tenure,data = DF)

Residuals:
    Min    1Q        Median       3Q          Max
-23.0502  -4.9435   0.3802       4.2802       22.1040

Coefficients:
    Estimate Std. Error t value Pr(>|t|)
(Intercept)          6.09935    1.46634    4.160    4.10e-05 ***
sectionIT           14.03524    2.01868    6.953    2.03e-11 ***
sectionSales        31.00144    2.09004   14.833    < 2e-16 ***
tenure               0.75056    0.08767    8.562    4.79e-16 ***
sectionIT:tenure    -0.12679    0.11621   -1.091    0.276
sectionSales:tenure -1.37207 0.13022    -10.536 < 2e-16 ***
---
Signif. codes: 0 '***' 0.001 '**' 0.01 '*' 0.05 '.' 0.1 ' ' 1
Residual standard error: 7.429 on 319 degrees of freedom
Multiple R-squared: 0.5436, Adjusted R-squared: 0.5365
F-statistic: 76 on 5 and 319 DF, p-value: < 2.2e-16
```

两者的假设概率（p-value）值都足够小，可以认为是统计学上有意义的模型，但是决定系数（R-squared）值却存在很大差异。从 Adjusted R-squared 的输出来看，LM5 为 0.34，而 LM6 为 0.54，后者是一个更加拟合数据的模型。另外，在比较多个模型时，使用称为 AIC（**赤池信息量准则**）和 BIC（贝叶斯信息量准则）的指标作为衡量标准。该指标着眼于模型的复杂性与数据拟合程度之间的平衡，数值越小越好。使用 AIC() 函数进行计算的结果为 LM6 的值小于 LM5 的值（见例 3.16）。

例 3.16 计算 AIC

```
> AIC(LM5)
[1] 2344.78
> AIC(LM6)
[1] 2233.749
```

让我们不仅仅通过数值指标进行比较，在视觉上也进行比较看看[1]。需要注意的是，关于目标

---

[1] 此处示例中显示的可视化方法不仅可以用于确认残差，还可以用于不同于原始数据的新数据，确认预测精度。在这种情况下，需要使用 predict() 函数将模型与新数据拟合并计算预测值。

变量，模型上的实测值与理论值之间存在多大程度的差异。该差异或残差越小，则模型与数据的拟合度越好。在建立模型时，计算出模型的理论值并存储在 LM5 和 LM6 的对象中。该理论值是通过基于原始数据的解释变量值推定的模型所估计的目标变量的预测值。

在图 3.30 的散点图中，横轴为实测值（原始数据的加班时间值），纵轴为模型上的理论值。如果实测值和理论值完全吻合，则数据应该与对角线 $y=x$ 相吻合。如果理论值出现在对角线的上方或下方，同时出现偏移，则为残差。在这里，LM5 的值由橙色●表示（图中为深灰色）；LM6 的值由棕色▲表示（图中为黑色）。这可能有点不太容易理解，但是可以看到在图 3.30 的右侧（当实测值较大时），LM5 的值（●）远低于对角线。相反，在图 3.30 的左侧，LM5 的值（●）远高于对角线。

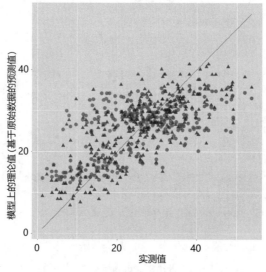

图 3.30　模型上理论值与实测值的差异

图 3.31（a）显示了两个模型残差的密度图（见 3.1.1 小节）。残差是理论值和实测值之间的差，即 LM5 和 LM6 之差存储在 residuals 中，并用图将其可视化。可以说残差近似于 0，并且分布呈现为左右对称形态，幅度不要过大，靠近中央位置最好。反之，如果图形的峰顶低而底部宽，则模型与数据之间的差异会很大。从图 3.30 中可以看出，LM5（●）的差异似乎更大。在线性回归中，残差的分布应该近似于正态分布。如果与正态分布的形态有明显偏倚，则表示不满足分析的要求（见 3.3.5 小节）。这里的图形虽然稍微有些偏倚，但是可以看出近似于左右对称的钟形。

图 3.31（b）也是残差平方的分布。如果图形的峰顶低，并且底部向右延伸，则表明模型和数据之间的偏差较大。

6. 模型的解释

最终模型 LM6 的回归方程式如下所示，该方程式不再以三元表示。

$$y=6.10+14.04x_1+31.00x_2+0.75x_3-0.13x_1x_3-1.37x_2x_3$$

式中，y 为加班时间；x_1 为 IT 部门、x_2 为销售部门；x_3 为工作累计年限，精确到小数点后两位。

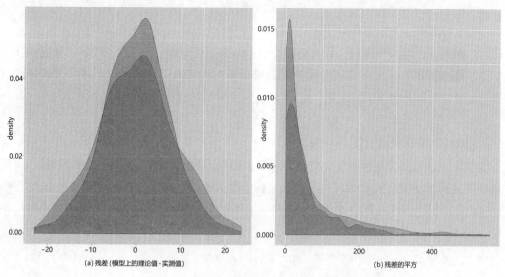

图 3.31　通过密度图表示两个模型的残差

与前面一样，x_1 和 x_2 是以管理部门为基线的虚拟变量。假设工作累计年限为 0，与管理部门相比，IT 部门的加班时间大约为 14 小时，销售部门的加班时间大约为 31 小时，但是工作累计年限每增加 1 年，管理部门的加班时间则增加 0.75 小时，而销售部门的加班时间则减少 0.62 小时（0.75–1.37=–0.62）。

这里需要注意的是，x_1x_3 的系数是 IT 部门和工作累计年限的交互作用所致。看似与作为基线的管理部门和 IT 部门之间，工作累计年限对加班时间的效果似乎有所不同，但是，由于该值很小（–0.13），因此相对于管理部门工作累计年限的影响（x_3 的偏回归系数）为 0.75，以及 IT 部门工作累计年限的影响为 0.75–0.13 = 0.62，可以看出不存在太大的差异。

在例 3.15 所示 LM6 的结果中，sectionIT:tenure 行对应的假设概率 Pr(>|t|) 值为 0.276，没有加 "*"，表明值为 –0.13 的偏回归系数在统计上并不具有意义。因此，IT 部门和工作累计年限的交互作用在分析的解释中可以无视（更准确地说是不应该例举）。即对于 IT 部门和作为基线的管理部门，无法确认工作累计年限对加班时间的影响有所不同。

3.2.5　线性回归的原理与最小二乘法

1. 回归模型及解释和预测的方向

这里再补充说明一下使用回归模型时需要注意的几点内容。

在上述有关加班时间的示例中，假设仅抽取管理部门的数据，建立一个线性回归模型来说明工作累计年限和加班时间的关系，并由此得出以下回归方程式。

$$y=6.10+0.75x$$

式中，y 为加班时间；x 为工作累计年限。

这里，如果同一个管理部门仅具有加班时间的数据，并且需要根据该数据来预测员工的工作累计年限，那么使用上面的模型进行预测是否可行呢？具体来说，如果将上述的公式进行变换，将 x 移到左侧，则将得到以下的公式。使用该公式似乎可以进行预测。

$$x=-8.13+1.33y$$

式中，y 为加班时间；x 为工作累计年限。

上述想法通过图形的表达如图 3.32 所示。以上两个方程式代表的是同一条回归直线。在根据工作累计年限预测加班时间时，可以通过从 x 轴上取值绘制一条线，在与回归线的交点处查看 y 的值进行预测。反之，如果要根据加班时间预测工作累计年限，则可以从 y 轴上取值绘制一条线，在与回归线的交点处查看 x 的值进行预测。

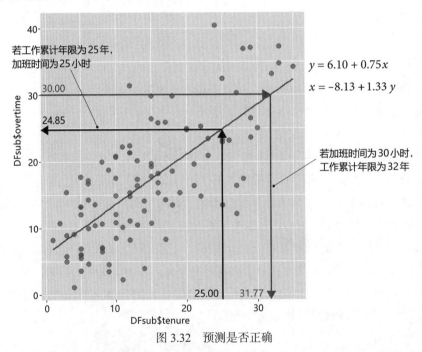

图 3.32　预测是否正确

但是实际上，这个想法是错误的。为了确认这一点，使用 R 语言的 lm() 函数创建一个模型来解释根据加班时间预测工作累计年限，将获得以下回归方程式。示例脚本为 3.2.05.TwoRegression.R（清单 3.7）。

$$x=2.91+0.68y$$

式中，y 为加班时间；x 为工作累计年限。

得到的回归系数与前面给出的完全不同。如果要根据加班时间预测工作累计年限，则需要使用此公式。注意，解释和预测的"方向"在回归分析中非常重要。

清单 3.7　3.2.05.TwoRegression.R

```r
# 回归模型及解释、预测的方向

# 目标变量: 加班时间 overtime
# 解释变量: 工作累计年限 tenure
#          部门 section (Admin, IT, Sales)

# 读入数据
DF <- read.table("StaffOvertime.csv",
                 sep = ",",                       # 以逗号为分隔符的文件
                 header = TRUE,                   # 第一行为标题行 (列名)
                 stringsAsFactors = FALSE)        # 以字符串类型导入字符串

# 仅抽取管理部门的数据
# 利用函数 subset() 抽取符合条件的数据
DFsub <- subset(DF, section=="Admin")            #!= 表示不等于

# 显示数据帧的开始几行
head(DFsub)

# 绘制图形显示加班时间和工作累计年限的关系
library(ggplot2)
ggplot()+                        # 在本示例中，不统一指定数据，而是在单独的绘图中指定
  geom_point(aes(x=DFsub$tenure, y=DFsub$overtime),  # 数据的指定
             colour="red", size=3, alpha=0.4 ) +     # 颜色、大小、透明度
  stat_smooth(aes(x=DFsub$tenure, y=DFsub$overtime), # 数据的指定
             method="lm", se=F)                      # 回归直线

# 根据工作累计年限解释加班时间的模型 LMyx
LMyx <- lm( overtime ~ tenure, data=DFsub)
summary(LMyx)

# 根据加班时间解释工作累计年限的模型 LMxy
LMxy <- lm( tenure ~ overtime, data=DFsub)
summary(LMxy)

# 以下是使用预测值绘制两条回归直线的步骤
```

```
# 创建用于预测的数据帧
# 虽然可以从 0 开始创建，但是复制更方便
DFnew <- DFsub

# 工作累计年限（或者加班时间）从 0 到 40 小时
# 预测加班时间（或者工作累计年限）为多少

# 作为预测的基准值，创建 0 ~ 40 的等分数列
# 原始数据有 101 行，为了方便，将其等分为 101
# 生成 0.0, 0.4, 0.8, 1.2, …的数列

# 用数列替换预测数据的工作累计年限
DFnew$tenure <- seq(0, 40, length=101)
# 用数列替换预测数据的加班时间
DFnew$overtime <- seq(0, 40, length=101)

# 由于 ID 和 section 与预测无关，因此不用进行处理
# 使用创建的模型和预测用的数据执行预测
# 根据工作累计年限 x，预测加班时间 y
pr_overtime <- predict(LMyx, newdata=DFnew)
# 根据加班时间 y，预测工作累计年限 x
pr_tenure <- predict(LMxy, newdata=DFnew)

# 将预测结果（回归线）与散点图重叠绘制
ggplot()+                                              # 画图函数
  geom_point(aes( x=DFsub$tenure, y=DFsub$overtime),   # 散点图
                  colour="red", size=3, alpha=0.4 ) +  # 原始的实测数据
  geom_point(aes( x=DFnew$tenure, y=pr_overtime),      # 散点图
                  colour="blue3", size=0.5, alpha=0.8 ) + # 由 x 预测 y
  geom_point(aes( x=pr_tenure, y=DFnew$overtime),      # 散点图
                  colour="green3", size=0.5, alpha=0.8 ) # 由 y 预测 x
```

2. 实测值和残差

通过对两条回归线的说明，可以看出解释和预测的方向在回归分析中的重要性（图 3.33）。实际上，线性回归模型的回归直线并不完全是一条通过数据中心的直线。如果将解释变量作为横轴，目标变量作为纵轴，则回归直线将呈现为较经过中心的直线略微平缓形态的直线（即倾斜角度的绝对值较小）。如果解释和预测的方向相反，纵轴为解释变量，横轴为目标变量，则回归直线将呈现为略微陡峭形态（即斜率的绝对值较大）的直线。

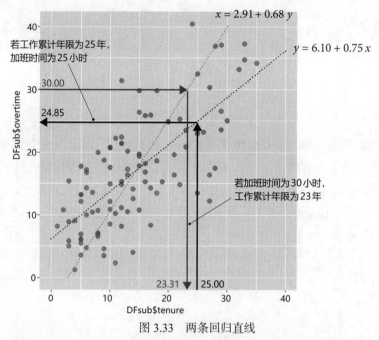

图 3.33　两条回归直线

　　这与回归分析本身的目的和原理有很大关系。回归分析的目的是解释或预测目标变量。因此，确定参数（截距和斜率）以便尽量减小目标变量的实测值与模型的理论值之间的差异。如果将解释变量作为横轴，目标变量作为纵轴，则根据实测值与回归直线"垂直方向"的距离为基准确定直线。如果将解释变量和目标变量互换，则以实测值与回归直线的水平距离为基准确定直线。因此，两条直线并不一致。

　　正如前面几次所提及的，创建模型时实测值与理论值之间的差异称为**残差**。可以理解为目标是建立一个与数据完全拟合的模型，但是实际情况是无法完全与数据拟合的，因此存在差异。另外，如果将模型应用于其他不同的数据进行预测，则即使存在某些误差，也并不称其为残差，这种差异通常称为**预测误差**（prediction error）或简称为误差。

3．最小二乘法

　　最小二乘法是为了减小实测值和理论值的偏差来确定参数的方法。不过，严格来说，使用的并非是距离，而是距离的平方[1]。

　　解释变量的值为 x，目标变量的实测值为 y，理论值为 f。但是，这些值根据观测到的 x_1、$x_2\cdots$ 的数量（样本数量 n）而具有多个值，用 x_i、f_i、$y_i\cdots$ 来表示（i 是从 1 到 n 的整数）。回归方程式是针对目标变量的理论值而设立的公式，可记为如下公式。

---

[1]从这里开始的说明是理论性的，通常是由机器自动执行的，因此对理论性内容不感兴趣的读者，可以跳过这部分内容。

$$f_i = b_0 + b_1 x_i$$

实测值和理论值的偏差为$f_i - y_i$，将其平方后求和。用公式表示如下：

$$S = \sum_{i=1}^{n}(f_i - y_i)^2$$
$$= \sum_{i=1}^{n}(b_0 + b_1 x_i - y_i)^2$$

在这里，已经知道了x_i和y_i，我们想获得的是b_0和b_1的值。如果——计算x_i和y_i的数值，则上述方程式最终将成为具有两个变量b_0和b_1的简单二元函数。如果绘制成图形，则应该看起来为图3.34所示的曲面。像这样尽力使数值尽可能变小的函数称为损失函数（loss function），其值越大，表示损失越大。在某些情况下，该函数还将使用诸如误差函数或成本函数等的名称。

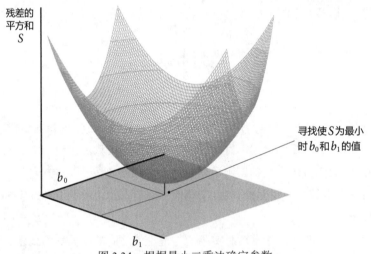

图3.34　根据最小二乘法确定参数

接下来，如果找到S值变为最小值的位置（即该曲面的最低位置），并获得相应的b_0和b_1的值，则为最优参数值。为了找到该低点，该函数使用曲面的斜率对S以b_0或b_1求偏微分计算斜率。

查找最低位置的特定方法有多种形式。例如，通过代数的方法计算使斜率为0时参数的值，或者使用从适当的点开始搜索并类似于滚动球体一样逐渐向低点滚动的方法（梯度下降法）[1]。

即使S值变为最小，通常也不会为0。这和无法绘制一条通过所有点（x_i，y_i）的直线相同，除非数据原本就是在一条直线上。

在机器学习中确定参数时也使用最小化残差平方和的思想。另外，存在一种不同于最小二乘方法的确定参数方法，该方法称为最大似然估计法。该方法将在3.3.3小节中讲述。

---

[1]关于参数推测方法的详细说明，请参见参考文献的[13]和[18]。

4. 线性回归建模

前面也曾经作过说明，我们在建模中想知道的是参数的值，如 b_0、b_1、b_2…参数的值。这时的线性回归模型公式如下：

$$f = b_0 + b_1 X_1 + b_2 X_2 + \cdots$$

之所以记作 X 而不是 x 是为了区分记录为数据的变量与模型中的解释变量。如果记录为数据的某种变量记为 $x_1, x_2, \cdots$，则对应于 X 的部分可以为 x_1、x_2、$x_1 x_2$、x_1^2，或 $\log x_1$ 都没有关系，只要它是一个用于计算的值即可[1]。

因此，"线性回归只能代表线性关系"的说法是不正确的。在进行分析时，是对解释变量和目标变量之间的关系进行某种理论上的假设，并讨论是应该逐一利用现有的数据项，还是应该考虑交互作用，或者是添加平方项，又或者讨论是否应该取对数进行计算。

———————

[1] 虽然有些麻烦，但是如果预先计算这些值，即使使用 Excel，也可以创建相当复杂的回归模型。

3.3 评估模型

3.3.1 用于评估模型的观点

在 3.2 节中，我们以加班时间的数据为例建立了几个线性回归模型。其中，还介绍了假设概率、决定系数及 AIC（赤池信息量准则）等作为评估模型的指标。

评估模型时有几种不同的观点。以下各节将对此进行详细说明，在这里先简要介绍这些观点。

1. 这个结果是否是偶然获得

建立模型所基于的数据存在偶然离散的状况。即使数据给出诸如"X 和 Y 相关"及"A 和 B 存在不同"的结果，也可能仅仅是巧合而已。因此，有必要验证"X 和 Y 可能不存在真正的相关性"和"实际上 A 和 B 可能并不存在差异"的可能性。

进行这种验证的指标为假设概率，在大多数情况下，使用数值（p 值）或"*"的数量表示。在统计分析中，通常使用假设概率来严格验证数据的相关性和差异。而在机器学习中，与关注于验证数据的相关性和差异相比，关注的重点是预测的成功与失败，因此一般不使用假设概率。

2. 模型与数据拟合的程度

通常很难创建一个与数据的拟合度为 100% 的模型，因此，有必要验证模型与数据的拟合（fit）程度。由此，通过将作为模型基础的数据值（实测值）与模型中的值（理论值）进行比较，来验证两者的差异（残差）。

在对残差进行指标化时，有几种计算残差的方法，如求平方和、求绝对值的和等。此外，还有基于残差计算而得到的指标，即决定系数。

另外，还可以使用除残差以外的其他准则来验证模型与数据的拟合度。如果模型是正确的，则存在逆向计算也能够得到原始数据的可能性。如果这种可能性高，则拟合度就高。这样的指标称为"似然值"，并且可以基于似然值（见 3.3.3 小节）计算"伪决定系数"。

3. 模型是否过于复杂 / 是否有利于预测

上述内容中曾经写道："通常很难创建一个与数据的拟合度为 100% 的模型"，但是从理论上讲，随着模型复杂性的增加，拟合度也逐渐接近于 100%。众所周知，过于复杂的模型是不稳定的，并且将其应用于新数据时预测精度会降低（见 3.3.4 小节）。

因此，建议使用一个可以很好地拟合数据且适度简单的模型，如 AIC（赤池信息量准则）等的指标可用于评价。

4. 其他（线性回归模型中的注意点）

除了上述内容，还有关于分析方法和模型类型的特有观点。这里例举关于线性回归模型的以下三个要点。

（1）残差的分布。在线性回归中，假设理论值与实测值之差（残差）的分布为正态分布，可以使用一些诊断图来确认这一点。

（2）多重共线性。当解释变量之间的相关性较高时，则回归模型变得不稳定。这不仅是线性回归的问题，也是像这种线性进化的回归模型共同存在的问题。可作为确认多重共线性的指标有 VIF 或 GVIF 指标。

（3）标准偏回归系数的指标。这是解释模型并定量测量解释变量影响时的重要指标。由于通常的偏回归系数（b_0, b_1, ⋯）取决于解释变量的单位（度量），因此不能仅仅依据该值的大小表示对目标变量的影响，但是，可以认为标准偏回归系数越大的解释变量对目标变量的影响也越大。

3.3.2 这个结果难道不是偶然的吗? ——假设概率和显著性差异检验

关于评价模型的指标，首先提出的是假设概率，其也称为 p 值（p-value）。到目前为止的相关分析和线性回归模型的例子中，对其用 p 字母和 "*" 的数量来表示。

但是，为了理解假设概率的含义，需要先理解采样的概念。另外，作为假设概率的应用，在学术等领域中经常使用的是 "显著性差异检验" 的方法。这里按以下顺序进行说明。

- 总体和抽样。
- 假设概率的计算示例。
- 有关假设概率的注意点。
- 显著性差异检验的方法（R 语言的执行示例）。
- 关于显著性差异检验的注意事项。

1. 总体和抽样

总体是指分析对象的全体。例如，当调查和量化 CM（漫画市场）在日本的受欢迎程度时，居住在日本的人口总数则为总体。但是，由于要对所有的人员进行调查是不可能的，因此需要以某种方式选择参加调查的人员，这种方法称为抽样（**抽取样本**）。目标人群称为**样本**（图 3.35）。样本的大小（即样本中包含的样例数）用 n 表示，如果选择了 100 个人参加调查，则 $n = 100$。注意，在这种情况下，n 不称为"样本数"。样本是指整个被抽取的组，因此，如果从 100 人的组中抽取一个，则样本数为 1。

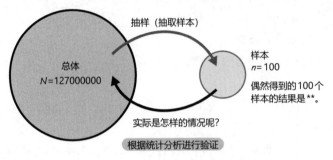

图 3.35　总体和抽样

问题是抽样方法。舆论调查或学术性的社会调查及产品质量的检查都需要严格地**随机抽样**。抽样方法简要概述如下。

（1）有意识抽样：不能避免产生偏差（偏差／失真）。根据目标选择相应的对象，例如，通过网络呼吁大家给与合作、在商店向顾客分发调查表。

（2）无分别抽样（随机抽样）：能够避免产生偏差，具体包括以下内容。

1）简单随机抽样：完全随机地选择目标。

2）分层抽样：按属性划分总体，并从各组中随机选择对象。

3）多阶段抽样：从总体中随机选择一些组，并从各组中随机选择对象。

如果能够很好地进行抽样，并且能够获得该样本中数据的平均值（前面示例中 CM 受欢迎程度的值），则可以估计出总体的平均值所处的范围，即从最低到最高的范围。这种估计称为"**总体均值估计**"。同样，估计在总体中的比例（如购买产品的顾客比例）也称为"**总体比例估计**"[1]。

与此相对，检验样本中得到的各组之间的差异在总体中是否真实存在，称为检验。例如，想获知男性和女性对 CM 的好感度是否存在差异。即使样本中女性对 CM 的好感度高，也无法知道总体是否如此。因此，根据样本的差异，我们将验证总体上是否存在差异，这是基于假设概率的显著性差异检验。

但是，在商务数据的分析中，上述的假设常常不能成立的情况也是很常见的。首先，随机抽样往往比较困难，而且产生偏差也是不可避免的。如果采用问卷调查的形式，有时只能得到"限于特意回答问卷的顾客只能是这样的结果"的情况。反之，也存在要处理的对象为整体的情况。如果会员只有 1000 人，那么对顾客的购买金额进行调查时，只需要调查 1000 人中男女购买金额

---

[1] 本书省略了总体均值估计和总体比例估计的具体方法。业务中数据分析的目的似乎更多地集中在原因的分析和预测上，而不是在这些估计上。有关详细说明，请参见参考文献 [33]。

的差异，而无须抽样[1]。如果 450 名男性顾客的平均购买金额为 4500 日元，550 名女性顾客的平均购买金额为 4620 日元，则对这个数字没有怀疑的理由。

那么，在这样的情况下进行推断和检验就没有意义了吗？这是根据思考方法而定的，如果以数据为基础作出某种判断，那么总是需要进行某种程度的验证的。例如，有可能这次的调查结果是偶然的，碰巧女性的平均购买金额较高。可以想象为"在与实际存在的顾客具有相同特性的无限人群中，偶然以一定概率成为顾客的人群就是现在的顾客"[2]。特别是对于样本量小的数据，不能忽视偶然性的效果。在理解了各种方法的制约和局限性的基础上，有必要对结果进行斟酌[3]。

例如：作为管理层的男女比例。

为了简化话题，我们来考虑下面的问题。为了调查日本大企业的管理层，分三次从管理层的名单中进行随机抽取[备注]。这样选出的三位管理人员都是男性（图 3.36）。从这个结果来看，如果得出"大企业管理人员的男女比例偏颇"的结论，那么是正确的结果吗？

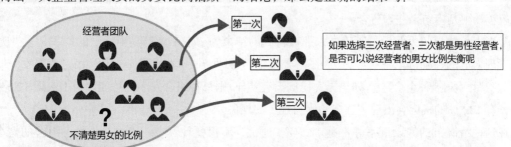

- 首先，设定归无假设（要否认的假设），即假设"经营者中男女比例各为一半，比例没有差异"。
- 在此前提下，请考虑碰到三次抽取均为男性的概率 p 是多少？
  p：即使实际没有差异，也有可能碰巧"偶然"获得了这样的结果。

能够考虑到的组合有 8 个（每种可能性都是 1/8）

男	男	男
男	男	女
男	女	男
女	男	男
男	女	女
女	男	女
女	女	男
女	女	女

在 8 种可能的组合中，碰巧获得可能性很小的

"男 男 男"的组合，则 **单侧检验**
$p = 1/8 = 0.125 = 12.5\%$

然而，也要考虑到同样概率很小的
"女 女 女"的可能性 **双侧检验**
$p = 2\times 1/8 = 0.25 = 25\%$

（通常使用这种）

按照惯例，与 5%、1%、0.1% 等"显著性水平"进行比较判断。因为超过 5%，所以不能排除偶然的可能性（不能认为存在差异）。

图 3.36　假设概率的概念示意图

在这个问题的基础上，站在基础统计学的角度上设定归无假设[4]。

---

[1]相反，如果会员数量庞大，可以说随机抽样是有意义的。以多少数量进行抽样，取决于时间和计算资源的制约。

[2]如果是喜欢 SF（互动传媒）的人，则有很多平行世界，谁成为顾客可以认为是因为偶然而产生的不同结果。其中之一就是现在的世界。

[3]即使是学术性的研究，也不能总是基于完美的前提进行分析。例如，在心理学等实验中，通过随机抽样很难获得实验对象，即便如此统计的验证也是必须的。

[4]用与这个不同的想法进行推测和验证的方法有贝叶斯统计。详细内容请参见参考文献 [26]。

还原抽样方式

在这里，描述为"分三次执行选择操作"，而不是"选择三个人"。这意味着在选择一个人后，再选择下一个人时，上一个人（尽管可能性较小）可能会被再次选中。在每次选择样本时，将其返回到总体中，然后选择下一个样本，称为"还原抽样方式"（反之，不返回样本的情况称为"非还原抽样方式"）。这种抽样方式似乎是不合理的，但从理论上讲，还原抽样方式比非还原抽样方式更加方便，因此在这里作这样的假设。

归无假设是以"没有差异"或"既不是正数也不是负数，而是 0"的形式设置为否定的假设，通常与所主张的结论相反。在这个例子中，采用"性别比例没有差异"的归无假设，然后计算出发生"即使性别比例没有差异，但三个人碰巧都是男性的结果"这种现象的概率，即假设概率。如果较小，则判定结果并非巧合。

接下来，如果归无假设是正确的，那么得到的结果为"三个人都是男性"的概率是多少呢？三名管理人员的性别可以视为"男男男""男男女""男女男""女男男""男女女""女男女""女女男""女女女"8 种组合[1]。如果男女比例没有差异，则每种组合发生的可能性为 1/8，即 12.5%。因此，有 12.5% 的机会会出现"三名均为男性"的现象。

在这种情况下的假设概率并不是 12.5%。通常，不仅要计算"三人均为男性"组合的概率，还应该计算"三人均为女性"的概率，这是因为两者在结果偏差方面是等效的。这种思考方式称为双侧检验，因此，假设概率 p 为 25.0%。

单侧检验

相对于双侧检验，只考虑一侧的检验方法叫作单侧检验。取两侧还是取一侧要考虑分析的目的，但是实施双侧检验的基准更加严格。

接下来要考虑的问题是 25% 的概率是大还是小。其基准是显著性水平，一般设定以 5%、1%、0.1% 为基准。值越小检验标准越严格，如果低于 5%，一般会被认为具有显著性差异[2]。在本例中，25% 大于 5%，所以结果被认为不存在显著性差异。可以认为"三名管理人员都是男性"很可能是偶然得到的结果。

---

[1] 严格来说，性别这样的属性应该作为单纯的类别来理解，而且应该是作为一种连续量，以及考虑各种各样心理上、身体变量的组合来理解问题。

[2] 这个 5% 的数字是惯例，即使对于样本量有限的实验研究（例如，比较经过学习和未经学习的小鼠），在某种程度上也是比较容易得到的值。

另外，注意表示该显著性水平时经常使用"*"标记的数量。一般来说，如果"*"的数量只有一个，则表示为 5% 的显著性水平（$p<0.05$）；如果有两个，则表示为 1% 的显著性水平（$p<0.01$）；如果有三个，则表示为 0.1% 的显著性水平（$p<0.001$）。"*"的数量越多，统计结果就越有意义，不加"*"表示不具有统计学意义。

假设概率不仅用于检验差异，也用于确认分析中得到的数值是否有意义。如果是相关分析，即使通过样本得到正负相关系数，对于总体数据而言也不一定具有相关性，所以要建立"相关系数实际上可能为 0"的归无假设来检验（见 3.1.4 小节）。如果是回归分析，则即使样本获得了倾斜的直线，也要建立"回归系数（直线的斜率）实际上可能是 0"的归无假设，以此来检验（见 3.2.2 小节）。通过各自的分析得到的假设概率 p 值是根据这些方法计算出来的。假设概率越小，则表示各系数越具有统计学意义。

2. 有关假设概率的注意点

在这里，说明一下使用假设概率评估模型时需要注意的几点内容。关于前面提到的性别比例问题，假设概率小，表明存在"显著性"并意味着"差异不能认为是 0"。这一点与实际上存在多大程度的差异不能相提并论。假设结果存在显著性，表明男、女性别比率可能为 80∶20，也可能为 51∶49。在统计学上有意义和在实际上有意义这两者是有区别的，如果是 51∶49，即使在统计学上具有意义，也可以认为并不具有实际意义。尤其是对于具有大量样本的数据，即使是很小的差异也表明具有显著性。

相反，"不具有显著性"是指"不能认为存在差异"，并不能证明"没有差异"。如果不注意这一点，会因为给出的结论是不能认为存在差异，而往往会理解成结论为不存在差异。以上述男、女性别比例的案例为例，很容易看出这种理解是错误的。

我们知道许多大企业的管理人员中很多是男性，即使如此，在上述结论中仍然是男、女性别比例没有显著性差异。换句话说，仅仅抽取三个人并不能证明存在差异，即使抽取的样本都是男性。上述结论并不意味着管理人员的男、女性别比例是一半对一半。显然，"因为三个人都是男性，所以男性和女性的比例没有差异"的推断是非常令人费解的。但是，请注意当问题复杂且难以通过常识判断时，很可能会发生这样的误解。

3. 使用 R 语言进行显著性差异检验

在市场研究的实验和问卷调查中，数据的数量通常很少，利用显著性差异检验是重要的方法之一。这些检验很容易用 R 语言执行，下面列举一些简单的示例。

（1）二项式检验

二项式检验（binomial test）是一种根据特定事件是否发生来检验计数的数量（频数）是否与假设不同的方法。换句话说，二项式检验可用于比较诸如 0/1、否 / 是或者 No/Yes 等能够用两个值记录的数据出现的频次。二项式检验的名称来自该检验利用的二项式分布（见 3.1.5 小节）。

上面 1 中提到的管理人员男、女性别比例是二项式检验的一个例子。在这里检验一下"如果选择 20 次，有 5 次为女性，其余为男性"的情况。在 R 语言中，可以使用 binom.test() 函数执行此操作。在示例脚本 3.3.02.Significance.R（清单 3.8）中，相关操作非常简单，只有一行语句（见例 3.17）。将事件发生的次数设定为 5，总次数设定为 20，作为参数代入函数；另外，第三个参数为事件发生的概率，设定为 1/2，是基于归无假设的值，即设女性所占比例为 1/2。

例 3.17　二项式检验的执行示例

```
> binom.test(5, 20, p=1/2)

        Exact binomial test

data: 5 and 20
number of successes = 5, number of trials = 20, p-value = 0.04139
alternative hypothesis: true probability of success is not equal to 0.5
95 percent confidence interval:
    0.08657147  0.49104587
sample estimates:
probability of success
                   0.25
```

清单 3.8　3.3.02.Significance.R

```
## 显著性概论与显著性差异检验

# binom.test：二项式检验
# 第一个参数 = 单件发生频次、第二个参数 = 试验次数、第三个参数 = 单件发生概率

# 随机选择三次管理人员，三次都是男性
# 管理人员的男、女比例是否偏颇
binom.test(3, 3, p=1/2)
# 检查 p-value 并进行判断
# 如果小于 0.05，则判断为存在统计学意义
#    男女不同，偏颇
# 如果为 0.05 以上，则判断为不具有统计学意义
#    也可能男女相同，不能判断为偏颇

# 随机选择经营者 20 次，其中 5 次是女性，剩下的是男性
binom.test(5, 20, p=1/2)
# 检查 p-value 并进行判断（同上）
```

卡方检验和残差分析（马赛克图）

```
# 数据的读入（手机机型和费用套餐）
DF <- read.table("SmartPhone.csv",
                 sep = ",",                      # 以逗号为分隔符的文件
                 header = TRUE,                  # 第一行为标题行（列名）
                 stringsAsFactors = FALSE,       # 以字符串类型导入字符串
                 fileEncoding="UTF-8")           # 字符编码为 UTF-8
```

```
# 查看数据结构
str(DF)
# 查看数据的开始几行
head(DF)
```

```
#table：统计类别
table(DF$ 机型 , DF$ 套餐 )
# 存储到对象中（名称任意设定）
TBL <- table(DF$ 机型 , DF$ 套餐 )
# 显示结果
print(TBL)
```

```
# 以比例显示统计表
#prop.table：根据统计结果计算比例并显示
# 如果第二个参数是 1，则按横向计算；如果是 2，则按纵向计算
# 想以 % 显示，因此乘以 100
prop.table(TBL, 1) * 100
prop.table(TBL, 2) * 100
```

```
#round：显示取整数据
# 用第二个参数设定小数点后的位数（以下示例中为 2 位）
round( prop.table(TBL, 1)*100, 2 )
round( prop.table(TBL, 2)*100, 2 )
```

```
# 使用统计结果执行卡方检验
chisq.test(TBL)
# 检查 p-value 并进行判断
# 如果小于 0.05，则判断为具有统计学意义（比率偏颇）
# 如果大于 0.05，则判断为不具有统计学意义
```

```
#mosaicplot：将类别的统计结果可视化
# 通过 shade = TRUE 显示残差分析的结果
```

```
mosaicplot(TBL, xlab=" 机型 ", ylab=" 套餐 ",
           shade=TRUE, main=" 套餐·机型明细 ")
# 显著性大的类别为红色
# 显著性小的类别为蓝色
# 横向与纵向颠倒
#t() 是使矩阵的行、列翻转的函数
mosaicplot(t(TBL), xlab=" 套餐 ", ylab=" 机型 ",
shade=TRUE, main=" 套餐·机型明细 ")
```

（2）卡方检验

第二个示例是当具有两个分组条件（如手机型号和套餐种类），并且需要查看分组以确认明细是否有偏差的示例。此时使用的方法是**卡方检验**（chi-square test），不仅可以处理二项分类（如0/1 和 No/Yes），还可以处理三个或更多值的分类，如"公司 A 机型、公司 B 机型、公司 C 机型"及"经济型、家庭型、行政型"（图 3.37）。

	1. 经济型	2. 家庭型	3. 行政型
公司A机型	2	4	15
公司B机型	3	47	3
公司C机型	28	19	15

图 3.37　3×3 交叉统计表

在示例脚本中，读取示例数据 Smartphone.csv，使用 table() 函数创建交叉表，然后使用 chisq.test() 函数执行卡方检验。执行结果显示在 p–value 处（见例 3.18）。

例 3.18　**卡方检验的执行示例**

```
> chisq.test(TBL)
    Pearson's Chi-squared test

data: TBL
X-squared = 71.179, df = 4, p-value = 1.279e-14
```

R 语言中还有一个称为 mosaicplot()（马赛克图）的函数，可以方便地绘制比例的差异。各分组的比率均以面积表示，因此可以从视觉上判断其大小（图 3.38）。此外，以红色（❺❻）显示的类别是显著性小的分组，以蓝色（❶❷）显示的类别是显著性大的分组，因此在确认比率偏差时非常方便。这种方法称为**残差分析**的技术。当换算为显著性水平时，并不完全匹配，但是浅色（❷❺）大致对应于 5%，而深色（❶❻）大致对应于 0.01%[1]。

---

[1]Michael Friendly. Extending Mosaic Displays: Marginal, Partial, and Conditional Views of Categorical Data.

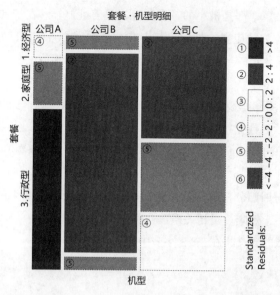

图 3.38 马赛克图的显示（图中黑色圆圈数字表示相应的显著性水平）

另外，显著性大或小是通过观察总体的比率判断是否存在偏差的。例如，观察图 3.38，可以看到公司 A 机型的经济型数量很少，颜色也没有填充。因为就总体而言经济型的合同非常少，而不仅限于公司 A 机型。并不是仅针对公司 A 机型的经济型套餐的数量少（即不存在偏差）。

（3）均值差异检验

第三个示例是在 3.2.3 小节已经提到过的**均值差异检验**。即比较分组之间数值变量的大小（通常是连续变化的值），而不是比较计数的数字或发生的比率。在 3.2.3 小节的示例中，针对 325 名员工，检验是否可以认为三个部门（组）中员工的加班时间有所不同。在这里，使用的是方差分析和多重比较的方法。另外，如果只有两组数据，则可以使用 t 检验方法，检验的结果与方差分析相同[1]。

方差分析与多重比较的示例，请参考前述清单 3.5（3.2.03.DummyVariable.R）最后部分的内容。

4. 假设概率与效应量

在前面"有关假设概率的注意点"中提到假设概率的大小和实际存在多大程度的差异是不同的问题。接下来，我们以均值差异检验为例确认这一点。图 3.39 比较了两个图形，在图 3.39（a）中各分组之间数据分布的重叠部分较少，因此，分组之间的差异是显而易见的。与之相对应的，在图 3.39（b）中两个分组的分布几乎重叠在一起，从实际意义上讲，可以认为分组之间没有区别。

但是，每个分组的样本大小为 $n = 10000$，有充足的样本数量。因此，在检验平均值之间的差

---

[1] 存在两个分组时，t 检验和方差分析的检验结果相同。如果分组数为三或更多，则无法使用 t 检验，因此在实践中推荐使用方差分析。

异时，两种情况下的假设概率都是极小的，表明存在显著性差异。在统计分析中，不仅需要确认假设概率，还需要确认称为**效应量**的指标。其中有一个称为 Cohen's d 效应量的指标，我们可以将其视为比较分组之间平均值差异和组内变化程度的指标。如果值的分布接近于正态分布，则该值为表示分布重叠程度的指标[1]。

在R语言中，可以使用effsize程序库计算效应量指标。在示例脚本3.3.02a.CohensD.R（见清单3.9）中，使用图3.39所示的数据执行检验，将执行结果在例3.19中输出。在图3.39（a）中，由于d效应量是2.037，因此输出为large（大）；在图3.39（b）中，由于d效应量是0.136，因此输出为negligible（可以忽略不计）。

无论是相关分析还是回归分析都需要注意，显著性仅仅表明相关性和解释变量的影响为"非零"而已。在这种情况下，效应量是相关系数或决定系数的值。

另外，关于决定系数的含义将在3.3.3小节中解释说明。

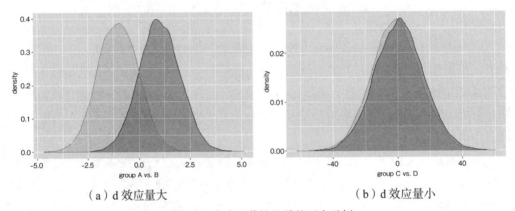

（a）d效应量大　　　　　　　　　　（b）d效应量小

图 3.39　存在显著性差异的两个示例

清单 3.9　3.3.02a.CohensD.R

```
#设置随机数的种子（每次执行都相同地生成随机数）
set.seed（120）                    #更改用作参数的数值时，结果也会更改

# 创建两组随机数的数据
# rnorm( 件数，平均值,SD) : 遵循正态分布的随机数
A <- rnorm(10000, 1, 1)           #平均值为 1, SD1
B <- rnorm(10000, -1, 1)          #平均值为 -1, SD1

#生成密度图
ggplot()+
```

[1]有关效应量的详细信息，请参见参考文献[33]。

```
          geom_density( aes(x=A),              # 成为绘制对象的变量
                        color="darkgreen",     # 线的颜色
                        fill ="darkgreen",     # 填充色
                        alpha=0.1)+            # 透明度
          geom_density( aes(x=B),              # 成为绘制对象的变量
                        color="orange",        # 线的颜色
                        fill ="orange",        # 填充色
                        alpha=0.1)+            # 透明度
          xlab("group A vs.B")

# 创建与上一组 SD 不同的两组数据
C <- rnorm(10000,  1, 15)                      # 平均值为 1, SD15
D <- rnorm(10000, -1, 15)                      # 平均值为 -1, SD15

# 生成密度图
ggplot()+
          geom_density( aes(x=C),              # 成为绘制对象的变量
                        color="darkgreen",     # 线的颜色
                        fill ="darkgreen",     # 填充色
                        alpha=0.1)+            # 透明度
          geom_density( aes(x=D),              # 成为绘制对象的变量
                        color="orange",        # 线的颜色
                        fill ="orange",        # 填充色
                        alpha=0.1)+            # 透明度
          xlab("group C vs.D")

# 合并数据以准备进行显著性差异检验
value1 <- c(A, B)
value2 <- c(C, D)
# 生成解释变量（分组名的标签）
#rep( 值，循环数）: 通过循环重复一个值创建向量
group1 <- c(rep("A", 10000), rep("B", 10000))
group2 <- c(rep("C", 10000), rep("D", 10000))
# 确认假设概率和决定系数
# 需要注意线性回归模型的 p-value 与 aov 的结果一致
# 两者的假设概率都小
# 决定系数存在的差异很大
summary( aov(value1 ~ group1) )                # 方差分析（确认 Pr）
summary( lm( value1 ~ group1) )                # 线性回归模型（确认 R-squared）
summary( aov(value2 ~ group2) )
summary( lm( value2 ~ group2) )
```

```
# 为了计算 Cohen's d 的程序库
library(effsize)
# Cohen's d 存在很大差异
cohen.d(A, B, hedges.correction=F)        # 计算 Cohen's d
cohen.d(C, D, hedges.correction=F)        # 计算 Cohen's d
```

例 3.19　求 Cohen's d

```
> cohen.d(A, B, hedges.correction=F)


Cohen's d


d estimate: 2.037492 (large)
95 percent confidence interval:
    lower        upper
2.003329       2.071655

> cohen.d(C, D, hedges.correction=F)


Cohen's d


d estimate: 0.1357688 (negligible)
95 percent confidence interval:
     lower        upper
0.1080171   0.1635205
```

3.3.3　模型是否与数据拟合——拟合系数与决定系数

　　使模型与数据匹配通常称为拟合。机器是要确定最优参数（见 3.2.2 小节），以便模型尽可能与数据拟合，但是无论如何都会存在残差（见 3.2.5 小节）。因此，有必要量化模型的拟合程度。

　　在线性回归模型中，这种拟合程度可以表示为模型可以解释的整体数据的方差（离散程度）有多少的指标，称为**决定系数**。

1. 决定系数

简单的线性回归模型是由如下方程式表示的回归直线。

$$y = b_0 + b_1 x$$

图 3.40 是以横轴为解释变量、纵轴为目标变量的散点图。由于目标变量的实测值和理论值与数据的数量一样多，所以将样本量（样本大小）设为 n，将实测值和理论值分别记为 y_i 和 f_i（i 为 $1 \sim n$ 的整数）。这里所说的理论值是根据原始数据的解释变量计算出的目标变量的预测值，是图 3.40 中回归直线上的值。

在这里，令 M 为目标变量的实测值的平均值。在典型的线性回归模型中，该值与预测值的平均值一致[1]。

实测值的波动以各个实测值与平均值之间的差 $y_i - M$ 表示。同样地，预测值的波动以各个预测值与平均值之间的差 $f_i - M$ 表示。注意图 3.40 中箭头和虚线之间的关系。残差是实测值和预测值之间的差 $y_i - f_i$。如果残差占实测值波动的很大一部分，则可以说该模型不能很好地拟合数据。相反，如果对于所有的样本数据预测值和实测值的波动都相同，则残差为 0，模型与数据完全拟合。

总结如下。

（1）预测值的波动为可以由模型解释的波动（遵循模型的波动）。

（2）实测值的波动为可以由模型解释的波动（遵循模型的波动）和无法由模型解释的波动（残差）。

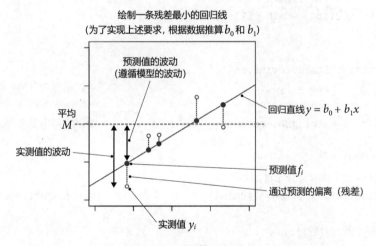

图 3.40　回归模型与残差

在这里出现的是方差。方差是表示离散的指标，将所有样本的值分别与平均值求差再计算平方和（见 3.1.2 小节）。因此，得到残差的平方和 $\sum (f_i - y_i)^2$ 除以实测值的方差 $\sum (y_i - M)^2$ 的商，用以比较残差与实测值的波动。然后用 1 减去该值，可以生成一个表明残差越小指标值越大的指标，公式如下。

---

[1] 如果以不同于一般的方法执行线性回归（例如，通过将截距的 b_0 固定为 0，并通过原点绘制一条直线等），或者使用非线性回归模型时，则这些假设不成立。这一结论同样适用于后续说明中以相同方式说明的部分。

$$R^2 = 1 - \frac{\sum (f_i - y_i)^2}{\sum (y_i - M)^2}$$

这就是**决定系数**，一般用R^2表示。另外，也有人不称其为"决定系数"，而是使用"贡献率"或"方差解释率"的叫法。

在通常的线性回归模型中，残差应小于实测值的方差。因此，决定系数R^2取 0 ~ 1 的值。如果该值接近 0，则表明模型与数据的拟合程度较低；如果该值接近 1，则表明模型与数据的拟合程度越高。

决定系数在 R 语言或 Excel 等工具中能够自动计算。如果打算手动计算，请参考示例脚本 3.3.04. RSquared.R（清单 3.10）。

清单 3.10　3.3.04.RSquared.R

```
# 拟合度与决定系数

# 目标变量: 加班时间 overtime
# 解释变量: 工作累计年限 tenure
#          部门 section (Admin, IT, Sales)

# 数据的读入
DF <- read.table("StaffOvertime.csv",
                sep = ",",                        # 以逗号为分隔符的文件
                header = TRUE,                    # 第一行为标题行（列名）
                stringsAsFactors = FALSE)         # 以字符串类型导入字符串


# 仅仅抽取管理部门
# 通过函数 subset() 抽取符合条件的数据
DFsub <- subset(DF, section=="Admin")            #!= 表示 not equal


# 显示数据帧开始的几行数据
head(DFsub)


# 以图形展示加班时间和工作累计年限的关系
library(ggplot2)
ggplot()+                                        # 在本示例中, 不批量指定数据, 而是分别在绘图中指定
    geom_point(aes(x=DFsub$tenure, y=DFsub$overtime),  # 数据的指定
            colour="red", size=3, alpha=0.4 ) +  # 颜色、尺寸、透明度
    stat_smooth(aes(x=DFsub$tenure, y=DFsub$overtime),  # 数据的指定
            method="lm", se=F)                   # 回归直线
```

```
# 通过工作累计年限解释加班时间的模型 LMyx
LMyx <- lm( overtime ~ tenure, data=DFsub )
summary(LMyx)

# 实测值的平均
M <- mean(DFsub$overtime)

# 计算理论值（基于原始数据解释变量的预测值）
f <- predict(LMyx, newdata=DFsub)
# 预测值的平均
Mf <- mean(f)

# 显示实测值的平均与预测值的平均
M                                          # 实测值的平均
Mf                                         # 预测值的平均
# 虽然会出现一些误差，但是基本是相同的，所以以下使用 M

# 残差的平方和
S <- sum((f - DFsub$overtime)^2)
# 实测值的方差（与平均值差的平方和）
Vy <- sum((DFsub$overtime - M)^2)
# 预测值的方差（与平均值差的平方和）
Vf <- sum((f - M)^2)

# 比较值
Vy                                         # 实测值的方差
Vf + S                                     # 预测值的方差 + 残差

# 计算决定系数
R2 = 1 - S/Vy

# 由 lm 的结果求 R2 和 adj R2
R2_lm <- summary(LMyx)$r.squared
R2adj_lm <- summary(LMyx)$adj.r.squared

# 查看值的比较
R2                                         # 手动计算的 R2
R2_lm                                      # 使用 lm() 函数计算的 R2
R2adj_lm                                   # 使用 lm() 函数调整过的 R2

# 求得 x 和 y 的相关系数并求平方
cor(DFsub$tenure, DFsub$overtime)^2
```

2. 决定系数的性质

通常线性回归模型具有残差的平方和与预测值的方差相加，所得值与实测值的方差相一致的特性（前面图 3.40 中箭头和虚线之间的关系也可以用平方和表示）。可用如下公式来描述：

实测值的方差 = 预测值的方差 + 残差的平方和

$$\sum (y_i - M)^2 = \sum (f_i - M)^2 + \sum (f_i - y_i)^2$$

将该公式用于上面决定系数的定义中，可以将决定系数解释为"预测值的方差除以实测值的方差"。换句话说，通过该模型可以解释实测值的方差百分比是多少。如果 R^2 为 0.64，则意味着可以通过模型说明实测值的波动（方差）为 64%（剩余的 36% 无法通过模型说明）。另外，在具有单个解释变量的线性回归模型中，已知决定系数与相关系数的平方一致。在这种情况下，如果 R^2 为 0.64，则相关系数 r 为 ±0.80。

在 3.2.5 小节中提到，最小二乘法是确定回归线的标准。最小二乘法是一种确定参数以使残差的平方和最小的方法。因此，可以将决定系数视为通过最小二乘法实现最小化残差的指标。

此外，当使用 R 语言的 lm() 函数执行回归分析时，除了通常的决定系数（Multiple R-squared），还可以得到自由度调整后的决定系数（Adjusted R-squared）。自由度[备注]是通过从数据的数量 n 中减去作为估计对象的参数数量 k（在这里为 2）而获得的值，是用于检查 n 对于 k 是否足够大的值。自由度调整后的决定系数是附加了上述调整后的决定系数，即使增加参数的数量，残差也没有多少程度的减少，则该值趋于减少，即利用自由度调整后的决定系数是对添加的非显著变量给出惩罚，简单来说，就是随意添加变量不一定能使模型与数据的拟合度提高。需要进行这种调整的原因将在后续的 3.3.4 小节中说明，但是在查看分析结果时，请关注 Adjusted R-squared 的值。

自由度

简单来说，自由度仅仅是可以自由决定某些事情。例如，在估算参数 b_0 和 b_1 时，如果只有两个实测值 y_1 和 y_2，则可以确定回归直线必将经过两个值，并且这些值均不能自由移动，即自由度为 0。

3. 决定系数和假设概率的关系

在执行线性回归的结果中，模型的假设概率显示在 p-value 列中。这与决定系数存在什么样的关系呢？图 3.41 所示为使用不同数据构建模型的结果。如图 3.41（a）所示，该模型是一个拟合良好的模型，对数据的拟合程度相对较高，各个点位于直线附近，决定系数为 0.54，也是一个相对较高的值。而图 3.41（b）中有很多偏离直线的点，决定系数也略微偏低一些，为 0.34。

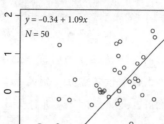

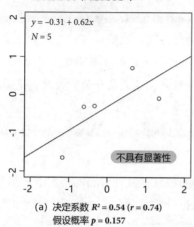

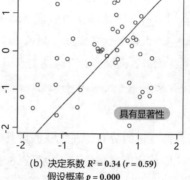

(a) 决定系数 $R^2 = 0.54$ ($r = 0.74$)
假设概率 $p = 0.157$

(b) 决定系数 $R^2 = 0.34$ ($r = 0.59$)
假设概率 $p = 0.000$

图 3.41　假设概率与决定系数

另外，图 3.41（a）所示的假设概率为 0.157，不具有显著性。这表明由于样本量较小，即使模型拟合得很好，也无法否认结果可能是偶然的。与此相对，图 3.41（b）所示的假设概率为 0.000，表明具有显著性。虽然残差较大，但仍可以判断结果并非巧合。

4. 基于似然值的指标

决定系数归根结底是以普通线性回归模型为基础的拟合度指标。目前还没有涉及，但是在 4.3.3 小节所述的模型中，由于在前面"1. 总体和抽样"和"2. 有关假设概率的注意点"中提到的某些假设不成立，因此并不能认为决定系数是一个合适的指标。

在这种情况下，用于评价一个模型拟合度的标准常常使用似然值（likelihood）[1]。似然值是指在建立某个模型时，从该模型获得的当前实测值的可靠性程度。虽然似然值与概率不同，但它是使用概率来计算的，因此可以将其视为类似于概率的概念。

如上所述的线性回归模型中，假定实测值位于回归直线的上、下两侧并遵循正态分布（见 3.3.5 小节），可以根据分布计算各个实测值的准确度。由于该分布根据推测的参数变化，因此可以通过推测参数最大限度地获得与实测值相同的值。这种方法称为**最大似然估计法**[2]。

最大似然估计法不同于最小二乘法（见 3.2.5 小节），但是仅在线性回归的情况下，最大似然估计法的结果和最小二乘法的结果是一致的[备注]。另外，如果假设的分布不是正态分布，则参数与上述两种方法估算的结果不一致。在这种情况下，我们常常使用最大似然估计法而非最小二乘法来估计模型。当使用最大似然估计法时，有必要考虑似然值，而不是以残差平方和为评价指

[1] 似然值的"似然"是表示"相似"的意思，并且具有诸如"最为相似"或确定性等的含义。

[2] 关于计算方法，会涉及比较深入的内容，因此在此将其省略。有关似然值和最大似然估计方法的详细说明，请参见参考文献 [9]。

标。其中还有称为伪决定系数的指标，将在4.3.4小节中进行介绍。

5. 其他思考方式

关于目标变量的分布，在无法假设其为正态分布或任何其他分布的情况下，不能使用上面描述的方法。即使出现这种情况，也可以根据原始数据计算出预测值，然后在多个模型之间比较残差的大小[1]。指标化的方法与一般预测误差相同，具体方法将在3.4节中说明。

3.3.4　模型是否过于复杂——过拟合和预测精度

模型对数据的拟合度并不是越高越好，这个问题和模型的复杂度有关。

1. 模型的复杂度

通常情况下，模型复杂度是与作为估计对象的参数数量有关。在回归模型中，参数的数量随着解释变量的增加、二元和三元项的增加及交互作用项的引入而增加。下面通过示例脚本 3.3.05.ModelComplexity.R（清单 3.11）来看看由于参数的增加而产生的相关问题。

清单 3.11　3.3.05.ModelComplexity.R

```
# 过拟合和预测准确性

#7 个简单的样本数据
DF <- data.frame(C1 = c(7.5, 8.8, 2.5, 4.0, 5.2, 1.5, 7.1),
                 C2 = c(5.8, 7.2, 6.0, 3.8, 8.3, 2.8, 4.2))
# 确认内容（显示开始的 6 个数据）
head(DF)

# 图示
library(ggplot2)
```

---

[1]在机器学习中，是很常见的方法。只不过是使用相同数据在模型之间进行相对比较。

```
ggplot(DF, aes(C1, C2))+                              # 设定 x、y 对应的数据
    geom_point( colour="orange", size=3 ) +          # 颜色、尺寸
    xlim(0, 10) +                                     # x 轴的绘图范围
    ylim(0, 10)                                       # y 轴的绘图范围


# 简单的模型
Model1 <- lm(C2 ~ C1, data=DF )
# 取出回归模型的值
a <- Model1$coefficients
a                                                     # 显示回归系数
a[1]                                                  # 逐个显示（$b_0$）
a[2]                                                  # 逐个显示（$b_1$）

# 通过公式绘制模型
ggplot(DF, aes(C1, C2))+
  geom_point( colour="orange", size=3 ) +
  xlim(0, 10) +                                       # x 轴的绘图范围
  ylim(0, 10) +                                       # y 轴的绘图范围
  stat_function(colour="red", alpha=0.6,
                  fun=function(x) a[1] + a[2]*x )
# 使用 stat_function() 绘制函数
# 在 fun=function(x) 后面记录 x 的函数
# x 与最初通过 ggplot() 设定的 x 轴对应


# 残差（预测值和实测值的差）
Model1$residuals


# 预测 C1 为 6、8、10 时 C2 的值
# 以与原始数据相同的格式创建一个新的数据帧
DFnew <- data.frame(C1 = c(6, 8, 10),
                    C2 = c(NA, NA, NA))
# 确认内容（显示开始的 6 个数据）
head(DFnew)

#predict()：使数据拟合模型获得预测值
predict(Model1, newdata=DFnew)

# 复杂的模型
Model2 <- lm(C2 ~ C1+I(C1^2)+I(C1^3)+I(C1^4)+I(C1^5) , data=DF )
# 取出回归模型的值
b <- Model2$coefficients
```

```
b                           # 显示回归系数
```

```
# 通过公式绘制模型
ggplot(DF, aes(C1, C2))+
  geom_point( colour="orange", size=3 ) +
  xlim(0, 10) + #x 轴的绘图范围
  ylim(0, 10) + #y 轴的绘图范围
  stat_function(colour="red", alpha=0.6,
                fun=function(x) b[1] + b[2]*x + b[3]*x^2 +b[4]*x^3 + b[5]*x^4 +
                b[6]*x^5)
```

```
# 残差（预测值和实测值的差）
Model2$residuals
```

```
# 预测 C1 为 6、8、10 时 C2 的值
predict(Model2, newdata=DFnew)
```

```
# 假设存在其他的测试数据
DFts <- data.frame(C1 = c(4.8, 5.4, 3.2, 8.0, 1.4, 7.4, 5.7),
                   C2 = c(2.4, 6.2, 7.0, 7.7, 3.3, 9.5, 3.4))
# 确认内容（显示开始的 6 个数据）
head(DFts)
```

```
# 用新数据拟合 Model1 和 Model2 并进行预测
pr1 <- predict(Model1, newdata=DFts)
pr2 <- predict(Model2, newdata=DFts)
```

```
# 计算 MSE（均方误差）
#   预测值减去实测值的差求平方（向量运算）
#   向量中使用 sum() 函数求和
#   将计算出的和除以元素的数量（用 length() 函数求出）
sum( (pr1 - DFts$C2)^2 ) / length(DFts$C2)
sum( (pr2 - DFts$C2)^2 ) / length(DFts$C2)
```

```
# 计算 MAE（平均绝对误差）
# abs() 是计算绝对值的函数
sum( abs(pr1 - DFts$C2) ) / length(DFts$C2)
sum( abs(pr2 - DFts$C2) ) / length(DFts$C2)
```

```
# 计算 MAPE（平均绝对误差率）
sum( abs(pr1 - DFts$C2)/DFts$C2 ) / length(DFts$C2)
sum( abs(pr2 - DFts$C2)/DFts$C2 ) / length(DFts$C2)
```

3

举一个非常简单的例子，首先创建一个包含 7 个数据和仅 2 列的简单数据帧。其中，x 是第一列（C1 列），y 是第二列（C2 列），绘制散点图。接下来，创建一个简单的线性回归模型 Model1。

$$y = b_0 + b_1 x_1$$

两个参数的值存储在模型的 coefficients 列表中。组合 ggplot() 和 stat_function() 函数，使用该参数绘制回归直线，如图 3.42（a）所示。与 3.2.5 小节中绘制回归直线的方法不同，这里采用的是直接输入函数公式并绘制曲线的方法。

此外，当 x 值分别为 6、8 和 10 时，通过 Model1 预测 y 值。为此，以与原始数据相同的形式创建一个数据帧，并将其作为 predict() 函数的输入。由于 y 值（C2 列的内容）不是必需的，因此将其保留为 NA（缺失值）。另外，即使第二列中存在一些值（不是缺失值），也可以进行预测，此时，其中的值将不用于预测。三个预测值应该大致分布在图 3.42（a）所示的回归直线上，分别为 5.70、6.38 和 7.06。

其次，创建一个复杂的模型 Model2。方法为线性回归法，回归方程式为如下的 5 次方程式。

$$y = b_0 + b_1 x_1 + b_2 x_1^2 + b_3 x_1^3 + b_4 x_1^4 + b_5 x_1^5$$

在这种情况下，估计对象为 6 个参数。在 lm() 函数中编写回归方程式时，如果是 x 的二次项，则使用大写字母 I（x^2）来表示。如果用与前面相同的方式绘制[1]，则可以看到模型曲线通过的位置非常接近 7 个实测值，如图 3.42（b）所示，即残差很小。需要注意的是，该图形是使用 Model2 进行预测的结果，三个预测值分别为 8.44、2.92 和 59.14。通过查看图形，可以看到这些值都是位于代表模型的曲线上，但是当 x 为 10 时，预测值超出了图形的范围。

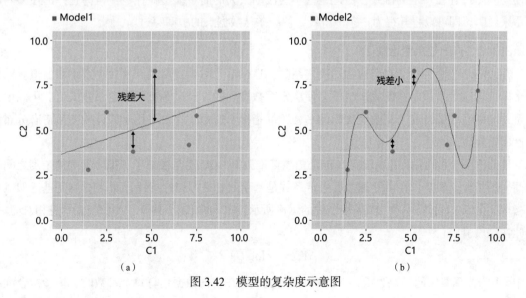

图 3.42 模型的复杂度示意图

---

[1]由于该线超出了绘图范围，因此在执行时会有警告出现，可以忽略。

2. 过拟合

这里需要考虑的问题是 Model1 和 Model2 中哪个模型更好。Model1 并不是一个拟合度好的模型，而 Model2 是拟合度非常好的模型，几乎可以完美地与数据拟合。但是当 x 增加到 6、8 或 10 时，预测值会突然从接近实测值的最大值 8.44 降到接近于最小值的 2.92，然后又立即上升，感觉似乎是不稳定的。而且更值得注意的是，对于 $x = 10$ 的 59.14，是一个作为预测值来说非常离奇的值。可以说 Model1 预测的值 7.28 在直观上更加贴合实际情况。

综上所述，可以总结如下。

（1）Model1：虽然对数据的拟合度（贴合程度）不好，但作为一般规律在一定程度上可以使用。既与新数据可以拟合，也能进行一定程度的预测。

（2）Model2：虽然对数据的拟合度（贴合程度）很好，但作为再现偶然性离散的模型，在与新数据进行拟合时，会得到意想不到的预测结果。

在现实生活中收集的数据是由于各种原因而波动的，如果建立的模型过于复杂，该模型将成为重现"偶然或巧合"获得的偶然性变化的模型，无法成为适用于一般规律的通用模型。另外，对于这样的模型，如果使用与原始数据不同的一批新收集的数据来计算预测值，则与实测值的误差可能会非常大。虽然示例脚本是一个优先考虑外形明显可辨性的极端示例，但是在追求模型与数据的良好拟合时，往往导致预测精度的降低，这是一个普遍现象。

这样的问题称为**过拟合**。在机器学习中也称为**过学习**，它们的含义是相同的。为了避免过拟合，需要建立一个不要过于复杂的模型。另外，值极度波动的模型也是不可取的。在某种程度上，即使与实测值存在一定的偏差，但理论值不会波动太大的简单模型往往也被认为是好的模型。以图示来说明，即可以将其视为一条平滑线，使线条从数据点的中间穿过。

3. AIC（赤池信息量准则）

在3.3.3小节中，除了介绍通常的决定系数，还介绍了称为自由度调整后决定系数的值。这是一个即使任意地增加参数的数量也不会使决定系数增加的、经过调整的决定系数的值。可以说，这是一个考虑"拟合度与复杂度之间的平衡"的指标。但是，这仅适用于假设残差呈正态分布的线性回归模型。

还有一个更加通用的指标 AIC（**赤池信息量准则**）。AIC 也是考虑了"拟合度和复杂度之间的平衡"的指标，但是，自由度调整后决定系数是基于残差平方和的指标，而 AIC 则是基于似然值的指标（见 3.3.3 小节）。如 3.2.4 小节中的示例所示，AIC 的值越小越好。AIC 公式本身相对简单，因此在这里引用它。

$$AIC = -2 \log L + 2k$$

式中，k 为估算对象的参数数量；L 为最大似然值，即在根据数据估算每个参数时，模型拟合程度的指标。注意此处的正负号。公式中的 log 是自然对数，不会影响符号。AIC 的值随参数数量的增加而增加，随似然值的增加而减小。换句话说，参数越少，似然值越高，则模型越好。公式中的 $2k$ 就如同增加参数的惩罚，称为惩罚项。

虽然 AIC 公式很简单，但是 AIC 的理论设计是基于"假设将来会从同一总体中获得不同的数据，并要获得尽可能不使预测准确度降低的参数数量"。因此，可以说是适合于"将新数据拟合于模型并进行预测"的指标，同时在统计分析中也经常被用作模型的选择基准。

另外，BIC（贝叶斯信息量准则）是与 AIC 非常相似的指标。BIC 比 AIC 更加倾向于更好地评估简单模型，但在这里不作详细说明[1]。

在 R 语言中，可以方便地使用 AIC() 和 BIC() 函数进行计算。但是，请注意，AIC() 和 BIC() 函数都是用于在模型之间进行比较的，并非是设定"不允许低于多少"的绝对标准。

4. 正则化

还有一种方法，即并不针对已确立的模型计算指标，而是在确立模型的过程中施加惩罚，以避免过度拟合。这种方法称为**正则化**（regularization）。

有两种正则化方法：一种是施加惩罚以尽可能减少参数数量的方法，称为 **L1 正则化**。对图 3.42 而言，相当于简化图形。另一种是施加惩罚以使参数的绝对值尽可能变小，称为 **L2 正则化**。同样对图 3.42 而言，相当于抑制垂直模糊宽度。

考虑 L1 正则化的估计方法称为 LASSO 回归，考虑 L2 正则化的估计方法称为**岭回归**（Ridge Regression）。通过最小二乘法估算参数时，需要设置损失函数（见 3.2.5 小节），以便不仅最小化残差的平方和，还同时最小化参数值的绝对值或平方和[2]进一步将它们集成在一起的方法称为**弹性网络**（Elastic Net），可以使用 R 语言中的 glmnet 程序库来集成。有兴趣的读者，请参阅程序库手册。

5. 预测精度

避免过度拟合时还有一个重要事项，即"分离用于创建模型的数据和用于验证的数据，并使用用于验证的数据来测量预测精度"。

到目前为止，残差、决定系数和 AIC 等指标都是针对一整批数据进行计算的指标。另外，模型的预测精度用不同的数据进行测算。这种方法在机器学习中可以说是非常常用的，对维持未来所获得数据的预测准确性也是非常重要的（见 5.1.2 小节）。

在一般的统计分析中，并不使用这种将数据拆分开来验证的方法。统计分析理论的前提是根据有限的数据估计总体的特征，并检验该假设的有效性。这就是设计诸如假设概率等看似令人困惑的指标的原因。拆分数据以缩小样本大小、降低检验的准确性没有多大意义。在机器学习中，

---

[1] 关于 AIC 等信息量准则的详细说明，请参见参考文献 [9]。
[2] 关于正则化的详细说明，请参见参考文献 [6]。

将数据拆分为学习数据和测试数据只是为了预测。

稍微有点跑题，但重要的是，如果目的是今后将新数据与模型进行拟合并进行预测，则应该使用与建模不同的数据来评估预测的准确性。

6. 预测精度的指标

在这里，我们将介绍一些关于使用数量、价格、身高、气温及加班时间等以数值表示的变量作为预测对象的，对模型进行评估的指标（图 3.43）。

MSE (mean square error) 均方误差 ————● 计算全体的平方根 (√)
也有 RMSE (root mean square error)

$$\text{MSE} = \frac{1}{n} \sum (f_i - y_i)^2 = \frac{1}{n} \sum e_i^2$$

以预测价格为例，
对于 100 日元存在 100 日元的误差，
对于 1 万日元存在 100 日元的误差也是同样的评价

MAE (mean absolute error) 平均绝对误差

$$\text{MAE} = \frac{1}{n} \sum |f_i - y_i| = \frac{1}{n} \sum |e_i|$$

MAPE (mean absolute percentage error) 平均绝对误差率

$$\text{MAPE} = \frac{1}{n} \sum \left| \frac{f_i - y_i}{y_i} \right| = \frac{1}{n} \sum \left| \frac{e_i}{y_i} \right|$$
————● 对于 100 日元存在 100 日元的误差，
比 1 万日元存在 100 日元的误差更严重
※ 实测值存在 0 时不能使用

※ 所有的数值的预测为对象 (分类的判定将在后面叙述)

图 3.43　在测算预测精度时使用的指标

一种是基于平方误差的方法，称为**均方误差**（MSE），即实测值和预测值之间的差求平方后再求平均值。求平方会使数值变得很大，因此，经常使用将其取平方根后的值（RMSE）。另一种是基于误差的绝对值的方法，称为**平均绝对误差**（MAE）。至于哪一个指标好要视情况而定，如果使用均方误差，当值明显偏离时，则将对指标的恶化产生很大影响。

MSE 和 MAE 都是使用实测值和预测值之间差的方法。例如，在预测价格时，不论是实测值为 100 日元、预测值为 200 日元的情况，还是实测值为 10000 日元、预测值为 10100 日元的情况，都会对误差的程度作出相同的评估。因此，将误差的绝对值除以实测值即可得到误差率，其平均值为**平均绝对误差率**（MAPE）。通过 MAPE 进行评价，实测值为 100 日元而预测值为 200 日元（误差率为 100%）与实测值为 10000 日元而预测值为 10100 日元（误差率为 1%）对比，可知后者的评估结果误差小。

这些方法不仅可以用于评估预测精度，而且可以用于评估残差。但是，在评估残差时，并非对未知数据有通用性，而是与决定系数一样对原始数据拟合度的优劣进行评估。

另外，关于非数值变量，即预测诸如 0/1 和 No/Yes 等二项分类评估指标的内容，将在第 5 章有关机器学习的知识中进行说明（见 5.1.2 小节）。

3

7. 确认预测精度

清单 3.11 给出了计算 MSE 的示例。假设我们有单独用于验证的数据，针对两个模型 Model1 和 Model2 分别计算 MSE、MAE 和 MAPE。只要验证的数据合适，指标值就可以表示两个模型的预测准确性。实际上，不可能由 7 个样本数据创建的模型正好拟合 7 个验证的数据，但是为了便于说明，在这里使用上述 7 个数据。

下面以 MSE 为例进行说明。首先，将预测值和实测值之差取平方，这是对向量的运算（意味着同时计算预测值和实测值的 7 个值）。接下来，使用 sum() 函数对计算结果的向量求和，然后将其除以数据项数（7），从而求得 MSE。这里，length() 函数是一个返回向量中包含的元素数（在这种情况下为数据项数）的函数。这些计算仅需一行代码即可完成。关于 MAE 和 MAPE 也一样，在计算绝对值时使用 abs() 函数。

如果要可视化预测精度，可以使用与 3.2.4 小节中的残差可视化相同的方法。一种是以横轴为实测值、纵轴为预测值来确认一致性程度（图 3.30）；另一种是使用密度图确认预测误差的分布（图 3.31）。尤其是后一种，当比较多个模型的预测精度时，效果非常明显。在图 3.31 的密度图中，绘制了作为残差的相当于误差（预测值 – 实测值）和平方误差的值，但是也可以认为是绝对误差和绝对误差率（绝对误差 ÷ 实测值）。不过还是应该区别使用，如果使用 MSE 或 RMSE 作为预测准确性的指标，则应绘制平方误差；如果使用 MAPE，则应绘制绝对误差率。

3.3.5 残差分布——线性回归模型和诊断图

1. 残差的分布

到这里为止，我们讨论的模型都是创建如下的回归方程式，使其与数据拟合并确定最佳参数。

$$y = b_0 + b_1 x_1$$

估算此类回归方程式的一个重要指标是目标变量的分布方式。当在纵轴上获取目标变量时，实测值在回归直线（或回归平面）的上下侧波动。到目前为止，在已经处理过的线性回归模型中，假设这种波动变化接近于正态分布。简而言之，这意味着目标变量的残差是正态分布。

如图 3.44 所示，在纵轴为目标变量的散点图中，当在垂直方向上切割分布时，希望实测值以回归直线为中心上下波动而不发生偏斜。

由于目标变量值的整体分布和残差分布不同，因此仅通过在直方图或密度图中查看目标变量值将无法准确确定目标变量的值[1]。通过 R 语言建立回归模型时，残差的值记录在存储模型的对象

---

[1] 但是，在考虑假设和分析策略时，确认目标变量值的分布是至关重要的。

中，因此，如果采用这些值绘制直方图或密度图，则可以确认残差的分布。

在无法假设残差的分布为正态分布时，如果可以假设用其他的分布（见 3.1.5 小节）代替正态分布，则可以使用广义线性模型（见 4.3.3 小节）代替线性回归模型。

2. 线性回归的诊断图

使用 R 语言的 lm() 函数能够输出用于确认残差分布的诊断图，并且能非常方便地查看详细信息。例如，在示例脚本 3.3.06.Residuals.R（清单 3.12）中记录了检验 3.2.4 小节中回归模型的脚本。在这里是以加班时间的回归模型 LM6 为主题。

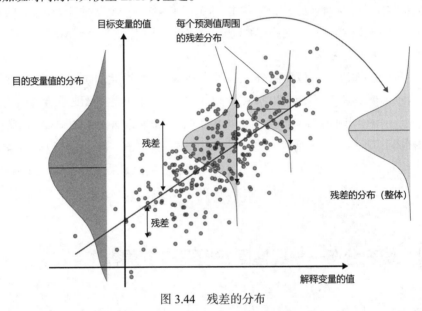

图 3.44　残差的分布

清单 3.12　3.3.06.Residuals.R

```
# 残差的分布

# 目标变量: 加班时间 overtime
# 解释变量: 工作累计年限 tenure
#           部门 section (Admin, IT, Sales)

# 数据的读入
DF <- read.table("StaffOvertime.csv",
                sep = ",",                       # 以逗号为分隔符的文件
                header = TRUE,                    # 第一行为标题行（列名）
                stringsAsFactors = FALSE)         # 以字符串类型导入字符串

# 显示数据帧的开始几行
```

```
head(DF)

# 包含交互作用的模型
LM6 <- lm( overtime ~ section + tenure + section*tenure, data=DF)
summary(LM6)


# 残差的分布
library(ggplot2)
ggplot()+
    geom_density( aes(x=LM6$residuals),          #LM6 的残差
                  color="brown",                 # 边框为棕色
                  fill ="brown",                 # 填充色也为棕色
                  alpha=0.2 ) +                  # 设定透明度
    xlab(" 残差 ( 模型的理论值 - 实测值 )")       # 轴标签

# 使用默认的绘图显示
par(mfrow=c(2,2))
plot(LM6)
par(mfrow=c(1,1))
```

在示例脚本中，用 par(mfrow = c(2，2)) 的语句将绘图区域分成 2×2，从而可以显示 4 幅图。但是，如果绘图显示区域过小，则会显示错误消息 "figure margins too large"。如果绘图区域较小时，则可以省略此设置，使其逐一显示。绘制方法很简单，只需使用标准作图函数 plot() 指定模型名称，然后通过设定 par(mfrow = c(1，1)) 取消将绘制区域分割的功能即可。如果不执行此操作，则下次使用 plot() 函数时，显示区域会变得更小 [1]。

执行后，可以得到如图 3.45 所示的诊断图。各分图的含义如下所述。

（1）图 3.45（a）（残差的分布）。横轴是由模型估计的目标变量值的理论值（根据原始数据解释变量值估计的预测值）。纵轴为残差，如果假设残差是正态分布，则该值应以平均值为 0 均匀地上下分布。作为标准以红线（图中为灰线）显示，如果近似于水平线，则可以认为几乎没有偏差。如果它处于大幅度倾斜或凹凸呈锯齿状向上或向下波动的状态，则需要引起注意。

（2）图 3.45（b）（正态分布 Q-Q 图）。纵轴为残差的标准化指标（标准化残差）。该标准化指标是通过使用平均值和标准偏差转换原始值而获得的值（见 4.2.3 小节）。横轴也是残差的标准化指标（理论分位数）。但是，横轴上的指标是基于 "如果残差呈正态分布，则判断获得的值应该为多少" 的理论值。因此，如果残差是正态分布的，则所有样本数据都处于对角线上。反之，如

---

[1] 如果重复这些操作，可能会显示 invalid graphics state 的错误信息，并且可能无法绘图。在这种情况下，在 RStudio 中，使用绘图区域中的清除标记功能清除所有绘图，然后重新执行。

果偏离对角线并明显呈现蛇形，则需要引起注意。

（3）图3.45（c）。其类似于图3.45（a）。不同之处在纵轴上，为标准化残差绝对值的平方根。由于取绝对值，因此预测值与实测值之差大多数情况在上方显示。

（4）图3.45（d）。横轴为称为**杠杆比**（leverage）的指标。杠杆比是解释变量的值与中心位置偏离程度的指标化数据。在线性回归中，偏离中心越远的值对回归线（回归平面）估计的影响越大。纵轴是残差的标准化残差。如果是杠杆比率和残差都大的样本，则可以认为该样本数据与模型发生偏离，且将模型拉向偏离的方向。将此数值化后的数据称为**库克距离**（Cook's distance），在图中用虚线表示。在图3.45的示例中，没有显示出库克距离，可以认为没有产生较大偏差的离群值。

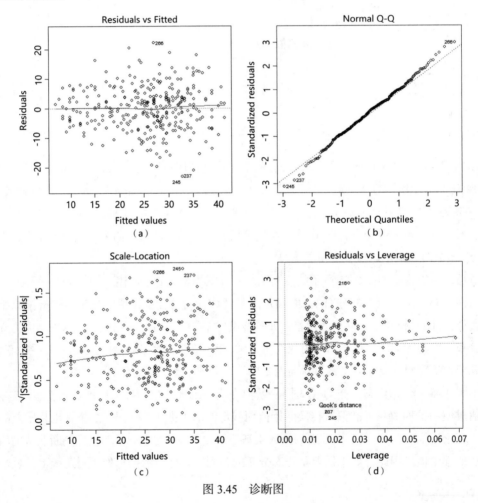

图 3.45　诊断图

3.3.6 解释变量之间的相关性——多重共线性

1. 多重共线性

在回归模型中，需要注意称为**多重共线性**（multicolinearity）的现象。简单来说，多重共线性是指"如果解释变量之间的相关性很高，回归平面则不稳定"的问题。这个问题不仅会发生在线性回归中，也可能在 4.3.3 小节中描述的**广义线性模型**中发生。

让我们看一看以下的回归方程式。

$$y = b_0 + b_1 x_1 + b_2 x_2$$

该方程式表示的是图 3.46（a）中回归平面的方程式。但是，如果解释变量 x_1 和 x_2 高度相关，则每个样本都不会散布在平面上，而是会聚集在一条直线上，这样回归平面是不稳定的，如图 3.46（b）所示。一旦确定了平面，如果某些样本的值发生变化，平面将发生旋转并得到不同的参数。

用于检验此类问题的指标为 VIF。VIF 是 variance inflation factor 的缩写，又称为**方差膨胀因子**。VIF 是由各个解释变量计算得到的值。具体来说，创建根据其他解释变量来预测某解释变量的回归模型，将其决定系数 R^2 从 1 中减去并作为分母，分子为 1，则 VIF 的计算公式为

$$\text{VIF} = 1 / (1 - R^2)$$

如果 VIF 大于或等于 10，最好删除相应的解释变量[备注]。总的来说，这是一个为了方便而设定的准则。当转换为决定系数 R^2 时，相当于 0.9 或更大[1]。

---

[1]关于 VIF，可能会设置比 10 更严格的标准，如小于或等于 5，或者小于或等于 4 等标准。

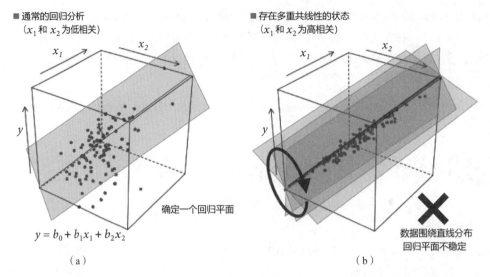

■ 通常的回归分析
（x_1 和 x_2 为低相关）

■ 存在多重共线性的状态
（x_1 和 x_2 为高相关）

确定一个回归平面

$y = b_0 + b_1x_1 + b_2x_2$

（a）

数据围绕直线分布
回归平面不稳定

（b）

图 3.46　多重共线性

2. VIF 的确认

R 语言中有多个程序库用于计算 VIF。在这里，使用 car 程序库中的函数进行计算。示例脚本为 3.3.07.MultiColinearity.R（清单 3.13）。使用样本数据针对某个事务所的各个分支机构调查员工的工作积极性，并将数据存储在 ESSurvey.csv 文件中。尽管数据项和数值不是从现实中采集的，但总的来说是参考与员工工作效率有关的案例而收集来的数据。

（1）Meeting（访谈数）：在所调查的分支机构中，进行业务评估访谈的次数（表示每 10 名工作人员每年的访谈次数）。

（2）Reassign（工作变更）：三年内的工作内容或待遇发生变化的人员所占的百分比。

（3）Score（工作积极性的程度）：表示各个分支机构员工工作积极性程度的分数（满分 100 分）。

本次使用第三列中的 Score 作为目标变量进行回归分析。解释变量有两个：Meeting 和 Reassign。除了评估工作绩效外，访谈中还讨论了新工作及更换工作的要求等。总的来说，所有这些内容都可以认为是可能对工作的积极性产生积极影响的因素。

首先，创建一个线性回归模型，以 Score 为目标变量，Meeting 和 Reassign 为解释变量。为了避免与前面章节中所创建的有关加班时间的模型产生混淆，这里将其命名为 LE1[1]。查看结果，自由度调整后的决定系数（Adjusted R-squared）低至 0.15。存在三个估计参数，其中 Reassign 的偏回归系数不显著。查看 VIF，使用 car 程序库的 vif() 函数。如果在参数中指定模型的名称（LE1），将计算出 VIF（见例 3.20）。可以看到，值为 1.00，这是一个非常低的值。

---

[1]没有深层含义，是线性模型和员工调查的缩写。

```
> vif(LE1)
 Meeting  Reassign
1.001713  1.001713
```

清单 3.13　3.3.07.MultiColinearity.R

```
# 多重共线性

# 目标变量: 员工的工作积极性 Score
# 解释变量: 每 10 名工作人员每年的工作评价访谈数 Meeting
# 解释变量: 三年内职务或待遇发生变化的人员所占的百分比 Reassign

# 数据的读入
DF <- read.table("ESSurvey.csv",
                 sep = ",",                    # 以逗号为分隔符的文件
                 header = TRUE,                # 第一行为标题行（列名）
                 stringsAsFactors = FALSE)     # 以字符串类型导入字符串

# 显示数据帧的开始几行
head(DF)

# 描述性统计量
summary(DF)

# 目标变量值的直方图
hist(DF$Score, breaks=30, col="palegreen")

# 绘制矩阵散点图
pairs(DF)
# 相关系数
cor(DF)

# 通常的线性回归模型
# 设定 ".", 使用目标变量以外的所有变量
LE1 <- lm( Score ~ ., data=DF)
summary(LE1)

# 残差的直方图
hist(LE1$residuals, breaks=25, col="yellow3")
```

```
# 诊断图
par(mfrow=c(2,2))
plot(LE1)
par(mfrow=c(1,1))

# 确认模型的多重共线性
# 导入程序库
library(car)

#vif(): 计算 VIF 的函数
vif(LE1)
# 以不满 10 为指标

# 包含交互作用的模型
# 通过将交互作用项添加到 LE1 方程式来记录
LE2 <- lm( Score ~ .+ Meeting*Reassign, data=DF)
summary(LE2)

# 残差的直方图
hist(LE2$residuals, breaks=25, col="yellow3")
# 诊断图
par(mfrow=c(2,2))
plot(LE2)
par(mfrow=c(1,1))

# 针对模型确认 VIF 的值
vif(LE2)

# 确认交互作用项与各变量的相关系数
cor(DF, DF$Meeting*DF$Reassign)

# 进行中心化 (centering) 处理
#※ 具有降低交互作用项与原始变量之间相关性的作用
# 对各变量取与平均值之差以替换原始值
DFc <- DF
DFc$Meeting  <- DFc$Meeting  - mean(DF$Meeting)
DFc$Reassign <- DFc$Reassign - mean(DF$Reassign)

# 确认各说明变量的平均值为 0
summary(DFc)
```

```
# 模型
LE3 <- lm( Score ~ .+ Meeting*Reassign, data=DFc)
summary(LE3)

# 确认 VIF 的值
vif(LE3)

# 确认交互作用项与各变量的相关系数
cor(DFc, DFc$Meeting*DFc$Reassign)

# 确认三个模型的 AIC
AIC(LE1)
AIC(LE2)
AIC(LE3)

# 针对前述加班时间的模型确认 VIF
# 目标变量: 加班时间 overtime
# 解释变量: 工作累计年限 tenure
# 解释变量: 部门 section（Admin, IT, Sales）

# 数据的读入
DF <- read.table("StaffOvertime.csv",
                sep = ",",                        # 以逗号为分隔符的文件
                header = TRUE,                     # 第一行为标题行（列名）
                stringsAsFactors = FALSE)          # 以字符串类型导入字符串

# 显示数据帧的开始几行
head(DF)

# 不包含交互作用的模型
LM5 <- lm( overtime ~ section + tenure, data=DF)
# 包含交互作用的模型
LM6 <- lm( overtime ~ section + tenure + section*tenure, data=DF)

# 确认 VIF 的值
vif(LM5)
vif(LM6)
#car 程序库中 vif() 函数的功能
# 如果不是分类变量 (3 级别以上 ), 计算通常的 VIF
# 如果存在分类变量 (3 级别以上 ), 计算 GVIF
# 此时, 确认右边的值 GVIF^(1/(2*Df))
# 确认是否是非常大的值
```

3

3. 多重共线性与交互作用

接下来，使用相同的数据创建以下包含交互作用项的模型。有关交互作用的内容，请参见 3.2.4 小节中的说明。

$$y = b_0 + b_1 x_1 + b_2 x_2 + b_3 x_1 x_2$$

式中，y 为工作积极性的程度；x_1 为访谈数；x_2 为工作变更。

按上述公式建立模型 LE2，则所有项都具有显著性，并且自由度调整后的决定系数为 0.47。残差的分布也非常合理，但是，当针对该模型计算 VIF 时，交互作用项的 Meeting：Reassign 的值非常高，为 14.56（见例 3.21）。可以说，具有交互作用项的模型容易发生多重共线性。VIF 大于 10 表示当使用这两个变量对交互作用项的值进行回归分析时，决定系数大于 0.9。交互作用项的值与两个解释变量存在紧密相关性。

例 3.21 VIF 的计算

```
> vif(LE2)
    Meeting       Reassign       Meeting:Reassign
   9.274764      6.866926             14.562118
```

4. 交互作用项与中心化

回归模型中包含交互作用项时，为了避免发生多重共线性问题而使用的方法是中心化（centering）。中心化是指以与平均值的差来置换原始值的方法（见 4.2.3 小节）。例如，如果是（1, 6, 8）这样的数据，其平均值为 5，所以将原始数据转换为（–4, 1, 3），得到新的平均值为 0。

当用这种方法建立包含交互作用项的模型 LE3 时，模型的决定系数与 LE2 的值完全相同（见例 3.22）。但是，如果计算出 VIF，则会发现 VIF 的值变得非常小（见例 3.23）。

例 3.22 实施中心化的模型

```
> LE3 <- lm( Score ~ .+ Meeting*Reassign, data=DFc)
> summary(LE3)

Call:
lm(formula = Score ~ . + Meeting * Reassign, data = DFc)

Residuals:
    Min      1Q         Median         3Q            Max
-24.9692   -4.2969     0.1607         5.1897        25.9737

Coefficients:
    Estimate Std. Error t value Pr(>|t|)
```

```
(Intercept)          66.42629    0.78783   84.315  < 2e-16 ***
Meeting               0.53184    0.08893    5.980  2.36e-08 ***
Reassign             18.04132    7.05237    2.558    0.0118 *
Meeting:Reassign      6.62546    0.77526    8.546  4.78e-14 ***
---
Signif. codes:  0 '***' 0.001 '**' 0.01 '*' 0.05 '.' 0.1 ' ' 1

Residual standard error: 8.766 on 120 degrees of freedom
Multiple R-squared:  0.4783,    Adjusted R-squared:  0.4653
F-statistic: 36.67 on 3 and 120 DF,  p-value: < 2.2e-16
```

例 3.23　VIF 计算（实施中心化的模型）

```
> vif(LE3)
 Meeting   Reassign  Meeting:Reassign
1.002583   1.002857           1.001931
```

　　虽然是题外话，但是中心化也具有易于解释模型的优点。图 3.47 是 LE3 的图解视图，模型为扭曲的平面。如果实施中心化，Meeting 和 Reassign 的回归系数则表示当另一个变量是以原始值取得平均值时的斜率（图 3.47 中曲面中央的十字线表示该斜率）。如果未实施中心化，则表示原始值为 0 时的斜率，但在这种情况下 0 表示数据中不存在的值。虽然是解释的问题，但是以 0 为基准，凭直觉很难理解。

　　另外，不要总是引入交互作用。这里需要注意的是，除了会增大解释的复杂度和多重共线性问题外，还存在增大过度拟合（见 3.3.4 小节）的风险。

5. 虚拟变量与 VIF

　　解释变量中含有分类变量时，需要注意与数值变量不同。下面以加班时间的模型 LM6 为例确认 VIF。

$$y = b_0 + b_1 x_1 + b_2 x_2 + b_3 x_3 - b_4 x_1 x_3 - b_5 x_2 x_3$$

式中，y 为 overtime；x_1 为 IT；x_2 为 Sales；x_3 为 tenure，精确到小数点后两位。

　　在确认多重共线性时的问题是 x_1 和 x_2 是由一个为部门的解释变量扩展出来的。因此，提出了一种也可以很好地处理虚拟变量的称为 **GVIF**（Generalized Variance Inflation Factor）的指标。在 GVIF 中，不是针对每个虚拟变量，而是针对其所基于的分类变量（在这里为部门）来计算该指标。

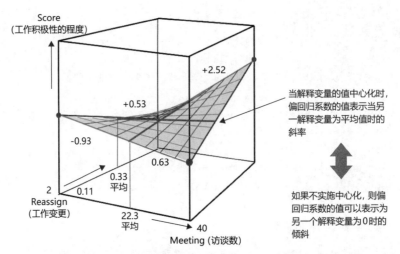

注：−0.93、+0.53、+2.52表示Reassign分别为最小值（0.11）、平均值（0.33）、最大值（0.63）时Meeting方向的斜率。

图 3.47 包含交互作用的模型与中心化示意图

如果解释变量中存在级别大于或等于 3 的分类变量，则可以使用 car 程序库的 vif() 函数输出 GVIF [1]。如果解释变量仅是数值变量，或者是只有两个级别的分类变量，则输出通常的 VIF。在输出的结果中，请注意观察 GVIF ∧（1 /（2 * Df））及最右边列的输出内容 [2]（见例 3.24）。目前尚没有明确的标准确定该值应该是小于多少为好，但是一般认为该值应该相当于通常 VIF 的平方根 [3]。不是一个非常大的值，但似乎可以认为是一个需要引起注意的值。

例 3.24   **GVIF 的计算**

```
> vif(LM6)
                 GVIF          Df        GVIF^(1/(2*Df))
section          16.780270     2         2.023950
tenure           3.194346      1         1.787273
section:tenure   26.202923     2         2.262494
```

---

[1]分类变量的级别（分类）为 3 或更高意味着将其扩展为多个（两个或更多）虚拟变量。如 3.2.3 小节所述，虚拟变量的数量是级别的数量减 1。

[2]Df 表示自由度，在此示例中为 2。

[3]John Fox. Colinearity and Model Selection (Lecture Notes). McMaster University.

3.3.7 标准偏回归系数

1. 如何检验解释变量的效应

使用统计分析的目的是在数学层面上描述现象，更进一步地说，是力求明确现象出现的机理。

在统计分析中我们需要搞清楚的是，每个解释变量对目标变量的波动产生多大的影响。这里将其称为"影响效应"。

例 3.25 是在 3.3.6 小节的示例中建立的第一个模型，该模型显示了 Meeting 和 Reassign 的数量与 Score 差异之间的关系。Meeting 的偏回归系数为 0.51，Reassign 的偏回归系数为 16.0。偏回归系数表示回归平面在每个方向上的斜率。这样的话，可以认为 Reassign 的影响效应是 Meeting 的 30 倍吗？

例 3.25   在 3.3.6 小节中建立的模型

```
> LE1 <- lm( Score ~ ., data=DF)
> summary(LE1)

Call:
lm(formula = Score ~ ., data = DF)

Residuals:
    Min      1Q   Median      3Q     Max
-32.541  -5.582    0.494   7.485  24.612

Coefficients:
              Estimate  Std. Error  t value  Pr(>|t|)
(Intercept)    49.4622      4.0815   12.119   < 2e-16 ***
Meeting         0.5095      0.1123    4.537  1.35e-05 ***
Reassign       16.0063      8.9025    1.798    0.0747 .
---
Signif. codes: 0 '***' 0.001 '**' 0.01 '*' 0.05 '.' 0.1 ' ' 1

Residual standard error: 11.07 on 121 degrees of freedom
Multiple R-squared:  0.1608,  Adjusted R-squared:  0.1469
F-statistic: 11.59 on 2 and 121 DF,  p-value: 2.477e-05
```

当然，上述说法是不正确的。Reassign 是以小数表示 3 年中工作内容变更或待遇发生变化的人数的比例。而 Meeting 是每年每 10 人中的访谈数。由于偏回归系数是表示当解释变量增加一个单位时目标变量的变化程度，因此，当解释变量为不同的单位时，比较是不成立的。

2. 标准化和标准偏回归系数

在这种情况下，使用**标准化**（standardization）方法。标准化是为了使数据的平均值为 0、标准偏差（SD）为 1 而对数据的分布进行变换的方法（见 4.2.3 小节）。可以将标准化视为不仅仅是平均值，还是统一度量标准的尺度。

因此，在将所有目标变量和解释变量标准化后，可以通过以下公式估算模型。

$$Y = \beta_0 + \beta_1 X_1 + \beta_2 X_2 + \cdots$$

式中，Y 为标准化后的目标变量；$X_1, X_2 \cdots$ 为标准化后的解释变量；$\beta_1, \beta_2 \cdots$ 是通过标准化所有目标变量和解释变量来估计模型时的偏回归系数，称为**标准偏回归系数**（standardized partial regression coefficient）。通常也将其称为 beta。

标准偏回归系数表示"当解释变量增加 1SD 时，目标变量增加多少 SD"。可以将 SD 视为基于分布扩散程度的统一度量，并以此为基础，比较解释变量的影响效应。

另外，在仅有一个解释变量的单回归模型中，标准偏回归系数的值与相关系数一致。换句话说，越接近于 –1，负效应就越强；越接近于 +1，正效应就越强；如果为 0，表示不产生影响效应。但是，在包含多个解释变量的多元回归模型中，其绝对值可能超过 1。

3. 使用 R 语言计算标准偏回归系数

下面用 R 语言实际计算标准偏回归系数。在这里，将介绍两种方法：一种是编写程序进行标准化，然后创建回归模型的方法；另一种是创建回归模型，然后使用专用函数求标准偏回归系数的方法。示例脚本为 3.4.01.StandardizedRegression.R（清单 3.14）。

清单 3.14　3.4.01.StandardizedRegression.R

```
# 解释变量的影响效应

# 目标变量: 员工的工作积极性的程度 Score
# 解释变量: 一年间每 10 人的工作评价访谈数 Meeting
# 解释变量: 3 年内每次职务或待遇变化的人数比例 Reassign

# 数据的读入
DF <- read.table("ESSurvey.csv",
                 sep = ",",                      # 以逗号为分隔符的文件
                 header = TRUE,                  # 第一行为标题行（列名）
                 stringsAsFactors = FALSE)       # 以字符串类型导入字符串

# 通常的线性回归模型
# 设定为 "." 则表示使用除目标变量外其他所有的变量
LE1 <- lm( Score ~ ., data=DF)
summary(LE1)
```

```
# 对数据进行标准化
#scale()：执行标准化的函数
# 由于 scale() 的输出结果为矩阵形式
# 使用 as.data.frame() 将其转换为数据帧
DFst <- as.data.frame( scale(DF) )

# 确认平均值、中位数等
summary(DFst)
# 确认标准偏差
# 对 DFst 的所有列执行 sd() 函数
# apply() 函数的参数中 2 表示设定列
apply(DFst, 2, sd)

# 基于标准化数据的线性回归模型
LE4 <- lm( Score ~ ., data=DFst)
summary(LE4)
# 偏回归系数（Estimate）的列为标准偏回归系数

# 使用 lm.beta 程序库（通常使用该程序库，比较方便）
library(lm.beta)

# 使用通常的方法输入建立的模型
LE5 <- lm.beta(LE1)
summary(LE5)
# 在通常的结果中加入标准偏回归系数的信息

# 参考：由偏回归系数计算标准偏回归系数

# 原始模型 LE1 的偏回归系数
LE1$coefficients
# 目标变量的偏回归系数
ySD <- sd(DF$Score)
# 解释变量的标准偏差
x1SD <- sd(DF$Meeting)
x2SD <- sd(DF$Reassign)

# 计算各解释变量的标准偏回归系数
# 标准偏回归系数 = 标准回归系数 * 解释变量的标准偏差 / 目标变量的标准偏差
LE1$coefficients[2] * x1SD / ySD
LE1$coefficients[3] * x2SD / ySD
```

方法 1：使用 scale() 函数。

使用 scale() 函数对数据进行标准化。不过，由于 scale() 函数的输出结果是转换为矩阵而不是数据帧，因此需要使用 as.data.frame() 函数将其转换为数据帧。标准化后数据的平均值为 0，标准偏差为 1（见例 3.26）。

例 3.26　标准化后的平均值与标准偏差

```
> summary(DFst)
     Meeting                 Reassign                   Score
 Min.   :-2.28191     Min.   :-1.98606       Min.   :-3.00773
 1st Qu.:-0.73677     1st Qu.:-0.73867       1st Qu.:-0.61146
 Median :-0.03444     Median : 0.06323       Median : 0.04131
 Mean   : 0.00000     Mean   : 0.00000       Mean   : 0.00000
 3rd Qu.: 0.75218     3rd Qu.: 0.68693       3rd Qu.: 0.59814
 Max.   : 3.11203     Max.   : 2.64713       Max.   : 2.78169

> apply(DFst, 2, sd)
 Meeting    Reassign      Score
       1           1          1
```

可以使用存储的数据 DFst 建立回归模型 LE4，以确认标准偏回归系数。由于数据本身是标准化的，因此将在通常显示偏回归系数的位置（Estimate 列）显示标准偏回归系数的值（见例 3.27）。

例 3.27　标准偏回归系数的计算

```
> LE4 <- lm( Score ~ ., data=DFst)
> summary(LE4)

Call:
lm(formula = Score ~ ., data = DFst)

Residuals:
     Min        1Q     Median        3Q       Max
-2.71458   -0.46567    0.04124    0.62441   2.05314

Coefficients:
              Estimate Std.Error     t value    Pr(>|t|)
(Intercept) -3.269e-16 8.294e-02       0.000      1.0000
Meeting      3.782e-01 8.335e-02       4.537    1.35e-05 ***
Reassign     1.499e-01 8.335e-02       1.798      0.0747 .
---
Signif. codes: 0 '***' 0.001 '**' 0.01 '*' 0.05 '.' 0.1 ' ' 1
```

3

```
Residual standard error: 0.9236 on 121 degrees of freedom
Multiple R-squared:  0.1608, Adjusted R-squared:  0.1469
F-statistic: 11.59 on 2 and 121 DF, p-value: 2.477e-05
```

方法 2 : 使用 lm.beta() 函数。

lm.beta 程序库的 lm.beta() 函数通常更易于使用。如果将第一个模型 LE1 设置为该函数的参数，则将获得带有标准偏回归系数信息的对象。该脚本将结果存储为 LE5，并使用 summary() 函数查看数据内容。输出中的 Standarded Std. 列为标准偏回归系数（见示例 3.28），应该与之前 LE4 的偏回归系数（Estimate 列）大致相同。另外，LE1、LE4 和 LE5 的决定系数及假设概率的值也是相同的。

例 3.28 **计算标准偏回归系数**

```
> library(lm.beta)
> LE5 <- lm.beta(LE1)
> summary(LE5)

Call:
lm(formula = Score ~ ., data = DF)

Residuals:
    Min      1Q  Median      3Q     Max
-32.541  -5.582   0.494   7.485  24.612

Coefficients:
            Estimate Standardized Std. Error t value Pr(>|t|)
(Intercept)  49.4622       0.0000    4.0815  12.119  < 2e-16 ***
Meeting       0.5095       0.3782    0.1123   4.537 1.35e-05 ***
Reassign     16.0063       0.1499    8.9025   1.798   0.0747 .
---
Signif. codes:  0 '***' 0.001 '**' 0.01 '*' 0.05 '.' 0.1 ' ' 1

Residual standard error: 11.07 on 121 degrees of freedom
Multiple R-squared:  0.1608, Adjusted R-squared:  0.1469
F-statistic: 11.59 on 2 and 121 DF, p-value: 2.477e-05
```

在解释变量之间比较标准偏回归系数，Meeting 的标准偏回归系数为 0.38，而 Reassign 的标准偏回归系数为 0.15。与 Meeting 中 1SD 的变化相比，Reassign 中 1SD 的变化产生的影响效应小。这也符合 Reassign 的回归系数不显著的结论。

lm.beta() 函数也可以使用虚拟变量的模型。例如，如果将模型 LM5 输入到 lm.beta() 函数中，该模型解释了 section（部门）和 tenure（工作累计年限）关于 overtime（加班时间）的关系，可以获取 IT（虚拟变量）、Sales（虚拟变量）和 tenure（工作累计年限）三个解释变量的标准偏回归系数。但是，很难解释 1SD 的波动对诸如 IT 和 Sales 这样的虚拟变量意味着什么，可以认为是否对这些数据进行比较应该由分析人员考虑。

lm.beta() 函数是基于偏回归系数计算标准偏回归系数的函数，而不是在对数据进行标准化后重新创建回归模型。可以通过将偏回归系数乘以解释变量的标准偏差并除以目标变量的标准偏差来获得标准偏回归系数。示例脚本中也记录了该过程，以供参考。

> ✹ 注意
>
> 对于包含交互作用项（如 3.3.6 小节中的 LE2）的模型，需要预先使用 scale() 函数标准化每个变量（Meeting 和 Reassign），然后使用 lm() 函数创建包含交互作用项的模型。由于标准化可以替代中心化，因此也可以用于处理多重共线性问题。另外，如果在创建像 LE2 这样的模型后执行 lm.beta() 函数，则交互作用项的计算和标准化顺序将是相反的，由此会产生不同的结果。

第 **4** 章

实践性的模型

4.1 建模的准备

4.1.1 数据的准备与处理加工

到目前为止，我们仅仅利用相关系数和线性回归模型解释了基本的统计分析与建模概念。在第 4 章中，我们将结合具体示例介绍各种方法，并使用统计分析来解释在考虑因果关系的基础上需要了解的要点。

在进行这些分析前，应先考虑以下两点。

● 数据的准备与处理加工

● 建模方法的选择

首先，让我们解释一下数据的准备和处理加工。这些任务即使在数据科学的研究过程中也是需要耗费大量的时间和精力的（见 1.2.1 小节）。而且，这些任务是影响分析和预测结果的最大因素。因此可以毫不夸张地说，准备什么样的数据及如何处理数据将决定分析和预测的成败。

1. 数据的准备

毋庸置疑，在数据科学中，收集合适的数据是非常重要的。但是，在商务领域中，从一开始就能够收集到理想数据的情况是很罕见的。而且，经常会出现一些诸如根本就不存在的数据，或者所收集的数据质量很差的问题。例如，以下情况并不少见。

（1）积累了有关销售等业务结果的数据，但是没有留下能够解释该结果所产生原因的定量相关数据（例如，实施的促销措施、特殊事件的发生等信息）。

（2）仅保留有财务处理所需的统计数据，并且会将原始数据（每件商品的销售数据）在存储一定时期后予以删除。

（3）分开管理实体店铺和网店业务数据，而且数据记录的格式等并不相同。

（4）系统中有未按照所设置的规则进行的操作。例如，规则是在店铺中输入顾客的年龄，但是由于这种操作比较麻烦，因此每个顾客的年龄都输入为"30 岁"。

如果仅从技术角度考虑数据科学，则往往处于"分析所收集的数据"这样被动的角度。但是如果需要在实践中取得成功，则应该从业务的目的出发，考虑如何获取所需的数据。

很少有通过一个数据源就能够完成分析任务的。在大多数情况下，有必要组合多个数据源进行分析。除了现有数据外，还需要考虑如何调查研究以获得新数据并结合各种数据进行分析。此外，应积极考虑使用外部数据（如果是企业，则为该企业外部的数据）。如果分析商店的销售数据，则需要有关天气的信息、有关商店所在区域的信息等。其中许多数据需要从外部数据源获得。

2. 数据的清洗与加工处理

数据清洗（或清理）和加工处理是一项艰巨的任务。虽然在第 3 章中用于示例的有关加班时间的数据已经非常简单明了。但在实际工作中，分析人员遇到的数据是由各种数据项组成，并且常常包含许多缺失值和离群值。

与模型技术相比，数据清洗和加工处理对结果的影响更大。根据经验，如果数据分析的初学者感到"没有得到想要的结果"或"模型不准确"等，则通常是由于数据清洗或处理不充分所致。

数据清洗和加工处理之间的区别并不明确。一般来说，解决数据质量问题的任务通常称为"数据清洗"，而其他数据格式的转换通常称为"加工处理"。在 4.2.1 小节及后续各节中，将介绍有关数据清洗和加工处理的具体注意事项。

（1）数据清洗。

（2）处理分类变量。

（3）数值变量的加工处理和缩放。

（4）缺失值的处理。

（5）离群值的处理。

（6）其他数据的加工处理。

4.1.2　分析和建模的方法

分析和建模的方法是多样化的，许多人会产生应该在什么时候使用什么方法的疑问。本书除了第 3 章中讨论的相关分析和线性回归外，还包括聚类、因子分析、主成分分析、逻辑回归、决策树、随机森林、支持向量机（SVM）和神经网络（深度学习）等各种方法的说明（表 4.1）。

表 4.1　典型方法

目　的	方　法	说　明	分类 / 回归	机器学习中的处理
关联性的分析	相关分析	3.1.3 小节	—	—
分组	聚类	4.3.1 小节	—	无监督学习
维数约简	因子分析	4.3.2 小节	—	无监督学习
	主成分分析	4.3.2 小节	—	

目　的	方　法	说　明	分类 / 回归	机器学习中的处理
现象的说明原因的 分析预测	线性回归	3.2.2 小节	回归	有监督学习
	逻辑回归	4.3.4 小节	分类	
	决策树	4.3.5 小节	分类 / 回归	
预测 （机器学习）	随机森林	5.2.2 小节	分类 / 回归	有监督学习
	支持向量机	5.2.3 小节	分类 / 回归	
	神经网络	5.3.1 小节	分类 / 回归	

在表 4.1 中，"分类"是指解释或预测的目标是类别；"回归"是指解释或预测的目标是数值。另外，在机器学习中，这些方法称为"无监督学习"或"有监督学习"。关于机器学习，将在 5.1.1 小节中进行详细说明。

下面将根据不同目的，解释应该在什么样的情况下使用何种方法。另外，根据需要将简要介绍一些其他的方法。

1. 关联性的分析

基于相关性和相似性的强度分析在各个方面都有广泛的使用。例如，在购物网站等所做的商品推荐（recommendation）中，根据商品的购买和评价的状况将用户之间的类似性指标化，推荐相似用户购买或有较高评价商品的方法。除了作为相似性指标的相关系数，还使用称为**余弦相似度**的指标作为相似度指标。同样，明确哪些产品是可以组合购买的也称为市场篮子分析。**市场篮子分析**使用**置信度**（confidence）、**支持度**（support）、**提升度**（lift）等指标提取"购买商品 A 的顾客会购买商品 B"的规则。这样的规则称为**关联规则**。

2. 分组

基于某种相关性或相似性将相似的事物进行分组的方法，在市场营销领域聚集具有相似需求和属性的客户以形成一个群体的过程，称为**市场细分**（segmentation）。尽管理论学家之间在参考变量方面存在差异，但通常解释如下。

（1）人口统计特征：性别、年龄、种族、已婚 / 未婚、家庭人数等。

（2）地理学特征：居住地、工作地点等。

（3）社会特征：收入、支出、资产、学历、职业、社会阶层等。

（4）心理特征：个性、兴趣、价值观、生活方式等。

此外，有时将表现为实际行为的事物（如购买频率和购买金额）称为**行为特征**、**行为变量**等。特别是为了能够详细掌握在互联网上浏览和检索商品等行为，通常将这些信息用于市场营销。

聚类是执行此类市场细分的有效方法（见 4.3.1 小节）。聚类不仅可以用于顾客的市场细分，还可以用于其他方面，如对产品和商店进行分类等。

3. 现象的解释与原因的分析

在第 3 章中, 我们使用线性回归模型分析了部门和工作累计年限对加班时间的影响。像这样, 利用线性回归模型及进一步扩展的广义线性模型（见 4.3.3 小节）能够定量评估解释变量的变化对目标变量变化的影响效应。这是对加班工作现象的一种解释, 可以说是试图弄清原因的一种尝试。

但是, 这里说的"影响效应"是隐藏在获得的数据中的数学关系, 并不直接表示因果关系。例如, 管理部门的员工加班较少可能是由于"不加班的人被分配在管理部门"的结果。在这里, 存在几种检验基于统计分析的因果关系的方法, 将在 4.4.1 小节和 4.4.2 小节中解释。

另外, 还有一种不同于回归模型的称为**决策树**的方法（见 4.3.5 小节）。决策树虽然不适用于分析诸如"影响加班时间"等的因素, 但是它适用于获取诸如"什么样的人加班时间较多"等的信息。换句话说, 这是一种知识发现的好方法, 因为可以根据某些条件自动提取具有某些属性的片段。

这些方法不仅可以用于因子分析和知识发现, 还可以用于预测。但是, 预测精度不及以下介绍的机器学习方法。

4. 结果的预测

使用基于某些特征的信息来预测结果（特定目标变量的值）是机器学习所擅长的。例如, 即使无法知道加班的原因, 但是只要能够确定哪些员工很可能加班时间较多也行, 那么这种情况下可以采用预测精度较高的方法, 如随机森林（见 5.2.2 小节）或 SVM（见 5.2.3 小节）等。

不局限于预测加班时间, 还可以预测客户是否会取消订单或预测机械零件的故障等, 也就是说, 以预测为目的的课题将有很多。但是, 能够预测并分析事物产生的原因又是完全不同的问题。注意两者不要混淆。

5. 维数约简

维数约简, 简而言之, 就是将许多变量重组为较少的变量, 具体实现方法包括因子分析和主成分分析等（见 4.3.2 小节）。需要应用到维数约简思想的主要有以下两种情况。

一种情况是像心理学特征等需要高度抽象的情况。例如, 如果想要将顾客的忠诚度（对品牌的忠诚）和好感度等通过调查的方式进行数值化, 为了体现这些特征会有一定程度不同的提问。在这种情况下, 主要通过因子分析从问题之间的相关性中提取几个不同的指标。

另一种情况是有过多的变量需要处理时, 或者当变量的相关性不能忽略时。在这种情况下, 由于聚类或回归分析并不适用, 因此使用主成分分析等方法事先采取维数约简的方法对数据进行处理加工。

4.2 数据的加工处理

4.2.1 数据的清洗

数据清洗（数据清理）的具体方法取决于所需处理数据的类型和特征，尤其取决于记录原始数据的格式和符号。将假设处理对象为从业务数据库中提取并以表格形式进行格式化的 CSV 文件，以此说明处理数据时经常遇到的问题及如何解决这些问题。

1. 数值以字符串形式存储

有时会出现"试图计算记录为数值的项目，但是无法计算"的情况。造成这种情况的原因之一可能是变量的"类型"，如数字类型或字符类型。虽然是一个数字，但不知道什么原因将其读取为字符类型，或者无法将其从字符类型转换为数字类型，可能的原因有以下几种。

（1）将数字用引号（' 或 "）括起来，或者用逗号记录为字符串（例如，数字 12300 记录为 12,300）。

（2）混有非数字的值。例如，作为年龄的值，除了如 20、24 和 38 等的数字，还记录有"18 岁以下"和"未知"等的字符串值。

前者是一个只需在程序中进行数据类型转换即可解决的问题，即考虑的是使用 R 语言或 Python 语言工具进行转换，还是使用管理原始数据的工具进行转换会比较方便、简单的问题。后者需要考虑各种可能的情况，需要仔细检查数据，然后设置某些规则予以修改。

> ☀ **注意**
>
> 当在 Microsoft Excel 中查找用逗号间隔的数字时，这些数字可能会以字符串形式输出。

2. 行（记录）和列（字段）无法很好地划分

这意味着数据的行数和列数已与原始数据不同，数值变量已经变为跨多列的字符类型，并且可能出现在某列中混入了不同数据列的值的情况。因此需要注意的是，虽然看起来数据的读入是顺利的，并且可能没有出现错误提示信息，但是至少需要检查一下行数和列数是否正确。

通常，如果字符编码与预期的编码不同，那么在数据中可能包含与环境相关的字符或特殊符号的情况下，可能会出现上述问题。必须预先转换或删除与环境相关的字符和特殊符号。

如果读取的数据为 CSV 格式，则读入的数据中包含逗号(,)或引号(' 或 ")时会发生这种现象。解决方法是更改原始数据的记录格式并重新导入数据，或者编写程序以逐行读取数据并进行修改。

3. 存在逻辑上讲不通的数字和许多不合常理的特定值

存在逻辑上讲不通的数字。例如，在记录身高的数据（单位为 cm）中存在诸如 0 和 999 等的值。这种数据存在的第一种可能性是将缺失值（无法测量的情况）记录为 0 或 999。

另外，还存在即使从逻辑上来讲是可能的，但某些值可能存在过多的情况。例如，如果客户的年龄很多记录为 99，则可能是表示"所有 100 岁或 100 岁以上的年龄都记录为 99"或"所有未知的年龄都记录为 99"。

此外，在销售数量和销售金额中可能存在负值。这是因为业务程序记录了取消操作所处理的负数据，随后又用其抵消之前正操作的值。在这种情况下，必须查看相关程序的功能并获取执行抵消处理后的数据。虽然可以自己编写抵消处理的程序，但是除非是一名具有业务处理经验的程序员，否则将是一件非常复杂且棘手的工作。

4. 在记录字符串的数据项中标记不一致

所谓的"标记模糊"或"标记波动"问题。例如，当将客户地址的最近站点与表示路线数据的站点名称进行匹配时，如果一个是"绿之丘"，另一个是"绿的丘"，则这两个站点名称被视为不同的站点。原因可能是前者是基于客户注册的数据，后者则是从外部获得的数据。另外，如果像"备注"一样可以自由输入描述的内容，则即使在同一数据项内，标记模糊的情况也会频繁发生。

日语中的平假名和片假名、英文字母和片假名、英语的大小写字母、全角和半角、是否有长音符（—）、日语中正常的假名和促音的假名、公司名称中的"株式会社"和"（株）"等，标记模糊的情况是不胜枚举的。消除所有自由形式的标记模糊几乎是不可能的，这一任务在自然语言处理领域是一项专业任务。但是，如果是像站名这样，记录的值是有一定限制的，则可以通过查看程序并执行字符串转换来解决。

5. 不便于处理的记录形式

将一些特殊数据项的记录格式以不便于数据分析的符号记录的情况比较常见。一个典型的例子是日本日历的记录方式。例如，"昭和"的"58"年等和历式记录方式，当想要计算多少年前时常常不太方便。另外，即使以诸如"2018 年第三季度"等公历的格式记录数据，也必须以一定的方式将其转换为数值。

此外，即使是诸如 20180920 等的普通日期数据，从分析的角度来看，重要的是星期几和是否是假日等，也必须根据该日期计算出是星期几并将其添加到数据中。

还有需要将以分类形式记录的数据项转换为数字的情况。例如，数据项"通勤时间"被记录为诸如"小于 30 分钟""30 分钟以上且小于 1 小时""1 小时以上且小于 1 个半小时""1 个半小时以上"的字符串或符号。如果将它们视为分类变量，则时间的大小关系并不需要反映在分析中。

此时，可能需要考虑将它们转换成如 15、45、75 和 105 等数字。但是，这些值又与实际通勤时间值不同，因此无法保证分析的准确性。如果不知道最大值，那么也无法知道"一个半小时以上"应该是多少。关于这个问题，必须根据分析的目的以及要获得结果的准确性来决定。

6. 不需要的数据项及重复数据项等

在实际业务中，收集的数据包含许多分析中不需要的数据项。虽然数据项名称看起来有意义，但是可能是在实际中并未使用的、过去曾经使用过的，或者是数据并未被更新的等。含有的数据项越多，所需的计算机内存就越多，而且查询数据时，需要查看的信息也就越多，从而导致查找非常困难。因此，要先删除那些不必要的数据项。

另外，还可能包含与其他的数据项含义相同的数据项，或者在所有样本数据中记录的值都是完全相同的数据项。如果将这些数据项包括在分析中，则可能成为导致错误的原因，因此务必提前检查并删除这些数据。

7. 名称过长

名称过长并不是数据分析中的本质问题，但是如果将数据项名称或类别的级别定义为很长的名称，可能会使脚本阅读起来非常不方便，或者名称的后半部分可能在数据分析中被截断而导致无法准确识别等，从而导致分析工作变得复杂。如果事先用简短易懂的名称代替很长的数据项或级别的名称，就可以使后续的工作变得简单、便利。

8. 存在缺失值

缺失值是指"没有赋值的状态"，缺失值的处理是数据分析中重要且困难的问题之一。缺失值的具体处理方法将在 4.2.5 小节中介绍。

9. 存在离群值

与前面"3. 存在逻辑上讲不通的数字和许多不合理的特定值"中的情况不同，即使作为数据是正常的，也可能存在较大的离散，并且可能会得到意料不到的结果。离群值的具体处理方法将在 4.2.6 小节中介绍。

10. 每个样本中固定的 ID

ID，即使是作为数字记录的情况下，也需要先从数值类型转换成字符串类型等，以便将其视为类别而非数值。这些 ID 只是作为识别用的符号，其值本身在业务中没有实际意义。

如果为每个数据分配了不同的 ID，并不能将其用作解释变量或目标变量。在数据清洗阶段不需要删除它们，但是应该从创建模型时所使用的变量中删除。由于 ID 是所有样本的唯一值，因此，如果样本数为 100，则它是级别为 100 的分类变量。如果将其作为解释变量，虽然可以很好地估算目标变量的值，从而得出一个完美拟合数据，但这是毫无意义的模型。反之，如果将 ID 作为目标变量，则与要标识的值匹配的样本数为 1，这也是没有意义的。

最后，再补充说明一下，"不存在完美的数据清洗"。即使是精心处理加工过的数据，在实际分析和建模后，也会出现一些不足的情况。因此，数据清洗并非处理一次即可的工作。

4.2.2 分类变量的加工

下面解释关于分类变量所特有的数据处理加工。

1. 分类变量与级别

在统计建模中处理分类变量（见 3.2.3 小节）时，存在的问题是一个变量所包含的级别数。在一般业务处理中，即使一个分类变量中有多个级别也不会有问题。但是，在统计建模中可能会成为大问题。

如果是企业所处的行业或个人职业这样的分类，那么级别的数量不会太多。当列出各个单独的示例时，尤其会存在问题的是类似地名、产品等。例如，如果有一个记录地名的数据项，并且有 1000 个级别（不同的名称），则成为一个 999 维的模型。这种模型除了计算的问题，还存在其他的问题。

再如，有一家零售商店吸引了东京及其邻近县的购物者，以顾客的购买频率作为目标变量，并将顾客的居住地作为解释变量。此时，加入详细的街道名称（如"涩谷区笹塚 2 丁目"）的变量，即将详细的街道门牌号码的值作为地址是否有作用呢？这些地址中住着多少人呢？如果在同一个地址只有一个或两个顾客，即使获得某种趋势，也无法认为可以反映一般规则，而仅仅是偶然获得的结果而已。这就是在 3.3.4 小节中描述的过拟合现象。

此外，当将其应用于预测时，预测居住在"涩谷区笹塚 3 丁目"的新顾客的购买频率，只要它是分类变量，也就与"涩谷区笹塚 2 丁目"完全不同，无法参照居住在 2 丁目的顾客的购买频率信息。如果不存在"涩谷区笹塚 3 丁目"的顾客购买频率的历史数据，则完全无法计算出预测结果。因此，在解释变量中包含过于详细的类别并不是一个好办法。解决方法有以下三种。

- 从分析中排除。
- 更改分类标准。
- 替换为其他变量。

但是，如果顾客的居住地信息有意义，那么就必须尽量避免只是简单地将其排除在外。下面介绍第二种和第三种方法。

（1）更改分类标准

在前面的示例中，若不想简单、原封不动地使用街道门牌号码，可以采取多种措施。例如，将多个街道门牌号码汇总后重新分组为一个新的类别，以便获得一定数量的顾客；也可以以区或市为单位进行处理，大多数情况下，有必要考虑一下汇总分类的方式。

同时，在业务数据中，我们经常会遇到频率有偏差的分类变量。以产品类型为例，即使有数百个分类，实际上往往集中在前 10 或前 20 个分类中，排名靠后的分类则很少见。例如，需要分析顾客在计算机商店购买的商品类型的问题。大多数顾客会购买计算机、显示器、鼠标等商品，而很少有人会购买计算机的桌子、椅子和架子等商品。在这种情况下，应该将桌子、椅子和架子分组为"家具"，而不是单独分别作为不同的商品类别。这是因为如果样本数少，则无法获得有意义的结果。

另外，对于诸如询问意见及感受想法的问卷调查选项，随意地分类是不可取的，因为不同的汇总分类方法可能产生偏差。这一点需要根据目的和应用进行判断。

（2）替换为其他变量

在前面"1. 分类变量与级别"的示例中，如果认为顾客的购买频率会由于居住地而发生变化，则产生差异的原因可能是由于商店靠近住所，或者商店在经常来往的路上，购物很方便等。如果是这样，可以说诸如"笹塚 3 丁目"等的地址只是形式上的区别，而不是表明真正原因的变量。在这种情况下，最好使用诸如与商店的距离、所需时间和路线等的信息作为解释变量，而不是地址本身。

遗憾的是，典型的顾客信息中很少包含路途所需时间和路线等信息。但是，可以根据商店的地址和顾客的住址及位置来查看纬度和经度，花费一些时间来追加诸如距离等的信息。

2. 扩展为虚拟变量时的基线

在回归模型中处理分类变量时，考虑关于虚拟变量的基线，则更易于解释模型。在进行回归分析时，将分类变量中包含的级别判断为字符串，并将排在最前面的级别设置为基线，这些处理内容涉及 R 语言中函数功能的问题。例如，如果在客户属性中，记录互联网线路使用状态的数据项具有三个级别：a. 固定线路、b. 移动电话线路、c. 未使用，则"a. 固定线路"为基线，"b. 移动电话线路"和"c. 未使用"扩展为虚拟变量。这样，就需要观察以"a. 固定线路"为基准，查看其他两个变量"b. 移动电话线路"和"c. 未使用"的影响效应。与此相对的，如果将"c. 未使用"作为基线，则需要观察以"c. 未使用"为基准，查看其他两个变量"a. 固定线路""b. 移动电话线路"的影响效应。

在 R 语言中，可以通过将分类变量转换为 factor 类型并使用 relevel() 函数来设置基线，但这个方法有点烦琐。因此，作为一个技巧，可以很方便地将字符编码值小于其他首字母缩写词的字符或符号预先添加到要作为基线的内容中。例如，如果设置为"a. 固定线路、b. 移动电话线路、_. 未使用"，则"_"符号的排序顺序应比 a 和 b 小，因此该符号所代表的值自动成为基线。

3. 处理多个分类变量之间的重复级别

这里说明与前面"2. 扩展为虚拟变量时的基线"中有关联的内容，即级别的重复。例如，有以下有关互联网使用的数据项。

数据项 1：互联网线路的使用。

a. 固定线路　　　　b. 移动电话线路　　　　c. 未使用

数据项 2：最常用的互联网设备。

a. PC   b. 智能手机 / 平板电脑   c. 未使用

以上述两个数据项作为解释变量创建回归模型则会产生问题。即在数据项 1 中属于 c 的人在数据项 2 中也应该属于 c 项。实际上，每个选项都会扩展为单独的虚拟变量。因此，会对数据项 1 中的 c 和数据项 2 中的 c 分别使用具有完全相同值的变量进行分析。在建模时，使用与解释变量的值完全相同的变量是不正确的。

解决此类问题的一种方法是将数据项 c 设置为基线，如上面的 "2. 扩展为虚拟变量时的基线" 所述。同样，如果存在多个重复的级别，则无法仅通过设置基线来解决，因此需要按照（2）中的方法进行重新分类以防止重复，或者从分析的数据中删除相关数据项。

4.2.3   数值变量的处理加工与数据缩放

1. 数值变量的处理加工与注意点

有多种处理数值变量的方法。任何一种方法都应该根据分析的目的和意义来判断，不能一概地说应该使用某种方法，但是在这里例举一些典型的例子和需要牢记的注意点。除此以外，最重要的是测量数值尺度（scale）的变换。有关尺度的变换将在后面的 "2. 单线的数据绽放" 中及其后续部分详细描述。

（1）使用多个变量进行处理加工

举一个简单的例子，可以思考如 3.1.4 小节中提到的 "将总人口除以家庭数以求得每个家庭的人数" 的操作。

另外，再看一个稍微复杂的例子，让我们来考虑一下商店的销售业绩与其所处位置之间的关系。如果有关商店位置的信息是以纬度和经度记录的，则有必要用诸如该位置是商业区还是靠近车站等信息来代替经、纬度数据，而不是原封不动地使用它们。

（2）使用前后接近的值进行处理加工

在处理加工数据时，并非使用其他变量的值，而是使用该变量的某个值及与其前后接近的值。这对于按时间顺序和空间位置记录的数据（如地理数据、图像数据等）非常有效。例如，需要根据记录的汽车行驶数据来推断驾驶员的驾驶状况（如由于困倦导致危险的状况等）。但是，假设解释变量仅有位置信息，即只有两个数据项（纬度和经度）按时序记录，那么无法对变量不加任何处理就建立有效的模型。

在这里，我们将从一定时间之前的值中减去某个时间点的值，以求出差值来计算速度。接下来，对速度执行相同的操作以获得速度的变化（加速度）。此外，还可以计算在一定时间段内瞬间出现较大加速度（减速度）次数的指标。

作为处理包含前后值数据的方法，除了计算差值的方法外，还有一种方法是求与周围值的平均值。这种方法具有降低由于偶然变化而引起噪声的效果。除了时序数据外，对于具有空间关系的数据（如图像数据），通常使用相邻像素的信息来处理加工。

（3）转换为分类变量

将具有连续值的数值变量转换为类别（例如，"大、中、小"三个类别）的方法，由于可能会丢失有关数据值分布的信息量，因此不建议使用。但是，如果不使用数学公式来描述非线性关系时，则可以作为一种简便的方法来使用。

例如，如果将工作累计年限作为解释变量，将加班时间作为目标变量，并且事先知道不论工作累计年限是长还是短，加班时间都会较少，则使用解释变量（工作累计年限的长短），将数据分为 3 组并查看目标变量值（加班小时数）的平均值和方差的做法在实践中是有效的。

另外，这种划分方法可能导致分析结果出现误差。例如，即使将目标变量的加班时间以 30 小时间隔进行划分，即使部门 B 中加班 30 小时或 30 小时以上的人员比例高于部门 A，也无法根据这一结果证明"部门 B 的员工加班时间较多"。如果根据分布的形态及其重叠状况的不同，更改划分标准的值，则可能会得出结论："部门 A 的员工加班时间较多"。

2. 单纯的数据缩放

在数值变量的处理加工中，**缩放**（scaling），即测量数值尺度的变换是很重要的。缩放基本上是由以下两种方法组成。

（1）更改记录值的单位。

（2）更改参考点（即确定在大多数情况下，将什么设置为 0）。

举一个简单的例子。假设一个家庭的年收入单位是"万日元"，而支出以"日元"记录，则将度量单位统一一会比较方便。但是，"统一为同一单位"并非任何时候都是好的方法。如果想弄清年收入额和一顿午餐可以投入的额度之间的关系，那么用相同的单位日元进行比较，数字的位数将相差太大。在数据分析中，有时具有相同的分布幅度及数值的离散程度比使用统一的度量单位更为重要。稍后将在后面"3. 数据缩放的方法"中说明这种处理方法。

关于数据的缩放，不仅需要从技术的角度考虑，有时还需要从实际的角度考虑。例如，考虑以下情况：将房地产价格作为目标变量、将建筑年份（按照公历记录建筑的建造年份）作为解释变量。建筑年份是一个具有大小关系的连续值。但是，诸如1975和2015等数字的大小并没有绝对含义。我们可以说，2015年是1975年之后的40年，但对于两者的比值，我们不能说2015年是1975年的1.02倍。这是因为公元0年的基准没有实际意义[备注]。

具有这种特征的尺度称为"定距尺度"。在定距尺度上，0 值没有实际意义。以摄氏度或华氏度为单位的温度，以及 24 小时制中的时间值是定距尺度。

现在，让我们考虑通过计算建筑年份与 2019 年之间的差值，分别求得 1975 和 2015 与现在的差，得到 44 和 4。这意味着自建造以来已经过去了多少年的"建造年数"。两者之间的差异可以说 44 年比 4 年大 40 年，而 44 年比 4 年大 11 倍[备注]。通过这种方式对数据进行转换，可以验证诸如"如果建筑年份加倍，价格将减半"这样的规律[1]。

 具有这种特征的尺度称为"定比尺度"。在定比尺度上，0 值具有实际意义。在物理学中的绝对温度、从某个时间点开始经过的时间是定比尺度。

（3）数值代表某种顺序时。

如果数值变量代表某种顺序时需要引起注意。举个简单的例子，关于人气投票的排名，在这种情况下，不能按原样计算排名的数字 1、2 等[备注]。

 具有这种特征的尺度称为"定序尺度"。不具有顺序关系的类别（如性别、地区、部门等的分类）称为"定类尺度"。

另外，在诸如意见的赞成和反对等关于人类心理学的调查中，经常使用从"非常同意"到"完全不同意"这样的记录方法，并以数字 +3 到 –3 的形式进行记录的方法非常常见[备注]。在许多情况下，可以将这种数字作为通常的数字进行处理。但是，从 +3 到 +2 的距离是否可以视为与从 –2 到 –3 的距离相同，或者可以认为是以 0 为中心，关于这一点还需要进一步讨论。

 问卷调查中使用的尺度称为"李克特量表"（Likert scale）。尤其是，以 5 个等级进行测量的情况称为"5 等级"，以 7 个等级进行测量的情况称为"7 等级"。

3. 数据缩放的方法

下面进一步探讨数据缩放的含义。假设变量 x 具有三个值 1、2 和 3，然后通过将其乘以 2 并加 1 来创建新的变量 X。结果为 3、5、7，这表示通过函数 $X = 2x + 1$ 执行转换。可以用以下比喻来理解这一操作。首先，应用了一个刻度宽度为 1 的标尺，然从该标尺中读取数值 1,2,3,…。但是，

[1]有关具体的方法，请参见 4.2.4 小节中说明的价格和销售数量的模型。

新的标尺是最初标尺宽度的一半，相应的位置也发生偏移。这样，即使 x 的实际状况不变，读取的值也变为 3、5、7。

这种缩放就是字面意思的缩放，即可以理解为改变了度量的单位。我们都熟悉有关考试成绩的对比。如果数学考试非常难而英语考试很容易，那么同样的 70 分将具有完全不同的意义。另外，如果语文考试的题目很少，30 分为满分，则更加无法进行单纯的对比。因此，考虑到平均值和分布的幅度（标准偏差）并且需要统一尺度，则需要计算偏差值（见 3.1.2 小节）。偏差值是大家所熟知的缩放技术。

以下介绍一些具体的缩放方法。这些方法经常应技术上的要求不同而不同。例如，通过引入交互作用项来抑制多重共线性的产生（见 3.3.6 小节），通过聚类（见 4.3.1 小节）进行准确的分类，并通过机器学习有效地设置参数等。有关 ❶ ~ ❸ 的简单示例，请参见示例脚本 4.2.03.Scaling.R（清单 4.1）。

❶ 中心化

简而言之，中心化是一种使平均值为0的方法，将原始值 x 替换为与 x 的平均值 m 之差，即 x–m。如果用数学公式描述如下。

$$X = x - m$$

式中，m 表示 x 的平均值。

清单 4.1　4.2.03.Scaling.R

```
# 缩放
# 生成呈正态分布的数据

# rnorm()：生成正态随机数
# 样本数为 500、mean=120、SD=85
x <- rnorm(500, 120, 85)
summary(x)                        # 平均值、最小值、最大值等
sd(x)                             # 标准偏差（方差的平方根）
hist(x, breaks=100)

# 中心化 ❶
# 进行缩放处理使 mean=0
X <- x - mean(x)
summary(X)
# 以下比较方便
# scale()：进行中心化或标准化
# scale 为 TRUE，则标准化；Scale 为 FALSE，则中心化
# 由于默认为 TRUE，这里设定为 FALSE
X <- scale(x, scale=F)
```

```
summary(X)
sd(X)
hist(X, breaks=100)

# 归一化 ❷
# 整体缩放到 0 ～ 1 区间内
X <- (x - min(x))/(max(x) - min(x))
summary(X)
sd(X)
hist(X, breaks=100)

# 整体缩放到某个范围内
A=10
B=20
X <- (x-min(x)) * (B-A) / (max(x)-min(x)) + A
summary(X)
sd(X)
hist(X, breaks=100)

# 标准化 (standardization, Z-Score) ❸
# 进行变换使 mean=0、SD=1
X <- (x - mean(x)) / sd(x)
summary(X)
# 以下比较方便
X <- scale(x)
summary(X)
sd(X)
hist(X, breaks=100)

# 偏差值
# 进行变换使 mean=0、SD=1
X <- (x-mean(x)) * 10 / sd(x) + 50
summary(X)
sd(X)
hist(X, breaks=100)
```

❷ 归一化（normalization）—— min–max 归一化

为了使从最小值到最大值的所有值都能在一定范围内改变尺度（min–max scaling），则在归一化时，多数情况下会进行缩放，并使数据在 0 ～ 1 的范围内。归一化的公式如下。

$$x = \frac{x - x_{min}}{x_{max} - x_{min}}$$

式中，x_{min} 为 x 的最小值；x_{max} 为 x 的最大值。

如果使数据在 0 ~ 1 以外的范围，如 a ~ b 的范围内，则将分子乘以 $b-a$ 并将整体加上 a。脚本中有详细的描述，请参考脚本。

❸ 标准化（standardization）——z-score 标准化

此方法是根据标准偏差调整分布的宽度（底部的宽度），并进行缩放以使平均值为 0 且标准偏差为 1。以这种方法进行标准化得到的结果值称为 z-score（z 分数）。

$$X = \frac{x-m}{SD}$$

式中，m 为 x 的平均值；SD 为标准偏差。

如果平均值不为 0，标准偏差也不为 1，要将平均值调整为 50，则将标准偏差调整为 10，可将上式中的分子乘以 10，然后整体与 50 相加。这样调整的结果即所谓的偏差值。

> ❋ **注意**
>
> 在本书中，按上述含义区分了归一化（❷）和标准化（❸），但是这两个术语的用法非常容易混淆。无论是英语还是日语，都经常将 ❷ 的含义定义为"标准化（standardization）"及 ❸ 的含义定义为"归一化（normalization）"。

这里描述的缩放并不会改变分布的形态。整个度量将以恒定的速率扩展或收缩，或者仅仅改变度量的位置，并不会使非正态分布变为正态分布。

另外，如果可以根据值的大小改变度量的扩展和收缩幅度，则分布的形态将发生变化。根据不同的情况，偏态分布可以转换为左右对称的近似正态分布的分布。这一方法将在 4.2.4 小节中进行说明。

4.2.4 改变分布形态——对数变换与 Logit 变换

如 3.1.5 小节和 3.3.5 小节所述，分析对象的值是如何分布的是一个重要的问题。特别是在有关经济和经营管理的数据中，偏态分布非常常见。在数据分析中，需要将其转换为近似于左右对称的正态分布的形态时，却无法通过以恒定放大倍率缩放比例来变换其形态。

由此，可以使用根据相应的原始值来变换放大倍率以转换分布形态的方法。例如，"对于较小的值使用较大的放大倍率，而对于较大的值使用较小的放大倍率"的方法。这里介绍两种方法，即对数变换和 Logit 变换。示例脚本为 4.2.04.LogLogit.R（清单 4.2），样本数据为 incomex.csv。

清单 4.2　4.2.04.LogLogit.R

```
# 对数函数和 Logit() 函数
```

```
# 读入样本数据
DF <- read.table( "incomex.csv",
                    sep = ",",                        # 以逗号为分隔符的文件
                    header = TRUE,                    # 第一行为标题行（列名）
                    stringsAsFactors = FALSE)         # 以字符串类型导入字符串
# 查看数据内容
head(DF)
summary(DF)

#income 的直方图
hist(DF$income, breaks=50, col="cyan4")

# 对数函数
plot(log, 0.01, 100)
# 指数函数（e 的乘幂）
plot(exp, -5, 5)

# 进行对数变换并显示直方图
hist(log10(DF$income), breaks=50, col="cyan4")        # 常用对数
hist(log(DF$income),   breaks=50, col="cyan4")        # 自然对数

#expense 的直方图
hist(DF$expense,       breaks=50, col="brown")
hist(log(DF$expense), breaks=50, col="brown")

# 显示散点图
plot(DF$income, DF$expense, col="brown")
# 单对数变换
plot(DF$income, log(DF$expense), col="brown")         # 纵轴的对数变换
# 双对数变换
plot(log(DF$income), log(DF$expense), col="brown")    # 纵、横轴的对数变换

# 读入样本数据
# 由于不是表形式的数据，使用函数 scan() 读入
# 使用 what=numeric()，设定为数值数据
rate <- scan("chratio.csv", what = numeric())
# 查看内容
summary(rate)
```

```
#ratio 的直方图
hist(rate,   breaks=50, col="cadetblue")
hist(1-rate, breaks=50, col="cadetblue")                    # 从 1 减去的值

# 进行对数变换并显示直方图
hist(log(rate),   breaks=50, col="cadetblue")
hist(log(1-rate), breaks=50, col="cadetblue")               # 从 1 减去的值

#Logit() 函数
Logit  <- function(x){ log(x/(1-x)) }
# 标准 S 形函数（Sigmoid 函数）
Sigmoid <- function(x){ 1/(1+exp(-x)) }
# 因为有几个程序库都提供函数，所以可以使用

#Logit() 函数
plot(Logit, 0, 1)
# 标准 S 形函数（Sigmoid 函数）
plot(Sigmoid, -5, 5)

# 通过 Logit() 函数进行变换并显示直方图
hist(Logit(rate),   breaks=50, col="cadetblue")
hist(Logit(1-rate), breaks=50, col="cadetblue")             # 从 1 减去的值
```

1. 使用对数函数进行变换

在 3.1.5 小节中曾经介绍过，年收入的分布近似于对数正态分布。在此，根据日本厚生劳动省国民生活基本调查(2008 年)的结果[1]，绘制出每个家庭的年收入额(单位：万日元)的分布图。但是，作为报告发布的数据通常是按类别概括的汇总值，并不会公开每个家庭样本的数据。因此，我们生成了尽可能近似于分布的数据，如图 4.1（a）所示，很明显该数据呈左偏态分布。

在分析此类数据时，使用对数函数进行变换（**对数变换**）。虽然可以考虑使用常用对数变换及自然对数变换，但是通常使用自然对数变换。要将由对数函数变换的值还原为原来的值，可以通过指数函数（即反函数）再次变换该值。如果是常用对数，则为 10 的幂，如果是自然对数，则为 e（2.71828…）的幂。对数函数（自然对数 log）和指数函数（e 的乘幂 exp）的图形如图 4.2（a）和图 4.2（b）所示。

---

[1]日本厚生劳动省国民生活基础调查官网。

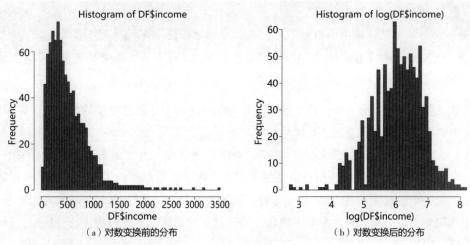

（a）对数变换前的分布 　　　　　　　　　　（b）对数变换后的分布

图 4.1　对数变换前的分布和对数变换后的分布（收入金额）

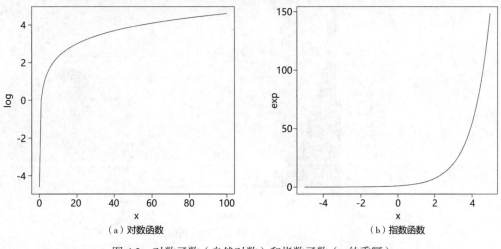

（a）对数函数 　　　　　　　　　　（b）指数函数

图 4.2　对数函数（自然对数）和指数函数（e 的乘幂）

常用对数　　　　　　　　$X = \log_{10} x$　　　　　　　10 的乘幂　　$x = 10X$

R 语言中记为　　　　　　　$X <- \log 10^x$　　⬛⬛⬛　　R 语言中记为 x <- 10^X

$x : 0, 0.01, 0.1, 1, 10, 100, +\infty$　　　　　　　$X : -\infty, -2, -1, 0, 1, 2, +\infty$

自然对数　　$X = \log x$　　　　　　　　　　e（2.72）的乘幂　$x = e^X$

R 语言中记为 X <- log x　　⬛⬛⬛　　R 语言中记为　x <- exp(X)

$x : 0, 0.135, 0.368, 1, 2.72, 7.39, +\infty$　　　　　$X : -\infty, -2, -1, 0, 1, 2, +\infty$

无论使用常用对数还是自然对数，如果按度量标尺来说，值越小，则刻度越细；值越大，则刻度越粗。前述分布使用自然对数变换后得到分布的直方图如图 4.1（b）所示。

除了收入数据（income）外，样本数据文件 income.csv 中还包括虚拟的数据项，即家庭每月的娱乐支出费用（expense，单位：万日元）[1]。

图 4.3 也是呈现偏态分布，中位数为 1.9，而底部则延伸一直到最右边。在只有一个变量的情况下，可以利用直方图进行分析，但是如果要查看两个变量之间的关系，则需要绘制散点图。图 4.4（a）为一个散点图，其纵轴为 expense，横轴为 income。由于两个变量均为偏态分布，因此许多点都聚集在左下角，并且分布呈扇形。请注意，对实际业务的数据进行分析时，经常会看到这样的散点图。

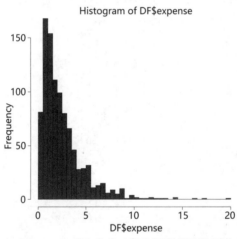

图 4.3 左偏态分布（散点图的纵轴使用）

在这种情况下，不能仅通过对一个轴进行对数变换来消除分布的偏态，如图 4.4（b）所示。但是，如果将纵轴和横轴都进行对数变换，在相关系数的说明中经常看到可能得到的分布会呈近似于椭圆形的形态，如图 4.4（c）所示[2]。利用这一点，即使对于存在偏态的分布，也可以应用线性回归模型，具体方法将在后面"3. 使用对数变换的回归模型"的（4）中说明。

需要注意的是，在此示例中，所有变量均为正值，0 和负值不能进行对数变换。如果存在包含 0 的数据，并且不想从分析数据中排除值为 0 的情况，则可以对所有的样本数据加一个较小的值，再进行对数变换。加数一般为 1 或小于 1 的值。

---

[1] income 的值在一定程度上反映了实际的收入分布，但 expense 值的分布是虚构数据的分布。

[2] 散点图下方的点是水平方向排列的横条纹，这是因为 expense 的值只保留到小数点后 1 位，当使用对数变换拉长时，0.1 和 0.2 这样很小值之间会有间隙产生。

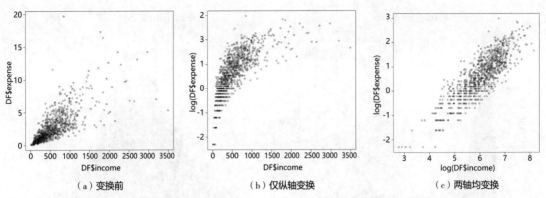

|（a）变换前 | （b）仅纵轴变换 | （c）两轴均变换 |

图 4.4　变换前、仅纵轴变换（单对数）、两轴均变换（双对数）

2. 使用 Logit() 函数进行变换

接下来，要讨论的是某商务服务的客户解约率（客户解约数除以客户数）。这里是指在全国范围内开设的店铺中各店铺所管理的客户，可以认为是各店铺的顾客数。

使用的样本数据是 chratio.csv[1]。解约率最低的店铺为 0.001，解约率最高的店铺为 0.252，绘制直方图，分布呈现左偏态分布，如图 4.5（a）所示。在对此进行分析的基础上，如果进行对数变换，则分布呈现近似于左右对称的分布，如图 4.5（b）所示。但是，这里存在一个问题。

尚未解约的客户仍在继续使用该项服务，因此从 1 中减去解约率将得到每个店铺的客户保留率。解约率分布和续约率分布成为直方图的左、右两侧可以互换的镜像，如图 4.6（a）所示。但是，续约率经过对数变换后具有如图 4.6（b）所示的分布，这与图 4.5（b）所示的分布完全不同。而且，偏态的状况完全没有消除，因为解约率接近于 0，而续约率接近于 1。

对数变换归根结底是以 0 为基准的变换，值离 0 越远，则刻度越粗。此外，在对数变换中，从 0 到 + ∞ 的值将转换为从 − ∞ 到 + ∞ 的值。对于前述的收入案例来说，由于收入金额为正，并且最大值没有明确的上限，因此采用对数变换是合理的。但是，对于本案例中解约率的问题来说，解约率和续约率的范围是从 0 到 1，下限和上限都是固定的。对于具有这种比率的数据，必须使用一种以相同的方式处理与 0 的距离和与 1 的距离的变换方法。这时就需要用到 Logit() 函数变换。

---

[1]该数据为虚拟的数据，仅有解约率 1 个数据项。

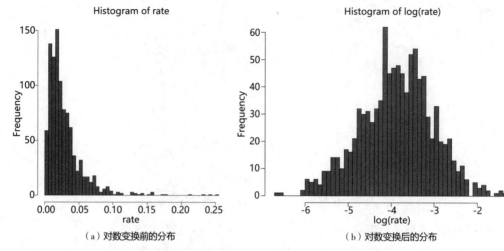

（a）对数变换前的分布　　　　　　　　　　　　　（b）对数变换后的分布

图 4.5　对数变化前的分布与对数变换后的分布（解约率）

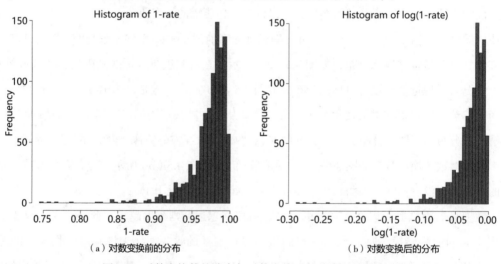

（a）对数变换前的分布　　　　　　　　　　　　　（b）对数变换后的分布

图 4.6　对数变换前的分布与对数变换后的分布（续约率）

Logit() 函数　　　　　　　　　　　　　　　　　　标准 S 形函数（Sigmoid() 函数）

$$X = \log \frac{x}{1-x}$$

$$x = \frac{1}{1+e^{-x}}$$

R 语言中记为 X <- log(x/(1–x))　　　　　　　R 语言中记为 x <- 1/(1+exp(–X))

x : 0, 0.01, 0.1, 0.5, 0.9, 0.99, 1　　　　　　　X : $-\infty$, –4.60, –2.20, 0, 2.20, 4.60, $+\infty$

在上述内容中，公式是按 R 语言中的表示法进行记录[1]，但是 Sigmoid[2]等程序库中提供相关

---

[1] 在示例脚本中，这些函数是自定义并执行的。另外，为了方便与程序库提供的函数进行区别，函数名称的头文字用大写。
[2] 参见 Sigmoid 官网。

的函数，因此可以导入并使用这些函数。通过 Logit() 函数进行变换的特点是，越接近 0 或 1，则刻度越小，而越接近 0.5，则刻度越大。要将由 Logit() 函数变换的值转换为变换前的值，可以通过标准函数 Sigmoid() 再次变换该值。Logit() 函数和标准函数 Sigmoid() 的图形如图 4.7 所示。

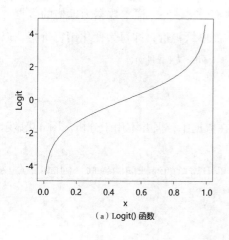
（a）Logit() 函数

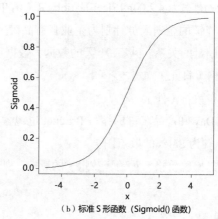
（b）标准 S 形函数（Sigmoid() 函数）

图 4.7　Logit() 函数与标准 S 形函数的示意图

使用 Logit() 函数变换解约率的结果看起来几乎与对数变换相同，如图 4.8（a）所示。但是，对于续约率（1– 解约率）来说，结果与对数变换完全不同。图 4.8 所示为续约率通过 Logit() 函数变换后的结果，刚好和解约率分布呈镜像的关系。像这样在处理比率数据时，与使用对数变换相比，使用 Logit() 函数变换会更加方便。

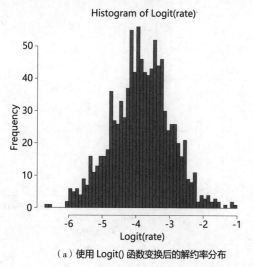
（a）使用 Logit() 函数变换后的解约率分布

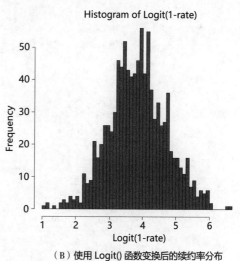
（B）使用 Logit() 函数变换后的续约率分布

图 4.8　使用 Logit() 函数变换后的分布（解约率、续约率）

3. 使用对数变换的回归模型

（1）销售数量与价格之间的关系

作为使用对数变换的回归模型示例，下面讨论销售数量与价格之间的关系。示例数据是 TPPrice.csv，示例脚本为 4.2.04a.PriceElasticity.R（清单 4.3）。另外，样本数据为虚构的数据。这些数据是某零售连锁的企划人员计划为企业自有品牌的面巾纸售价，即每天变化销售价格，以便研究销售价格与销量的关系。共有 91 天的数据，数据项（列）如下所示。

- Price：价格（日元）。
- Sales：销售数量（件）。

此外，日期 Day 和产品名称的缩写 Product 也包含在数据中，但并不用于分析。图 4.9 显示了横轴为 Price、纵轴为 Sales 的散点图。

这里的目的是检验价格 x 对销售数量 y 的影响。如果用简单的线性回归模型，则回归方程为

$$y = b_0 + b_1 x$$

式中，y 为销售数量；x 为价格。

当查看图 4.9 时，可以看到下方的点的分布密度较高，上方的点的分布密度较为稀疏，并且分布呈现从右下向左上逐渐扩散的趋势。

图 4.10 的纵轴为残差，横轴为模型的预测值。以 0 为基准，上半部分（正值）较为稀疏，下半部分（负值）较为密集，表明很难拟合简单的线性回归模型。

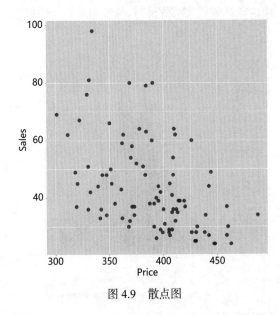

图 4.9　散点图

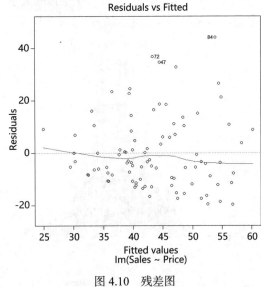

图 4.10　残差图

```
# 价格弹性模型

# 读入数据
DF <- read.table("TPPrice.csv",
                  sep = ",",                      # 以逗号为分隔符的文件
                  header = T,                     # 第一行为标题行（列名）
                  fileEncoding="UTF-8")           # 字符编码为 UTF-8
# 数据的内容
head(DF)
# 描述性统计量
summary(DF)


# 销售数量的分布
hist(DF$Sales, breaks=15, col="steelblue")
# 价格的分布
hist(DF$Price, breaks=15, col="steelblue")


# 价格和销售数量的关系
library(ggplot2)
ggplot(DF, aes(Price, Sales))+                    # 成为绘制对象的变量
  geom_point(size=3, color="blue", alpha=0.5 )+   # 大小、颜色、透明度
  xlab("Price") +                                 # x 轴的标签
  ylab("Sales")                                   # y 轴的标签


# 简单的回归模型
#Sales = b0 + b1*Price
LS1 <- lm(Sales ~ Price, data=DF)
summary(LS1)


# 残差的分析
par(mfrow=c(2,2))
plot(LS1)
par(mfrow=c(1,1))


# 目标变量的对数变换
# 销售数量的分布
hist(log(DF$Sales), breaks=15, col="steelblue")


# 对目标变量进行对数变换后的模型
```

第 4 章　实践性的模型

4

```
#log(Sales) = b0 + b1*Price
# Sales = e^b0 * e^(b1*Price)
LS2 <- lm(log(Sales) ~ Price, data=DF)
summary(LS2)

# 残差的分析
par(mfrow=c(2,2))
plot(LS2)
par(mfrow=c(1,1))

# 考虑到理论价格弹性的模型
# 目标变量和解释变量两者均进行对数变换
#log(Sales) = b0 + b1*log(Price)
#  Sales = e^b0 * Price^b1
LS3 <- lm(log(Sales) ~ log(Price), data=DF)
summary(LS3)

# 截距和回归系数
LS3b0 <- LS3$coefficients[1]
LS3b1 <- LS3$coefficients[2]

# 显示参数的值
LS3b0
LS3b1
exp(LS3b0)

# 用散点图描述曲线
# 用 stat_function() 描述 e^b0 * Price^b1
#e 乘幂可以由函数 exp() 计算
ggplot(DF, aes(Price, Sales))+                        # 成为绘制对象的变量
  geom_point(size=3, color="blue", alpha=0.5 )+       # 大小、颜色、透明度
  xlab("Price") +
  ylab("Sales") +
  stat_function(colour="purple",
                fun=function(x) exp(LS3b0)*x^LS3b1)

# 在 -100 日元到 800 日元的范围绘制模型
# 使用标准函数 plot()
plot(function(x) exp(LS3b0)*x^LS3b1,
  -100, 800, col="purple", ylim=c(-50, 1000))
lines(c(-100, 800), c(0, 0), col="grey")              # 添加 x=0 的直线
lines(c( 0, 0), c(-50, 1000), col="grey")             # 添加 y=0 的直线
```

（2）单对数模型（目标变量的变换）

前面已经提到对数变换在处理偏态分布方面是有效的。在本次的例子中，不清楚销售数量 y 是否遵循对数正态分布。但是，如果对数变换的结果接近正态分布，则可以将其作为目标变量使用线性回归。将对数变换的结果绘制为直方图后，发现并不呈现正态分布，但与变换前相比偏态有所减小。

当对目标变量进行对数变换时，回归方程如下所示。

$$\log y = b_0 + b_1 x$$

式中，y 为销售数量；x 为价格。

其含义与下述公式相同。

$$y = e^{b_0 + b_1 x}$$

式中，y 为销售数量；x 为价格。

使用 R 语言执行，只需在 lm() 函数的目标变量参数中传入 log(Sales)，而不是传入销售数量 Sales。log() 是计算自然对数的函数。

如果观察一下纵轴为残差、横轴为模型的预测值残差图（图 4.11），就可以发现相比简单线性回归模型（LS1）中残差的分布，图 4.11 更加近似于均等的分布。

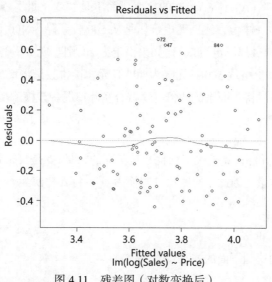

图 4.11　残差图（对数变换后）

像这样仅仅对目标变量进行对数变换而创建的模型称为单对数模型。

（3）模型的理论含义

有必要从理论上讨论这样的模型是否符合现实。LS1 是当销售数量随价格增加而线性下降的模型。但是，如果价格变得非常高时，销售数量将为负数。销售数量为负数是什么意思呢？难道是高价出售商品，顾客会将商品返回来吗？

而 LS2 表示随着价格的上涨，销售数量会接近于 0 的模型，这在理论上似乎是正确的。但是，问题出在低价格上。如果价格为 0 日元，产品将出售 219 件，相当于 e 的 5.39 次方；如果价格为负数，将出售 300 件、400 件。

我们并不是要试图证明严格的规则，不必强制取得理论上的一致性，但是在谋求能够解释现象的统计分析中考虑这一点也是很重要的。尤其是关于价格和销售数量之间的关系，我们已经得出了一个更加合理的模型，将在下面进行介绍。

（4）双对数模型

可以通过创建双对数模型，而不是用 LS2（单对数模型）来解决上述问题，即考虑**价格弹性**（price elasticity）的模型[1]。价格弹性是指价格降低（或上涨）多少百分比，则销售数量会增加（或减少）多少百分比的指标，即销售数量的变化率 $\Delta y/y$ 除以价格的变化率 $\Delta x/x$ 的值[2]。

假设这种价格弹性的指标值为 b，如果价格上涨，则销售数量会减少，这时 b 通常为负值。该值会根据产品和顾客的属性而不同，虽然价格本身发生波动，但是商品始终具有一定的价值。如果商品是无法存储的必需品或者是人们无论如何都需要的物品，则 b 的值将变小。另外，如果商品是可以存储的或者是可以稍微克制忍耐就可以不去购买的，则 b 的值将变大。例如，关于香烟的价格弹性与合适的价格和税率的关系就存在很多争议[3]。

注意，b 是"变化率"$(\Delta y/y)/(\Delta x/x)$ 的比率，而不是"变化量"$\Delta y/\Delta x$ 的比率。如果 $\Delta y/\Delta x$ 恒定，则模型与 LS1 一样为直线。无论价格是从 500 日元降为 400 日元，还是从 200 日元降为 100 日元，销售数量的增量都恒定为 20，而如果恒定为 20，则与现实不符。相反，如果变化率 $(\Delta y/y)/(\Delta x/x)$ 恒定，$b = -1$，价格从 500 日元降为 400 日元，销售数量将增加 25%，而价格从 200 日元降为 100 日元，销售数量将为原来的两倍，这符合实际情况。该模型的公式如下所示。

$$y = ax^b$$

式中，y 为销售数量；x 为价格；a 是决定销售数量基准的常量；b 是价格弹性，也是一个常量。需要解决的是估算这两个常量。因此，暂时将 a 替换为 e^{b0}，将 b 替换为 b_1。

$$y = e^{b0} x^{b_1}$$

式中，y 为销售数量；x 为价格。

由此，两边取对数则得到下面的式子：

$$\log y = b_0 + b_1 \log x$$

式中，y 为销售数量；x 为价格。

---

[1] 详情请参照参考文献 [10]。

[2] Δx 表示 x 的变化量，x 从 10 变为 100 时，Δx 为 90。为了正确计算变化率 $\Delta x/x$ 和 $\Delta y/y$ 的值，需要使用微分。

[3] 上村一树 . 关于对香烟的依赖度和吸烟量的价格弹性关系的分析 . 生活经济学研究，2014,39：55~67.

4

从方程式中可以看出，这是一个双对数模型，即对目标变量和解释变量两者均取对数。用 R 语言执行得到的估计值只是将目标变量从 Sales 更改为 log（Sales），将解释变量从 Price 更改为 log（Price）。

图 4.12 是在原来的散点图中描绘模型 LS3 的曲线，是一条遵循分布的曲线。

为了确认该模型的理论意义，下面将价格从 –100 日元到 800 日元变化的情况通过 LS3 模型绘制出来。结果如图 4.13 所示。价格越高，销售数量越接近于 0；销售数量越高，价格则越接近于 0。价格或销售数量都不会低于 0 变为负数。

（5）对数回归的使用场合

企业的销售数量和顾客数量、家庭收入和支出等的经济活动指标通常呈现偏态分布于较低值的一侧，并不呈正态分布。甚至在工程学上，当物体破裂时碎片的大小也遵循对数正态分布[1]。

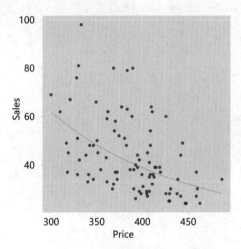

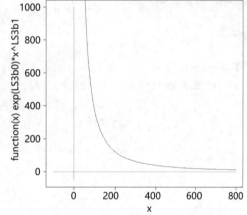

图 4.12　双对数变换的回归模型　　　图 4.13　价格与销售数量的关系

如果要将这些值作为目标变量，那么需要使用这里所介绍的方法进行线性回归，或者使用广义线性模型（见 4.3.3 小节），又或者使用线性回归外的其他方法，即无论如何都要确认目标变量的分布。

如何处理解释变量的分布不能一概而论。在这里，我们依据理论假设，使用双对数模型对解释变量 Price 进行了对数变换。但是，通过直方图的显示来看，变换前的价格 Price 并未引起呈现较大的偏态，并且 LS2 中的决定系数值比 LS3 中的稍大。如果仅以拟合度为参考，可以说解释变量的对数变换是不必要的。在实际业务中创建模型时，应该从检验的目的和假设及值的分布形态等多个角度出发考虑和决定处理方式。

［1］早川美德 . 破坏现象的建模和计算机模拟物性研究，1998, 71(3)：393–404.

4.2.5 缺失值的处理

1.缺失值的使用

在 R 语言中，**缺失值**用符号 NA 表示。例如，如果执行操作 x <-NA，则 x 被视为没有值（缺失值）。在 Python 中，缺失值的处理使用 NumPy 和 Pandas 等程序库提供的功能。在 Excel 中，单元格没有值时视为缺失值。

当应用某种分析技术时，通常会由于存在缺失值而导致出错。麻烦的是，R 语言的程序包或函数并未统一缺失值的处理方式。

示例脚本 4.2.05.NA.R（清单 4.4）中描述了一个具体示例。图 4.14 所示为 5 名学生的英语、数学和语文考试成绩，其中考生缺考的科目成绩为缺失值（NA）。

清单 4.4　4.2.05.NA.R

```
# 缺失值

#5 个简单的样本数据
DF <- data.frame( 英语 = c(98, 85, 72, NA, 85),
                  数学 = c(NA, 67, 86, 78, 92),
                  语文 = c(85, 88, 76, 92, NA))

# 内容的表示
DF

# 显示平均值
mean(DF$ 英语 )                    # 结果为 NA
mean(DF$ 英语 , na.rm=T)           # 通过识别 NA 并排除 NA 的值进行计算

# 查看描述性统计量
summary(DF)                        # 通过识别 NA 并排除 NA 进行计算

# 判断缺失值的函数
is.na(DF$ 英语 )
# 只提取非缺失值的数据并显示
notNA <- !is.na(DF$ 英语 )         # 在逻辑运算中，! 表示非
notNA                              # 非缺失值则为 TRUE
DF[notNA, 1]                       # 显示为 TRUE 的第一列数据
```

```
# 文档列表方式（List-Wise）
na.omit(DF)                              # 由于有 3 个数据为 NA，所以只取 2 个数据


# 相关系数
cor(DF)                                  # 结果为 NA
cor(DF, use="complete.obs")              # 文档列表方式（List-Wise）（2 个）
cor(DF, use="pairwise.complete.obs")     # 文档对方式（Pair-Wise）（4 个）


# 复制数据帧
DFa <- DF
# 用平均值替换缺失值
DFa[!notNA, 1] <- mean(DF$ 英语 , na.rm=T)


# 比较原始数据和替换后数据的平均值
mean(DFa$ 英语 )
mean(DF$ 英语 , na.rm=T)
# 比较原始数据和替换后数据的方差
var(DFa$ 英语 )
var(DF$ 英语 , na.rm=T)
# 从以平均值替换后的结果，可以看出方差变小了
```

如果尝试使用 R 语言的 mean() 函数计算该数据的英语平均值，则结果将为 NA。这是因为在使用 mean() 函数计算包含 NA 数据的平均值时，会返回 NA。在计算平均值时为避免这种情况，可以对 mean() 函数指定选项 na.rm = TRUE（见例 4.1）。而对于 summary() 函数，即使数据包含 NA，也可以计算除掉 NA 的平均值和中位数（见例 4.2）。

例 4.1　使用 R 语言中的 mean() 函数除去包含 NA 的数据

```
> mean(DF$ 英语 )
[1] NA
> mean(DF$ 英语 , na.rm=T)
[1] 85
```

例 4.2　使用 R 语言的 summary() 函数，即使是包含 NA 的数据也能正常计算

```
> summary(DF)
      英语              数学              语文
Min.   :72.00     Min.   :67.00     Min.   :76.00
1st Qu.:81.75     1st Qu.:75.25     1st Qu.:82.75
Median :85.00     Median :82.00     Median :86.50
Mean   :85.00     Mean   :80.75     Mean   :85.25
3rd Qu.:88.25     3rd Qu.:87.50     3rd Qu.:89.00
```

```
Max.   :98.00      Max.   :92.00      Max.   :92.00
NA's   :1          NA's   :1          NA's   :1
```

R 语言中有一个称为 is.na() 的用于判断数据是否为缺失值的函数。如果为缺失值，则返回 TRUE；否则，返回 FALSE。可以使用该函数提取非缺失值后再进行计算。

2. 缺失值的处理方法（排除法）

有几种缺失值的处理方法，首先介绍其中最简单的方法，即如何去除缺失值。

（1）文档列表方式（List-Wise）

这是一种完全排除包含缺失值数据（行单位）的方法。广泛使用的方法是使用 R 语言的 na.omit() 函数来删除带有缺失值的行。

这种方法的问题是（必然存在的问题）数据量的减少。如果在上述示例中按文档列表方式删除缺失值，则处理后的数据仅保留 2 名学生的数据。因此，以文档列表方式处理数据时，需要注意缺失值的数量。

（2）文档对方式（Pair-Wise）

这是一种通过组合各个变量来排除包含缺失值样本的方法。但是，能够使用这种方法的，只有诸如相关系数的计算等，仅限于每种组合能够计算的方法。

下面使用图 4.14 所示的数据计算英语和语文成绩之间的相关系数。样本 001 的数学成绩为缺失值，但英语和语文都有成绩，因此可以利用的是 3 名学生的成绩。英语和数学、数学和语文也是同样的情况。

	英语	数学	语言
001	98	NA	85
002	85	67	88
003	72	86	76
004	NA	78	92
005	85	92	NA

在 R 语言中使用 cor() 函数计算相关系数（见例 4.3），可以设定是按 List-wise 方法还是按 Pair-Wise 方法排除缺失值。如果设定为 use ="complete.obs"，则按照 List-Wise 方法排除，由于在本例中只有两条数据，因此相关系数将为 1 或 -1。如果设定为 use ="pairwise.complete.obs"，则按照 Pair-Wise 方法排除，有 4 条数据参与计算相关系数。如果两者均未指定，则结果为 NA。

图 4.14　包含缺失值的数据

例 4.3　R 语言的 cor() 函数

```
> cor(DF)
       英语   数学   语文
英语    1     NA     NA
数学    NA     1     NA
语文    NA    NA      1
> cor(DF, use="complete.obs")
       英语   数学   语文
英语    1     -1      1
```

```
数学    -1     1      -1
语文     1    -1       1
> cor(DF, use="pairwise.complete.obs")
              英语            数学             语文
英语    1.0000000    -0.2875431      0.7205767
数学   -0.2875431     1.0000000     -0.6546537
语文    0.7205767    -0.6546537      1.0000000
```

3. 缺失值的处理方法（数据补齐）

缺失值的处理方法，除了排除包含缺失值的样本外，还有一种是用值来填充缺失值的方法。

（1）单值插补法

单值插补法是一种基于某些标准估计缺失值的方法。最简单的方法是以平均值插补法（**均值插补**）。同样，在前面的示例中，英语成绩被认为与数学和语文成绩相关。因此，如果创建一个以英语成绩为目标变量，以数学和语文成绩为解释变量的回归模型，则可以获得关于英语成绩缺失值的更为准确的估计值（**确定回归校准**）。

但是，实际的值很少遵循理论上的估计值（回归模型的均值或预测值），大多数具有一定程度的离散。由于这些插补的方法忽略了值的离散，因此存在一个问题，即方差小于实际数据的方差。因此，对于确定回归校准结果的情况，应使用加入随机误差的方法（**概率回归校准**）。

（2）多重插补法

多重插补法是一种通过概率性模拟为缺失值生成多个估计值，然后从中选择实际要插补值的方法。尽管省略了详细说明，但由于使用了众所周知的贝叶斯统计概念的方法，相比按 List-Wise、Pair-Wise 及单值插补法可以更好地做出估计[1]。

4. 产生缺失值的原理与处理方法

关于缺失值，根据其发生的原理做理论性的分类。

（1）完全随机缺失（Missing Completely At Random，MCAR）。缺失值的出现不取决于值本身或另一个数据项的值（如回答者的属性等）。在这种情况下，可以使用 List-Wise 和 Pair-Wise。

（2）随机缺失（Missing At Random，MAR）。缺失值的发生不取决于值本身，而是取决于其他数据项的值（如回答者属性等）。例如，如果调查正式雇员和非正式雇员的年收入，则两者之间的值可能会有所不同。此时，假设"分别来看非正式雇员和正式雇员的年收入与回答率之间没有关系，但是非正式雇员的回答率较低"，如果使用 List-Wise 和 Pair-Wise 方法排除缺失值，调查结果会产生偏倚。因此，可以将雇用形式作为辅助变量，并使用概率回归校准或多重插补法插补

---

[1]关于插补缺失值的理论和多重插补法等详细说明，请参见参考文献 [25]。

缺失值来减少偏倚。

（3）非随机缺失（Missing Not At Random，MNAR）。何时出现缺失值取决于值本身。即在前面的示例中，"在查看非正式雇员和正式雇员时，回答率也取决于年收入额"的情况。在这种情况下，无法消除偏倚。

补充说明一点，用平均值插补缺失值的方法并不可取，因为这种情况下值的分布是失真的。但是，由于该方法简单且不会减少样本数量，因此相比严格验证的情况而言，在更加重视预测精度的机器学习中，该方法是经常使用的方法。

4.2.6 离群值的处理

1. 离群值引起的问题

离群值的存在会导致分析结果的失真，并降低模型的准确性。如何处理离群值比处理缺失值成为一个更加让人头疼的问题。如果存在一些偏离分布的值，很难分辨它们是单纯异常出现的值，还是应该在模型中反映其分布趋势的值。如果是后一种情况，删除它们就会导致模型失真。

例如，在 3.2.4 小节中图 3.27（b）所示的显示加班小时数与工作累计年限之间关系的散点图中，可以看到左上角由■表示的两个值（即使工作累计年限小于 5 年，加班时间也仍然超过 45 小时的样本）似乎偏离分布的中心相当大。如果在此散点图上绘制一条向右上升的直线，则残差很大。但是，这两个看起来发生偏离的样本，是因为来自不同部门的数据汇集在一起导致的。如果仅提取销售部门（Sales）的数据，可以看到与模型的理论值没有显著的偏倚。

因此，在处理离群值时，有必要考虑它们为什么会成为离群值，以及是否可以从模型中反映的信息中删除它们。这是处理离群值的重点。

2. 离群值的定量评价

下面先暂时认为"1. 离群值引起的问题"中所述的问题已经解决，思考一种简单且定量地从分布中提取离群值的方法。

一种是假设分布为正态分布，从中排除与平均值偏离一定距离值的方法。可以将标准偏差（SD）作为距离的标准，因此可以考虑将偏离标准偏差 2 倍（2SD）或 3 倍（3SD）的值视为离群值。

但是，以 3.1.1 小节中所述的身高数据为例，如果以 3SD 为基准抽取离群值，对于高中男生，身高为 189cm 或更高的数据为离群值。由分析的目的，当需要分析运动成绩与身高之间的关系时，如果忽略 189cm 或更高的数据，则可能排除了需要的样本数据，因此可以说仅依靠机械性判断是不可以的。

即使是机械性判断，只要是无法确立正态分布的假设，这样的方法就无法应用。因此，我们又考虑利用密度来判断。例如,当在二维散点图中查看数据时,如果某个数据的周围数据分布很少,数据不密集,则可以将其视为离群值。基于这种思考方法计算出来的 **LOF**(Local Outlier Factor)是以该方式计算的"离群程度"的指标。R 语言中可以使用程序包 DMwR 来计算每个样本的 LOF 值。但是,这种情况与使用标准偏差的方法一样,也会出现由于机械性判断而引起的问题。

3. 分布的变换与离群值

在处理离群值时也应该注意分布变换时的处理。例如,当数据呈现对数正态分布时,如果按原始数据来观察直方图或散点图并判断离群值,那么值越大则样本数越少、密度越低,因此会认为这些样本数据就是离群值。但是,当变换数据分布时,则会产生完全不同的结论。

下面实际使用 R 语言执行看看。示例脚本为 4.2.06.Outlier.R(清单 4.5),样本数据存储在 SalesAndRatio.csv 中。数据为虚拟数据,为便于说明设置了极端的数据。数据包含以下数据项。

(1)sales:某家企业的每种产品销售金额(单位:万日元)。

(2)ratio:各种产品的次品率。

该公司拥有种类繁多的产品共 1010 种,从公司的主力产品到极少卖得出去的配套性零件,主力产品在提高产品质量和合理化生产流程方面做得非常到位,从而次品率得到了极大的降低,而销售数量很少的产品由于不被企业所重视,因此次品率往往较高。本例的目的是确认每种产品的销售数量与次品率之间的关系。

清单 4.5　4.2.06.Outlier.R

```
# 分布与离群值

# 读入数据
DF <- read.csv("SalesAndRatio.csv", header=T)

# 查看数据内容
head(DF)

# 描述性统计量
summary(DF)

# 排除缺失值
DF <- na.omit(DF)

# 直方图
hist(DF$sales, col="steelblue", breaks=100)
hist(DF$ratio, col="orange",    breaks=100)
```

```
# 散点图
library(ggplot2)
ggplot(DF, aes(x=sales, y=ratio))+
    geom_point(colour="brown3",
                alpha=0.5, size=3)

# 回归直线
ggplot(DF, aes(x=sales, y=ratio))+
    geom_point(colour="brown3",
                alpha=0.5, size=3)+
    geom_smooth(method="lm", colour="orange")
    # 这种状态即使绘制回归直线也没有意义


# 进行分布变换（缩放尺度）


# 对 sales 取常用对数
# 如果是自然对数，使用 log(X)
DF$Sales <- log10(DF$sales)
# 直方图
hist(DF$Sales, col="steelblue", breaks=100)


# 对 ratio 取对数概率
# 这里使用 car 程序库中的函数 Logit()
library(car)
DF$Ratio <- Logit(DF$ratio)
# 直方图
hist(DF$Ratio, col="orange", breaks=100)


# 散点图和回归直线
ggplot(DF, aes(x=Sales, y=Ratio))+
    geom_point(colour="brown3",
                alpha=0.5, size=3)+
    geom_smooth(method="lm", colour="orange")


# 基于空间密度的离群值抽取
library(DMwR)


# 标准化
DF$Sales_S <- scale(DF$Sales)
DF$Ratio_S <- scale(DF$Ratio)
```

```
#lofactor(): 计算附近的空间密度
#k 用于密度估计的附近样本的数量（任意决定）

# 使用标准化后的值
Scores <- lofactor(DF[, c("Sales_S", "Ratio_S")], k=10)

#用直方图显示 lof 的值
hist(Scores, col="pink3", breaks=300)

#lof 的值是否超过 2，用 TRUE/FALSE 进行排列
DF$over <- Scores > 2.0
head(DF)
# lof 的值超过 2 的有几个
table(DF$over)

# 显示相应的样本（离群值）
DF[DF$over==T, ]

# 根据变换后的值绘制散点图（将离群值进行颜色区分）
ggplot(DF, aes(x=Sales, y=Ratio))+
    geom_point(aes(colour=DF$over, shape=DF$over),
                     alpha=0.5, size=3)

# 根据变换前的值绘制散点图（将离群值进行颜色区分）
ggplot(DF, aes(x=sales, y=ratio))+
    geom_point(aes(colour=DF$over, shape=DF$over),
                     alpha=0.5, size=3)

#计算变换前数据的相关系数
cor(DF$sales, DF$ratio)
# 计算变换后数据的相关系数
cor(DF$Sales, DF$Ratio)
#计算排除离群值后数据的相关系数
cor(DF[DF$over==F, ]$Sales, DF[DF$over==F, ]$Ratio)
```

　　由于数据包含缺失值，因此需要先使用 na.omit() 函数排除缺失值。接着，绘制散点图，其纵轴为 ratio、横轴为 sales，如图 4.15 所示。从图 4.15 可以看到，左上方样本的 ratio 接近 0.4（40%）的样本，以及 sales 达到右边 3e+05（300000）或更高的样本明显是离群值。

　　现在，采用 4.2.4 小节中描述的方法来变换分布。对于 sales，使用 log10() 函数计算常用对数，并将变换后的值存储在名为 Sales 列中。由于 ratio 是比率，因此使用 Logit() 函数变换并存储在名

为 Ratio 的列中。本示例使用的是 car 程序库中所包含的 Logit() 函数。绘制出的散点图如图 4.16 所示，可以拟合回归直线。

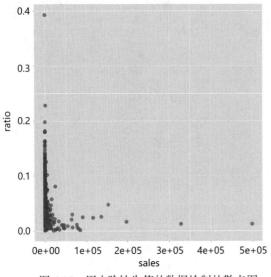

图 4.15　用去除缺失值的数据绘制的散点图

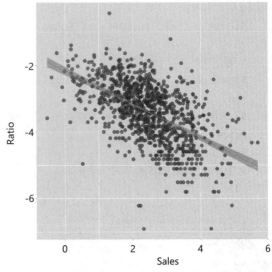

图 4.16　经过 Logit() 函数变换后的散点图

接下来，基于密度计算离群值。首先，将变换后的数据进一步标准化（见 4.2.3 小节），得到 Sales_S 和 Ratio_S。这是因为如果两个变量的尺度（距离尺度）显著不同，则无法很好地检测到离群值（有关类似的讨论，请参见 4.3.1 小节）。

使用 DMwR 程序库的 lofactor() 函数计算 LOF。由于是以上面标准化后的值为计算基准，因此设定 Sales_S 和 Ratio_S 作为参数。另外，设定在计算密度时所使用相邻样本的数量为 k，这里设置 $k = 10$。将计算结果存储在 Scores 中。

将 Scores（计算得出的 LOF 值）的分布绘制为直方图，如图 4.17 所示。由于存在一些值超过 2.0，因此这里将阈值设置为 2.0。如果执行逻辑表达式 Scores>2.0，将获得 TRUE 或 FALSE 的结果，并将结果存储在数据帧中的 over 列中。可以看到，有 8 个样本值超过 2.0（见例 4.4）。

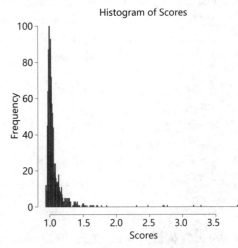

图 4.17　Scores 的直方图

例 4.4　离群值及认定的案例

```
> DF[DF$over==T, ]
    sales ratio Sales Ratio Sales_S Ratio_S over
```

75	0.30	0.027	-0.5228787	-3.5845472	-3.0262853	-0.1993102	TRUE
109	20690.80	0.001	4.3157773	-6.9067548	1.8759928	-3.9329788	TRUE
174	208.43	0.001	2.3189602	-6.9067548	-0.1470798	-3.9329788	TRUE
464	166.67	0.002	2.2218574	-6.2126061	-0.2454594	-3.1528587	TRUE
778	145.67	0.002	2.1633701	-6.2126061	-0.3047157	-3.1528587	TRUE
853	20.77	0.393	1.3174365	-0.4347192	-1.1617723	3.3406294	TRUE
897	1302.23	0.228	3.1146877	-1.2196389	0.6591104	2.4584960	TRUE
1010	3.33	0.007	0.5224442	-4.9548205	-1.9672177	-1.7392942	TRUE

下面绘制一个散点图，其纵轴为 Ratio、横轴为 Sales，并根据 over 的值（LOF 是否超过 2.0）进行颜色区分。结果如图 4.18 所示，从中可以看到位于低密度区域的偏离值为离群值（用▲显示）。横轴上的 Sales 超过 5（对数变换前为 100000）的样本与其他样本靠得比较近，可以看出它们没有被视为离群值。

更重要的是，让我们来看看在对数变换和 Logit 变换前的散点图，如图 4.19 所示。该图左上角的 Ratio 超过 0.2（20%）的样本明显是一个离群值，但是右侧 Sales 取较大值的样本即使看上去分布很稀疏，也并不是离群值。另外，在图 4.19 中，可以看到在左下角的分布密集区域，Sales 和 Ratio 都较小时，是离群值。像这样，在通过对数变换等分布变换时，用变换前的值来讨论离群值是没有意义的。

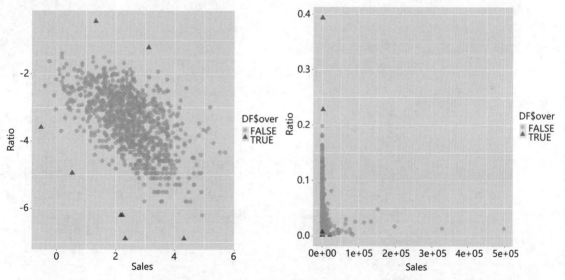

图 4.18　以 LOF 为基准的离群值　　　图 4.19　以 LOF 为基准的离群值（变换前的分布）

4. 不易受到离群值影响的分析方法

尽管在这里省略了详细的说明，但是还要提一下有一些不容易受到离群值影响的分析方法。例如，在基于最小二乘法的估计中，由于是基于目标变量的实测值与预测值之间差（残差）的平方进行估计的，残差较大的样本受影响会非常大，因此，可以考虑相对于残差较小的样本，对残差较大的样本施加一个相对比较小的权重，以此来调整残差。这种方法称为**抗差估计**（robust estimation）。

除了上面提到的方法以外，还有其他几种方法，有兴趣的读者请查阅参考文献[1]。

R & Python数据科学与机器学习实践

4

[1]关于鲁棒估计，请参见参考文献 [23]。

4.3 建模的方法

4.3.1 分组——聚类

1. 分类的含义

下面考虑将数据进行分类。如果待分类对象是商务性质的，则可以考虑分类为客户、产品、商店、客户投诉等。为了简单起见，以如何将 100 只狗分为三组为例进行说明。当我们说"分类"时，有以下两种不同的思考方式。

（1）通过综合考虑犬类的特征，如大小、腿的长度、面部特征和毛的长度等特征将相似的狗分为三组。

（2）根据大小、腿的长度、面部特征和毛的长度等特征，判断每只狗是小猎犬、牧羊犬还是博美犬。

上述的（1）是日常生活中所说的"**分群**"或"**分组**"的概念。即将每个样本并排放置，并将相似的样本集中在一起的方法。不去尝试进行分组的操作则无法搞清楚分组的结果到底是什么。在机器学习中也称为"**无监督学习**"。

上述的（2）是日常生活中所说的"**判断**"或"**识别**"的概念。识别，在英文中是 identify，即在事先理解某个概念的前提下，认为样本为某个事物。先建立一个"这样的狗就是小猎犬"的概念，并以此为基准判断每个样本。在机器学习的领域中也称为"**有监督学习**"。

本节重点说明（1）中分组的概念，通常称为**聚类**（clustering）的方法。

另外，在 4.3.4 小节和 4.3.5 小节及第 5 章"机器学习"中，将介绍（2）中所述的判别方法。

> ☀ 注意
>
> "分类"一词的用法并不明确。请注意，在数据科学和机器学习中，经常使用的术语"分类"（classification）多指（2）中所述的概念。

2. 聚类分析的机制

以对顾客的 **RFM 分析**为例说明聚类。RFM 分析是指以顾客最近一次购买的时间（recency）、到目前为止该顾客购买了多少次商品（frequency）及该顾客到目前为止的购买金额（monetary）

三个指标进行分群的方法。重要的是，在这三个指标上细分顾客可以实现细粒度的营销。例如，可以对经常购买且常常购买的商品价格都比较低的顾客进行适合其购买习惯的商品营销，而对于那些不经常来商店但最近购买过商品的顾客可以通过邮件邀请其再次来商店等促销方法。

根据 R（购买时间）、F（购买次数）和 M（购买金额）三个指标对顾客进行分群时，如果根据三个指标将值分为大、中、小，则将获得 27（＝3×3×3）组。但无法确定数量 27 是否合适，而且也不清楚根据大、中和小分群时具体分群指标到底应该是什么。因此，在这里将这个任务交给计算机来完成，以找到"具体的分群尺度"的标准，并根据 R、F 和 M 三个指标对客户进行分群。

为了解释聚类的机制，我们暂时先仅考虑 F 和 M。假设在散点图中显示 10 个客户样本，横轴为 F、纵轴为 M，如图 4.20 所示。如果在该散点图上根据是否彼此靠近进行分群，那么因为 1 号和 10 号样本明显靠得很近，而与其他的样本离得很远，则可以将它们视为一组（集群 1）。2 号和 3 号样本也很靠近，因此可以将它们视为一组，但是这两个样本也都接近 4 号样本。与 7 号也很靠近，但是与 4 号样本的距离更近一些，同时 4 号样本也更靠近 6 号样本。因此，再次将它们设为一组（集群 2）。其他的样本，11 号和 12 号比较靠近，可以判断它们是相同的集群。如果再将 7 号、8 号、5 号和 9 号一起圈起来，则产生第三个分组（集群 3）。

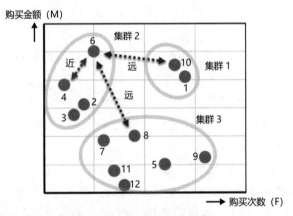

图 4.20　聚类分析的思考方式

在聚类中，将彼此靠近的样本视为同一集群，并为每个集群分配一个集群编号。目前已经有各种用于测量距离的方法，其中众所周知的有**欧几里得距离**方法。这与我们在地图上绘制直线的方法相同，计算方法是将纵轴上的距离与横轴上的距离进行平方，然后求和，再取平方根（所谓的毕达哥拉斯定理）。在这里，以两个维数的示例为例进行了说明，但是如果有 n 个变量，则将根据 n 维空间中的距离将靠近的样本进行分群。

聚类分析大致上有两种主要方法：一种方法是先将彼此较近的样本连起来以形成一个较小的集群，然后将彼此更近或更靠近的样本连接以形成一个较大的集群，又称为**层次聚类**；另一种方法称为**非层次聚类**的方法，稍后将对其进行简要说明。

4

3. 聚类分析时的注意事项——标准化、变量聚合

（1）统一尺度

上述的思考方式中存在一个问题。在图 4.20 的纵轴和横轴上特意没有标记刻度。事实上，购买金额是以日元为单位记录的，最小 260 日元到最大 5010 日元不等。另外，购买次数的单位为次数，最少 2 次，最多 16 次。也就是说，两个轴的尺度完全不同。这样如果简单计算距离，如图 4.21（a）所示，4 号和 6 号之间是 1190，6 号和 10 号之间是 490，后者靠得更近。

如果将 1 作为最小单位精确绘制，如图 4.21（a）所示，纵向长度为横向长度的 300 倍，则会是非常细长的棒型散点图。如果根据距离进行聚类，横轴几乎没有任何意义，只按纵向高度进行分群即可，这样就失去使用两个变量的意义了。因此，为了使纵轴和横轴的长度统一，执行**标准化**（见 4.2.3 小节）。标准化是指通过调整尺度使平均值为 0、标准偏差为 1 的方法。根据标准化后的数据测量距离，如图 4.21（b）所示，4 号和 6 号之间的距离为 1.0，而 6 号和 10 号之间的距离为 1.8，前者的距离更短（即 4 号和 6 号样本靠得更近）。

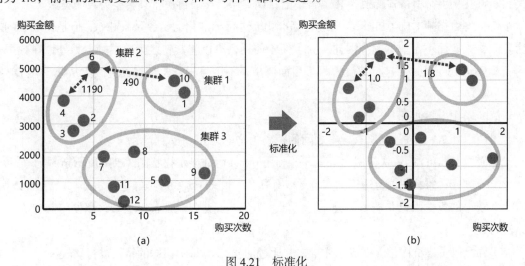

图 4.21　标准化

（2）变量的聚合

进行聚类分析时，还有其他一些注意事项。与上述例子不同，如果作为基准的变量中类似的变量较多，则容易出现意想不到的结果。

例如，调查使用各类媒体的时间，以与何种媒体接触较多为标准，将被调查人群分为不同的群。在这里，如果以电视、报纸、智能手机、平板电脑、博客、匿名 SNS、实名 SNS、图片类 SNS、视频共享网站、在线游戏 10 个类别（10 维）进行聚类会是怎样的情况呢？计算距离时，10 个类别都是用同等标准评价的。最终结果距离的长短基本上都是由数字媒体的使用时间决定的，"看电视，不看报纸""看报纸，不看电视"等的区别被认为是很微小的。

为了避免这一结果的产生，将数字媒体的利用合并为一个，即将多种数字媒体的使用情况合

并为 1 个指标来计算，或者不直接以使用时间为指标，而是将各媒体的使用时间聚合在显示媒体差异的少数几个指标上。这种将指标集中在几个少数指标上的方法将在 4.3.2 小节中进行说明。

4. 层次聚类分析

以示例脚本 4.3.01.ClusteringRFM.R（清单 4.6）说明聚类分析方法。数据存储在 CustomerRFM.csv 中，它包含 84 个客户的 ID 和 RFM 指标。数据项（列）如下所示。

- ID：每个客户的唯一编号 ID。
- recency：最近购买日期（YYYY–MM–DD 格式的字符串）。
- frequency：购买次数。
- monetary：购买金额（日元）。

在将数据作为数据帧 DF 读取后，仅提取 2 到 4 中的数据项并创建数据帧 DFn（由于只有数字项，因此在名称末尾添加 n）。字符串类型的 recency 无法直接比较大小，因此必须将其转换为数值类型。将其从字符串格式转换为 R 语言中的日期类型，然后再次将其转换为数值类型。

接着，将数据帧 DFn 中的每一列进行标准化。进行标准化的函数是 scale()，但是该函数的输出为矩阵格式，而不是数据帧。因此，为了便于使用，可以将其转换为数据帧。另外，在数据帧中对行标签（rownames）进行编号。为了后面清楚，不用号码，而是将其更改为从数据帧 DF 提取的客户 ID。

后续的操作步骤如下。

（1）使用 dist() 函数计算所有样本之间的距离（这里为 84 个人）。

（2）使用 hclust() 函数执行层次聚类，并利用 plot() 函数显示树状图（dendrogram）。

（3）通过查看树状图确定适当的集群数，并使用 cutree() 函数对集群进行划分。

（4）获得的集群编号是整数类型，将其转换为 factor 类型或字符串类型，以便将其作为分类变量进行处理。

（5）确认每个集群中包含多少个样本，并通过图 4.22 对每个集群的特征进行比较。

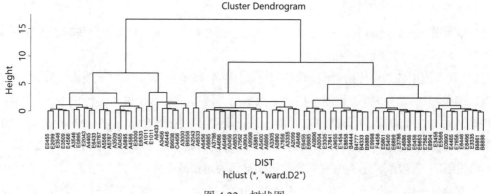

图 4.22 树状图

重点是步骤（3），在本示例中，获得了图 4.22 所示的树状图。该图的底部是输入的数据行标签，在这里为顾客 ID。另外，可以看到彼此靠近的顾客通过一条线连接，并且已连接成对的再与另一位顾客连接以形成一个层次聚类。可以将中间分支的垂直线长度视为集群之间的距离。

将集群的划分想象为在水平方向上用刀划分。通常，应将重点放在较远的集群上，即垂直方向较长的分支上。在这里，可以选择在顶部切成两个或在下面切成 4 个，也可以将其切成三个，正好在狭窄的地方特意切开（左半部分为一个集群，右半部分分成两个集群）。在脚本中，设置为 $k = 4$，即切为 4 个的意思。

接下来，绘制箱形图以比较每个集群的特征。在脚本中，纵轴设定 R、F 和 M 三个变量，并且用 for 循环语句绘制三个箱形图。结果如图 4.23 所示。

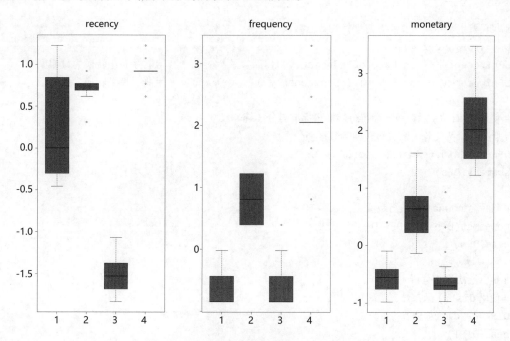

图 4.23　箱形图（含各集群的 R、F、M 值）

显现出明显特征的是集群 4，虽然是一个只有 9 人的集群，但是其 R、F 和 M 指标值都较高。接下来重要的顾客群体是集群 2，其购买次数和购买金额仅次于集群 4。此外，还应该关注的是集群 1，虽然近期访问过商店的顾客，但是购买次数和购买量较低，其中可能包括新顾客。集群 3 的特征是 R、F 和 M 三个指标值都很低，因此可以说是不需要采取特别促销措施的顾客群体。

清单 4.6　4.3.01.ClusteringRFM.R

聚类分析

```
# 利用各个顾客的 RFM

# 读入数据
DF <- read.table( "CustomerRFM.csv",
                  sep = ",",                         # 以逗号为分隔符的文件
                  header = TRUE,                     # 第一行为标题行（列名）
                  stringsAsFactors = FALSE,          # 以字符串类型导入字符串
                  fileEncoding="UTF-8")              # 字符编码为 UTF-8
# 查看数据内容
head(DF)
summary(DF)

# 仅仅取出数字项（将年、月变换为数值型）
DFn <-DF[, c(2:4)]
DFn$recency <- as.Date( DFn$recency )               # 将字符串转换为日期型
DFn$recency <- as.numeric( DFn$recency )            # 将日期型转换为数值型

# 使用 scale() 函数将成绩得分转换为标准得分（统一尺度）
# 转换结果为矩阵，需要再转换为数据帧
DFn <- data.frame( scale(DFn) )
summary(DFn)

# 将行名 rownames 从行数变更为顾客 ID
rownames(DFn) <- DF$ID
head(DFn)

# 执行层次聚类分析
# 使用 dist() 函数计算距离矩阵
DIST <- dist( DFn )
head(DIST)

# 执行层次聚类，显示树状图
result.hc <- hclust( DIST, method = "ward.D2" )
plot( result.hc, hang=0.2 )

# 指定集群数量并获取集群编号的标签
num.hc <- cutree( result.hc, k=4 )                  # 取得集群编号
num.hc <- factor( num.hc )                          # 数值类型转换为分类类型
head(num.hc)
# Levels 表示分类的级别（组）
# 1,2,…的值对应 1,2,…标签
```

```
# 这个例子的值和标签是一样的，但通常会对应"东京""大阪"等

# 确认每个集群的数量（与树状图进行比较）
table( num.hc )

# 用集群分别绘制各变量的箱形图
# 有 3 个变量（3 列），用 for 语句按列绘制
for (i in 1:3) {
    boxplot( DFn[, i] ~ num.hc,
            main = colnames(DFn)[i],
            # 从列名称获取标题（main）
            col="steelblue" )
}

# 以 k-means 进行聚类分析

# 在目标数据后设定集群数量（在以下示例中为 3）
#iter.max 是最大循环数
km <- kmeans(DFn, 4, iter.max=30)

# 查看集群编号的标签
head(km$cluster)

# 查看每个集群的数量
table(km$cluster)

# 用集群分别绘制各变量的箱形图
# 有 3 个变量（3 列），用 for 语句按列绘制
for (i in 1:3) {
    boxplot( DFn[, i] ~ km$cluster,
            main = colnames(DFn)[i],
            # 从列名称获取标题（main）
            col="coral2" )
}

# 绘制散点图
# 使用程序库 GGally 的 ggpairs() 函数绘制散点图矩阵
# 稍微费点时间
library(ggplot2)
library(GGally)
ggpairs(DFn,
```

4

```
       aes( colour=num.hc,                      # 用颜色区分集群编号
            shape =num.hc,                       # 对形态也进行区分
            alpha=0.9),                          # 透明度
       lower=list(continuous=wrap("points",size=4)),
       # 绘制左下方散点图
       upper=list(continuous=wrap("cor", size=4)) ) +
       # 右上方记录相关系数
theme_bw()                                       # 设定白色为背景色
```

```
# 导入绘制 3D 程序库
library("threejs")
```

```
# 生成颜色设定（根据集群编号的数组转换成颜色名称）
```

```
# 复制集群编号数组以生成颜色标签的数组
# 使用分层聚类的结果
color.hc <- num.hc
head(color.hc)
```

```
# 将集群编号变换为颜色的名称
#levels()：设定为 factor（分类变量）的标签
levels(color.hc) = c("lightpink", "green4", "deepskyblue4", "plum2")
head(color.hc)
# Levels 表示分类的级别（分组）
# 1,2,…的值对应颜色的名称
```

```
# 由于 factor 的实体是整数，所以转换成字符串（标签的值是实体）
color.hc <- as.character(color.hc)
head(color.hc)
```

```
#scatterplot3js：3D 图
# 在参数的开头设定三维数据（转换成 matrix 形式）
#color   ：为了区分颜色设定了与各个样本对应的颜色名称数组
#labels：设定各样本的标签（此时为顾客 ID）
#size    ：各个图的大小
# 在这种情况下，坐标数据、颜色、标签都是从其他对象中取得
scatterplot3js(as.matrix(DFn),          # 坐标数据
               color=color.hc,           # 颜色的设定（字符串向量）
               labels=DF$ID,             # 各样本的标签
               size=.5)
```

```
## 根据图来解释集群
## 每个集群是怎样的
```

5. 非层次聚类（k 均值聚类法）

接下来，使用称为 k 均值聚类法（k-means）的非层次聚类方法执行与 4 中脚本相同的操作。该聚类法的执行过程更加简单，可以使用 kmeans() 函数一步执行前面 "4. 层次聚类分析"中（1）~（3）的步骤。但是，该聚类中集群数 k 必须预先确定。这里省略箱形图绘制的说明，但是应该知道最终是与层次聚类的结果几乎相同的分群，仅仅是集群编号不同而已。

下面简要介绍 k 均值聚类法的原理。首先，将 k 个中心点随机设置在 n 维空间中（在这里，是 R、F 和 M 的三维空间），然后将靠近这些中心点的样本汇聚在一起以确定集群。确定集群后，中心点将移动到每个集群的重心。然后，通过汇聚该中心点附近的样本来重新创建集群。通过这样反复几次，最终确定集群。

由于中心点的初始值是随机设置的，因此每次执行的分群结果都不相同。在上述脚本中，执行时设定了 ter.max = 30 的值，表示从随机确定中心点的状态开始重复创建集群多少次数的设定。如果次数少，结果则不稳定。

k 均值聚类法的优点是它比层次聚类的执行速度更快，特别是在有大量样本的情况下使用该方法。在机器学习中，它被视为"无监督学习"的一种方法，在后面第 5 章介绍的 scikit-learn 中也实现了该方法。

6. 散点图的绘制

虽然还可以通过箱形图观察集群的特征，但是现在通过图 4.20 所示的散点图确认集群的边界。我们可以考虑通过组合 R×F、F×M、M×R，并用颜色区分集群编号的方法绘制散点图。图 4.24 显示了使用 3.1.4 小节介绍的 ggpairs() 函数绘制散点图矩阵。

另外，由于这里的聚类分析是在 R、F 和 M 的三维空间中，因此可以使用 3D 图进行可视化。有多个 R 语言程序库可以绘制 3D 图，这里使用由 threejs 程序库提供的 scatterplot3js() 函数。为了绘图，首先需要做一些准备工作。由于要使用集群编号区分颜色，因此将基于集群编号生成设定颜色的向量。另外，坐标应该设定为 3 列的矩阵，并设定由 as.matrix() 函数转换的数据帧作为参数。

绘图结果是显示在 RStudio 的 Viewer 选项卡上，而不是显示在 Plots 选项卡上，如图 4.25 所示。该图可以进行交互操作，如通过鼠标的按下和拖动操作选择任何角度进行旋转与查看。

从图 4.24 所示的相关系数值可以看出，该数据中的 monetary（购买金额）和 frequency（购买次数）之间有很高的相关性。因此，R×F 和 R×M 的散点图几乎是相同的，其含义表示与对二维数据进行聚类分析没有太大区别。这是因为购买次数越高，必然所累计的购买金额越高。如果将 M 的值替换为每次的平均购买金额而不是累计购买金额，则 monetary 和 frequency 之间的相关性会很低，并且聚类结果可能也会有所不同。

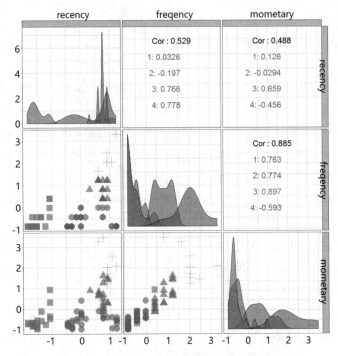

图 4.24 使用 ggpairs() 函数绘制的散点图矩阵

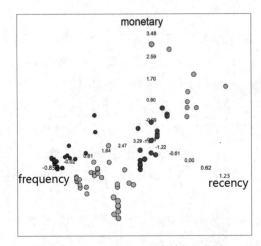

图 4.25 以 R、F、M 为轴的 3D 图

7. 聚类分析的应用

在对顾客进行聚类分析时，除了考虑 RFM 指标，还可以考虑将每种类型产品的购买频率（或购买金额）作为变量。反过来，也可以根据每个客户的购买频率（或购买金额）对产品进行聚类分

析。或者可以根据每种类型产品的销售走势对商店进行聚类分析,将具有类似特征的商店作为集群,并为每个集群设置不同的营销策略和评估标准。

除了营销领域以外,还可以在工程领域中将通过监视器运行状态而获得的多个指标下的机器状态分为多个集群,并从中检测异常。如果能够从一开始就清楚是正常状态还是异常状态,则不需要使用聚类分析,而是使用前面"1. 分类的含义"中描述的(2)中的分类方法。只有在不清楚异常状态是什么时,使用聚类分析方法才有效。

4.3.2 指标聚合——因子分析和主成分分析

1. 模型的维数

无论是回归模型还是聚类分析,在模型化的过程中使用怎样的变量及使用多少个变量是一个大问题。计算机性能的增强使得即使是笔记本电脑也可以在一个模型中处理数十个,甚至数百个变量。因此,往往容易引起人们的误解,即如果将获得的数据直接输入计算机中,就能够获得有意义的结果。然而,即使进行了适当的数据清洗和处理加工,仍然可能出现以下问题。

(1)变量过多。在这种情况下,如果有很多的样本,则将花费大量的处理时间;如果样本数过少,则发生过度拟合的风险会增加(见 3.3.4 小节)。当要进行某种解释时,信息量过多。

(2)变量之间存在高度相关的数据。在这种情况下,聚类分析的结果会失真(见 4.3.1 小节);回归模型中会存在多重共线性(见 3.3.6 小节)。

为了避免出现上述这些问题,有必要适当减少变量的数量,而且有必要找到彼此高度相关的变量并有针对性地减少数量。但是,减少变量并非易事。例如,即使顾客的购买次数和到商店采购的次数这两个指标高度相关,也很难确定要保留哪一个。

解决这些问题的方法是一种称为**维数约简**(dimensionality reduction)或**维度压缩**的技术[1]。最常用的两种方法是因子分析和主成分分析。

维数约简可以说是数据科学基本技术中一种高度抽象的技术,对于初学者来说有一定的难度。但是,一般它是被用作聚类分析、回归分析和机器学习预处理时的一项通用技术。它不仅可以应用于数据的预处理,在为模棱两可的概念创建客观指标方面也非常有用。下述的说明内容较长,请读者先尝试学习基本的概念。

---

[1]"维数约简"这个词和后面的逐步回归法同样是选择变量并减少变量的方法,很难分辨和理解两者的不同。但是,由于其比维度压缩更被广泛使用,因此本书使用了"维数约简"的说法。

2. 因子分析

因子分析（Factor Analysis，FA）被应用于各个领域，尤其与心理学的发展密切相关。例如，当需要衡量一个人的能力或性格时，可以设计无限数量的特定测量项。其中有许多类似的检测项，如果对如何进行组织、整理才能成为能力和性格的指标并不清楚，通常可以使用因子分析方法。

举一个简单的例子，英语、数学、日语、科学和社会学5个科目的成绩可能是相互关联的。数学和科学都要求学习公式，日语和社会学都要求阅读并理解文章。但是，数学和科学都无法在不理解文章与语句的情况下解决应用问题；相反，社会学必须理解计算和图表。可见，仅仅将人文科学与自然科学分开似乎是不够的。

因此，我们通过调查许多学生的成绩并对成绩进行分析而获得的数据来确定5个科目成绩之间的相关性，认为可以提取出两个评估指标：计算能力和阅读能力。这样得出科学科目等级的公式：

$$科学科目等级 = a_1 \times 计算能力 + a_2 \times 阅读能力 + 单纯科学科目要求的能力$$

式中，a_1和a_2表示计算能力和阅读能力对科学科目等级的影响程度。就科学科目而言，计算能力的影响很大，因此a_1的值可能很大，而a_2的值可能会稍微小一些。另外，由于还需要有关物理和生物的知识，因此最终的"仅科学科目需要的能力"也应该很大。

该公式不仅可以应用于科学科目，而且可以应用于其他学科。但是，由于波动（方差）的幅度因科目而异，因此应该标准化统一等级的尺度。

$$x_1 = a_{11}f_1 + a_{12}f_2 + e_1$$
$$x_2 = a_{21}f_1 + a_{22}f_2 + e_2$$
$$\vdots$$
$$x_5 = a_{51}f_1 + a_{52}f_2 + e_5$$

式中，$x_1 \sim x_5$表示将每个科目的成绩进行标准化后的值；f_1为计算能力；f_2为阅读能力；而$e_1 \sim e_5$为每个科目单独需要的能力。由于a涉及5个科目、两个共通的能力，因此5×2有10个参数。也就是说，因子分析是指由5个科目的成绩相关关系找出与5个科目成绩共有的某种因素，从而推算出上述公式的方法（图4.26）。

下面整理一下有关这些术语的用法。

（1）a_{ij}：因子载荷量（factor loading），即原始测量数据项（变量）的公共因子权重。

（2）f_j：公共因子（common factor），即从原始测量数据项（变量）提取（组合）的因子。

（3）e_i：特色因子（unique factor），即原始测量数据项所特有的因子，不能仅凭公共因子来解释。

在图4.26中应该注意的是，即使是需要具有较高阅读能力的科目，也不是不需要计算能力的这一事实。在社会学中，不仅需要阅读能力，而且需要较强的计算能力。同样，在数学和科学科目中，阅读能力的载荷在某种程度上也很高。换句话说，公共因子显示了所有科目所需的共通能力，而不是特定科目的总和或平均值。

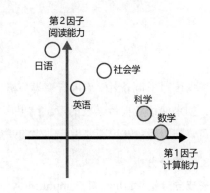

■ 每个科目的成绩

	英语	数学	日语	科学	社会学
学生1	90	85	40	85	50
学生2	50	55	65	45	65
学生3	75	85	90	80	95
⋮					

抽取公共因子

■ 因子载荷

	第1因子	第2因子	
数学	0.84	0.08	第1因子载荷高
理科	0.72	0.15	的科目
日语	0.16	0.74	第2因子载荷高
社会学	0.37	0.58	的科目
英语	0.12	0.38	
解释	计算能力	阅读能力	

图 4.26　公共因子的抽出

在这里设置了两个公共因子，但是除此以外，还可以假设第 3 个公共因子，如"逻辑思维能力"。在被认为是英语独有的能力中，还有比较与分析语言和英语句子结构的思维能力，这可能也是数学和日语科目所共同要求的能力。

分析人员从定量评估和易于解释的角度来决定公共因子的数量。但是，到底抽取哪种能力作为公共因子，不去亲自尝试还是无从知晓。即使认为应该抽取计算能力为公共因子进行分析，实际上，也可能是抽取了像记忆力等的能力。另外，工具也不会提供诸如"阅读能力"或"记忆能力"等的名称给分析人员。提取出的公共因子到底意味着什么，是需要分析人员通过研究分析结果做出解释的。在因子分析中，为了便于解释而使用了一种称为轴旋转的技术，但是从理论上解释有些深奥，因此这里省略说明[1]。

执行因子分析时，除计算因子载荷值外，还会计算一个称为**因子得分**（factor score）的值。因子得分是每个样本的公共因子值（在此示例中为学生），通过查看该因子，可以判断每名学生具有什么样的能力（图 4.27）。

[1]关于因子分析和主成分分析的详细内容，请参见参考文献 [19]。

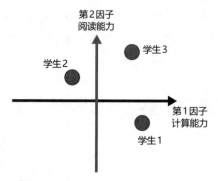

■ 因子得分

	第1因子计算能力	第2因子阅读能力
学生1	1.45	−1.23
学生2	−0.65	0.68
学生3	1.12	1.82
⋮	⋮	⋮

图 4.27　因子得分的计算

根据该因子得分对学生进行聚类分析，能够聚合高度相关变量的影响，以获得更准确的结果。此外，如果使用所报考学校的考试结果作为目标变量并使用因子得分的值作为解释变量来执行回归分析，则可能会发现需要指导学生的要点（除了按科目的教学以外）。

3. 主成分分析

主成分分析（Principal Component Analysis，PCA）的概念与因子分析的概念几乎相同。但是，与因子分析中的公共因子相对应的概念在主成分分析中称为**主成分**。在这里，将重点讨论其与因子分析的差异。

因子分析中留有无法由公共因子解释的波动的特色因子，而主成分分析则解释了所有主成分的所有变化。因此，主成分的数量与原始测量数据项（变量）的数量相同。如果是 5 门科目的成绩，则有 5 个主成分。如果使用所有主成分，则不再具有维数约简的意义，因此实际上，我们将使用排序在前面的主成分。

$$f_1 = a_{11}x_1 + a_{12}x_2 + a_{13}x_3 + a_{14}x_4 + a_{15}x_5$$

$$f_2 = a_{21}x_1 + a_{22}x_2 + a_{23}x_3 + a_{24}x_4 + a_{25}x_5$$

$$\vdots$$

$$f_5 = a_{51}x_1 + a_{52}x_2 + a_{53}x_3 + a_{54}x_4 + a_{55}x_5$$

式中，a_{ij} 为特征向量（eigen vector），是原始测量数据项（变量）主成分的权重；f_j 为主成分（principal component），是从原始测量数据项（变量）中合成（提取）的主成分。与前面一样，$x_1 \sim x_5$ 是将每个科目标准化处理后的成绩，而 $f_1 \sim f_5$ 是主成分。只是在这里，根据将 x（原始变量）放在左侧还是将 f（公共因子或主成分）放在左侧的不同，公式与前面 "2. 因子分析" 中的写法有所不同。可以认为这是两种分析方法之间的 "用法上的差异"。

因子分析基本上是一种旨在提取和解释多个公共因子的方法。可以认为是 "表示通过潜在因子的组合观察到的变量"。与此相对应，在主成分分析中，将测量数据项的相关变动尽可能地聚合在第一个轴（第 1 个主成分）上。因此，适用于诸如 "通过观察到的组合变量来表达主成分" 的场景。

以 5 个科目的成绩为例，第 1 个主成分不是单独的能力，如计算能力和阅读能力，而是"综合学习能力"。至于第 2 个主成分，提取出不能由综合学习能力解释（遗漏、本不该发生）的其他波动作为"第二综合学习能力"。

因此，可以认为因子分析是在考虑"潜在能力的组合决定了成绩"时使用，而主成分分析则是在考虑"各种成绩的组合体现了综合的学习能力"时，使用更加方便[1]。

4. 因子分析和主成分分析的区别

针对因子分析和主成分分析之间的区别，进一步从更加实际的角度进行一些补充说明。

（1）**确定公共因子 / 主成分的数量**：在因子分析中，有必要在执行算法之前确定要提取多少个公共因子。主成分分析可以在运行算法后决定使用哪个主成分[2]。

（2）**易于解释**：因子分析是一种使用多种不同的公共因子来解释（表示）现象的方法，并且为了实现这一目的考虑了很多办法。而主成分分析因为要使多数的变动更加地聚合在较少的主成分中，所以难以解释。

（3）**易于执行**：目前已经有很多关于因子分析的方法和技术，并且根据选择或设定的不同，可能获得不同的计算结果或可能发生错误。主成分分析更易于执行，获得的结果更加稳定。

（4）**应用**：虽然两种方法都可以压缩（降低）变量的维数，但是因子分析通常用于旨在分析现象的研究和学术研究中。前提是通过反复试验来解释结果，如调整因子数量和添加 / 删除变量等。而主成分分析可以在一定程度上以机械的方式执行，但是难以解释。它在机器学习的预处理中也是有效的，并且主成分分析在 Python 的机器学习程序库 scikit-learn（见 5.2.1 小节）中也有实现。

5. 维数约简

基于示例脚本 4.3.02.Dimensionality.R（清单 4.7），我们将说明因子分析的方法。使用的样本数据是 TokyoSTAT_P25.csv，这些数据是在 3.1.4 小节中使用的东京都各个市、区、村的数据中增添了一些数据项。除了各地区的名称和 ID 外，还存储有针对是否想居住在该地区的调查结果进行评分的"人气度"数据，以及下面 25 个表示各地区特征的指标[3]。

（1）市町村：东京都的地方政府名称（特别区和市町村）。

（2）行政 CD：每个地方政府对应的代码（ID）。

（3）人气度：是否想在该地区生活（分数越高，想在该地区生活的人越多）。

---

[1] 现实中，无论哪种手法都只是通过数学操作测定数据项来聚合波动，其基本原理是相通的。为了强调使用方法的不同，有人解释说"因子分析是从结果中提取原因的方法""主成分分析是从原因中合成结果的方法"，但是两种分析方法的不同和因果方向原本是不同的问题。

[2] 这一点可能会因工具的规格而异。

[3] 数据的来源与 3.1.4 小节所列举的相同。但是，只有"人气度"是虚构的数据项，和现实调查的排名不一致。

（4）每户人口数：表明各自治体特征的指标之一。

（5）年龄未满 15 岁的比率：同上。

（以下省略）

存在以下两个需要分析的问题。

上述地区特征指标

（1）建立基于 25 个行政指标且具有相似特征的地区的集群。

（2）基于 25 个行政指标，创建解释该地区受欢迎程度的回归模型。

针对上述任何一个问题，不加区别地使用 25 个指标并不是一个好主意，正如在 3.1.4 小节中曾经提到的那样，许多指标具有相似的含义，并且具有相关性。虽然可以不加区别地使用 25 个指标执行聚类分析，但是如果包含许多高度相关的变量，会导致结果失真（见 4.3.1 小节）。同样地，在回归分析中，由于数据项之间的高度相关性，可能会出现意想不到的结果（见 3.3.6 小节）。首先，由于样本数（地区的数量）为 50，因此如果使用全部的 25 个解释变量，则存在过度拟合的风险（见 3.3.4 小节）。

为了避免此类风险，使用因子分析或主成分分析来聚合变量并进行维数约简。首先，决定从 25 个行政指标中提取多少个公共因子。为此，使用程序库 psych 中包含的 fa.parallel() 函数。该函数使用了一种称为**并行分析**（parallel analysis）的技术将随机数据与实际数据的分析结果进行比较，并计算出适当数量的因子和主成分。

函数运行后，输出结果如图 4.28 所示。图 4.28 称为**碎石图**（scree 图），可以解释数据的波动（方差）如何随着因子数量（主成分数量）的增加而减小。第 1 因子和第 1 个主成分中包含很多数据的波动，但是第 2 因子和第 2 个主成分可以解释的波动很少[1]。对于第 3 因子和第 3 个主成分及以下也是同样的。因此，即使无限地增加因子的数量和主成分的数量，也无法获得有意义的结果。

通过观察图 4.28 中的曲线，以确定因子的数量和主成分的数量是否合适。在并行分析中，图 4.28 中用虚线表示了用于选择公共因子和主成分数量的参考标准。表示提取虚线以下的因子和主成分是没有意义的。同样的内容也输出在文本中（见例 4.5），the number of factors= 3 表示在因子分析中适当的因子数为 3，the number of components= 2 意味着在主成分分析中适当的主成分数为 2。但是，此处建议的数值仅作为参考。最终，建议根据分析的结果和解释自行确定合适的数值。

例4.5 并行分析的执行

```
> result.prl <- fa.parallel(DF[, -(1:3)], fm="ml")
Parallel analysis suggests that the number of factors = 3 and the number of
components = 2
```

---

[1]纵轴上的值称为特征值。

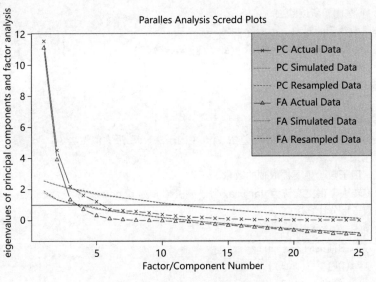

图 4.28　并行分析绘制的碎石图

清单 4.7　4.3.02.Dimensionality.R

```
#FA/PCA

# 读入文件并生成数据帧
DF <- read.table( "TokyoSTAT_P25.csv",
                  sep = ",",
                  header = TRUE,
                  stringsAsFactors = FALSE,        # 以字符串类型导入字符串
                  fileEncoding="UTF-8")            # 文字编码是 UTF-8


# 查看数据的内容
str(DF)
summary(DF[, -c(1:2)])


# 想要将 50 个区、市町以某种基准分为集群——聚类
# 想要分析人气度是基于什么样的原因——回归分析
# 作为预处理进行维数约简处理


# 导入程序库
library(psych)
# fa.parallel：执行并行风险（通过可视化确定适当的因子数）
# fm = 因子提取法（minres 最小残差法、pa 主因子法、ml 最大似然法）
# 这里选择使用最大似然法
```

```
# 第 1 和第 2 列是 ID，所以除去
# 第 3 列并非维数约简的对象，因此除去
result.prl <- fa.parallel(DF[, -(1:3)], fm="ml")


#FA（因子分析）的执行


# fa : 因子分析的执行
# fm = 因子提取法（minres 最小残差法、pa 主因子法、ml 最大似然法）
# 这里选择使用最大似然法
# nfactors = 因子数（想要提取轴的数量）
# rotate = 旋转法（正交旋转为 varimax 等、斜交旋转为 proomax 等）
# scores = 因子得分计算法
# 第 1 和第 2 列是 ID，所以除去
# 第 3 列并非维数约简的对象，因此除去
resultFA <- fa(DF[, -(1:3)],
                nfactors=3,                # 设定因子数
                fm = "ml",                 # pa 主因子法；ols 最小二乘法；ml 最大似然法
                rotate = "varimax",        # varimax 正交；promax 斜交
                scores = "regression")     # regression 回归法


# 结果的表示
#digits = 设定小数点后显示的位数
# 设定 sort=TRUE（对各数据项的因子载荷量进行排序）
print(resultFA, digits=2, sort=TRUE)


# 用图显示结果
fa.diagram(resultFA,
            rsize=0.8, e.size=0.1,        # 四角和圆的大小
            marg=c(.5,5,.5,.5),           # 余白的设定
            cex=.6)                       # 文字大小


# 结果的看法
#MRi... : 各数据项的因子载荷量（各变量对因子的贡献度）
#h2 : 共同性表示各变量值的变动能用因子解释的程度
#u2 = 1-h2 : 独特性（uniqueness）——疏漏程度（无法挽回的信息）


# 将因子载荷量（每个变量对因子的贡献）的值绘制在横向图上
# 将因子载荷量存储在 resultFA 中的 loadings


# 第 1 因子和第 2 因子
# 仅生成边框
```

4

```
# 用 type="n" 不绘制点
plot(resultFA$loadings[, 1],
     resultFA$loadings[, 2], type="n")
# 在边框中显示文本
# 文本用于获取因子载荷列表中行的名称
text(resultFA$loadings[, 1],
     resultFA$loadings[, 2],
     rownames(resultFA$loadings), col="steelblue")
# 绘制 y=0 的直线
# 从点 (-1, 0) 到点 (1, 0) 绘制线即可
# 用 lines(X, Y) 设定 X 和 Y 的向量（同散点图）
lines(c(-1, 1), c(0, 0), col="grey")
# 绘制 x=0 的直线
# 从点 (0, -1) 到点 (0, 1) 绘制线即可
lines(c(0, 0), c(-1, 1), col="grey")

# 关于第 3 因子和第 2 因子也是同样
plot(resultFA$loadings[, 3],
     resultFA$loadings[, 2], type="n")
text(resultFA$loadings[, 3],
     resultFA$loadings[, 2],
     rownames(resultFA$loadings), col="steelblue")
lines(c(-1, 1), c(0, 0), col="grey")
lines(c(0, 0), c(-1, 1), col="grey")

# 将因子得分（每个样本的得分）保存在 resultFA 中的 scores 里
head(resultFA$scores)

# 将因子得分变换为数据帧
DFfa <- as.data.frame(resultFA$scores)
# 将行的名称变换为自治体名称
rownames(DFfa) <- DF$ 市町村

# 考虑其意义，给因子起个名称
names(DFfa) = c(" 商业化程度 "," 都市生活度 "," 非老龄化度 ")
head(DFfa)

# 显示有关因子得分的描述性信息
summary(DFfa)
# 标准偏差
apply(DFfa, 2, sd)
```

4

```
# 基于因子得分的聚类
kmFA <- kmeans(DFfa, 4, iter.max=50)
# 复制集群编号的数组以创建颜色标签的数组
color.kmFA <- kmFA$cluster
head(color.kmFA)


# 将集群号转换成颜色名称
#levels = factor（分类变量）的标签设定
# 注意集群的数量
color.kmFA <- as.factor(color.kmFA)
levels(color.kmFA) <- c("blue", "red", "green", "orange")
head(color.kmFA)


# factor 的实体为整数型，因此将其转换成字符串（标签的值为实体）
color.kmFA <- as.character(color.kmFA)
head(color.kmFA)


#将因子得分（每个样本的得分）的值进行颜色划分并绘制出来
#标签（市町村名 = DFfa 行的名称）以 rownames(DFfa) 显示
# 通过集群的颜色名称 color.kmFA 进行颜色区分
plot(DFfa$ 商业化程度 ,DFfa$ 都市生活度 , type="n")
text(DFfa$ 商业化程度 ,DFfa$ 都市生活度 , rownames(DFfa), col=color.kmFA)
lines(c(-10, 10), c(0, 0), col="grey")
lines(c(0, 0), c(-10, 10), col="grey")


plot(DFfa$ 非老龄化程度 ,DFfa$ 都市生活度 , type="n")
text(DFfa$ 非老龄化程度 ,DFfa$ 都市生活度 , rownames(DFfa), col=color.kmFA)
lines(c(-10, 10), c(0, 0), col="grey")
lines(c(0, 0), c(-10, 10), col="grey")


# 主成分分析
resultPCA <- prcomp(DF[, -(1:3)], scale=TRUE)


#结果的描述
summary(resultPCA)


#各变量的主成分（唯一向量）
#显示至第 3 个主成分
resultPCA$rotation[, 1:3]
```

```
# 各样本的主成分得分
#5 自治体、显示至第 3 个主成分
resultPCA$x[1:5, 1:3]


# 垂直和水平绘制主成分得分的值（每个样本的得分）
biplot(resultPCA)


# 将主成分得分变换为数据帧
DFpca <- as.data.frame(resultPCA$x)
# 将行的名称变换为自治体名称
rownames(DFpca) <- DF$ 市町村


# 显示关于主成分得分的描述性信息
summary(DFpca)[, 1:2]
# 标准偏差
apply(DFpca, 2, sd)[1:2]


# 基于主成分得分的聚类
# 这里使用到第 3 个主成分
kmPCA <- kmeans(DFpca[, 1:2], 4, iter.max=50)
# 复制集群编号的数组以创建颜色标签的数组
color.kmPCA <- kmPCA$cluster
head(color.kmPCA)


# 将集群号转换成颜色名称
#levels = factor( 分类变量 ) 的标签设定
color.kmPCA <- as.factor(color.kmPCA)
levels(color.kmPCA) <- c("blue", "red", "green", "orange")
head(color.kmPCA)


#factor 的实体为整数型，因此将其转换成字符串（标签的值为实体）
color.kmPCA <- as.character(color.kmPCA)
head(color.kmPCA)
# 将主成分得分（每个样本的得分）的值进行颜色划分并绘制出来
# 标签（市町村名 = DFpca 行的名称）以 rownames(DFpca) 显示
# 通过集群的颜色名称 color.kmPCA 进行颜色区分
plot(DFpca$PC1, DFpca$PC2, type="n")
text(DFpca$PC1, DFpca$PC2, rownames(DFpca), col=color.kmPCA)
lines(c(-20, 20), c(0, 0), col="grey")
lines(c(0, 0), c(-10, 10), col="grey")
```

```
# 结果的保存
# 将因子得分和集群编号添加到原始数据
DF <- cbind(DF, DFfa)                    # 将列结合在一起
DF$kmFA <- color.kmFA                    # 添加颜色名称

# 将主成分得分（至第 2）和集群编号添加到原始数据
DF <- cbind(DF, DFpca[, 1:2])            # 将列结合在一起
DF$kmPCA <- color.kmPCA                  # 添加颜色名称

# 确认数据并保存
str(DF)
write.table(DF, row.names=F,file="TokyoSTAT_fa_pca.csv")

# 人气度的分布
summary(DF$ 人气度 )
hist(DF$ 人气度 ,         col="ivory3")
hist(log(DF$ 人气度 ), col="ivory3")

# 每个集群人气度的分布
boxplot(log(DF$ 人气度 ) ~ DF$kmFA, col="grey")

# 回归分析（使用 25 个数据项的行政指标）
Lm1 <- lm(log( 人气度 ) ~ ., data=DF[, c(3:28)])
summary(Lm1)

# 查看多重共线性
library(car)
vif(Lm1)

# 使用因子得分进行回归分析（仅将因子得分用作解释变量）
Lm2 <- lm(log( 人气度 ) ~ ., data=DF[, c(3, 29:31)])
summary(Lm2)
# 计算标准偏回归系数 β
library(lm.beta)                         # 计算 β 的程序库
Lm2beta <- lm.beta(Lm2)                  # 利用 lm.beta() 函数计算 β
summary(Lm2beta)

# 查看多重共线性（因为提取了不相关的因子，所以为 1）
vif(Lm2)

# 根据 Lm2 预测人气度的结果（理论上的预测值）
```

```
pred <- predict(Lm2, newdata=DF)
# 结果是进行对数化的，因此再执行指数化进行复原
exp(pred)

# 实测值和理论上的预测值
plot(log(DF$ 人气度 ), pred, type="n")
text(log(DF$ 人气度 ), pred, DF$ 市町村 , col=color.kmFA)
lines(c(0, 10), c(0, 10), col="grey")
```

6. 使用 R 语言的因子分析

接下来，按照示例脚本 4.3.02.Dimensionality.R（清单 4.7）的顺序解释使用 R 语言进行因子分析的过程。

使用的是程序库 psych 中包含的 fa() 函数[1]。fa() 函数具有设定因子分析所特有的因子提取方法、轴旋转方法、因子得分等计算方法，在这里，使用了用于因子提取的最大似然法（ml）和用于轴旋转的正交旋转（Varimax），以及计算因子得分的回归方法（regression）。尤为重要的是 nafactors 的设定，这里设定了所要提取的因子数。本例中通过并行分析获得的因子数为 3。通过创建一个名为 resultFA 的对象（名称可以任意命名）以存储结果。结果的显示用 print() 函数，并且设定 sort ＝ TRUE 很重要。该设定是在垂直排列原始变量时，以因子载荷量为基准进行排序。

因子分析的分析结果如例 4.6 所示。首先，显示每个变量三个公共因子的因子载荷量。下面给出每个变量的描述。

（1）item：变量的原始顺序（为清楚起见而显示，因为顺序已发生变更）。

（2）ML1 ～ ML3：各个公共因子的因子载荷量。表示各个变量对公共因子的贡献程度。

（3）h2：共同性。表示各个变量可以通过公共因子解释的程度（从 1 中减去 u2 获得的值）。

（4）u2：独特性。表示各个变量无法由公共因子解释的程度（不希望出现很多较大的变量）。

（5）com：复杂性。表示各个变量的因子载荷量对多个公共因子产生影响的程度。

对显示的结果从上到下依次观察，根据对哪个公共因子的因子载荷量高将变量分成三个。具体来说，首先比较 ML1 和 ML2 的绝对值（忽略 ± 的值），可以看出 ML1 更大一些。但是，向下看的话，在某种程度上有相反的状况。在该示例中，介于 "零售额 _ 每个营业场所 _ 百万日元" 和 "每户人口数" 之间。该处上面的数据项主要影响 ML1 的数据项，而下面的数据项主要影响 ML2 的数据项。该处下面的数据项，如果比较 ML2 和 ML3，则 "垃圾回收率 _pct" 和 "年龄超过 65 岁的比率" 是颠倒的。再往下面则主要是影响 ML3 的数据项。

因子载荷量中的负值表示变量对公共因子有负效应。例如，对于 "每户人口数" 的 ML2 的因

---

[1] 还有一个 R 语言的标准函数 factanal() 作为执行因子分析的函数，但是程序库 psych 中的 fa() 函数具有更多功能，并且更易于进行处理，因此建议使用 fa() 函数。

4

子载荷量为 –0.92，这意味着每户人口数越少，公共因子 ML2 的值越大。

例 4.6 因子分析的分析结果

```
> resultFA <- fa(DF[, -(1:3)],
+                 nfactors=3,
+                 fm = "ml",
+                 rotate = "varimax",
+                 scores = "regression")
> print(resultFA, digits=2, sort=TRUE)
Factor Analysis using method = ml
Call: fa(r = DF[, -(1:3)], nfactors = 3, rotate = "varimax",
      scores = "regression", fm = "ml")
Standardized loadings (pattern matrix) based upon correlation matrix
```

	item	ML1	ML2	ML3	h2	u2	com
每千人营业场所数	18	0.97	0.16	0.14	1.00	0.0046	1.1
白天人口比	6	0.97	0.11	0.12	0.97	0.0310	1.1
每千人零售店数量	21	0.95	0.12	0.20	0.97	0.0327	1.1
每千人餐饮店数量	20	0.95	0.22	0.19	0.98	0.0171	1.2
每千人交通事故数量	24	0.95	0.00	0.14	0.92	0.0828	1.0
每千人的刑法犯罪案件数	25	0.91	0.23	0.05	0.88	0.1202	1.1
每千人幼儿园数量	19	0.80	0.24	0.14	0.71	0.2866	1.2
每千人医院数量	22	0.79	-0.01	-0.26	0.70	0.3041	1.2
迁入者人口比	4	0.65	0.62	0.41	0.98	0.0240	2.7
税收所得 _ 每个就业人口 _ 千日元	13	0.50	0.43	0.43	0.62	0.3763	2.9
零售额 _ 每个营业场所 _ 百万日元	14	0.49	0.17	0.45	0.47	0.5291	2.2
每个家庭的人口数	1	-0.16	-0.92	-0.28	0.95	0.0503	1.3
年龄未满 15 岁的比率	2	-0.06	-0.91	-0.09	0.83	0.1684	1.0
老年单身家庭比率	7	0.03	0.74	-0.65	0.96	0.0373	2.0
迁出者人口比	5	0.48	0.71	0.49	0.97	0.0282	2.6
耕地面积 _ 对可居住面积比	12	-0.13	-0.64	-0.11	0.45	0.5545	1.1
每千人养老院数量	23	0.01	-0.63	-0.16	0.43	0.5712	1.1
可居住地面积比率	11	0.01	0.60	0.06	0.36	0.6362	1.0
零售额 _ 每 m² 销售面积 _ 万日元	15	0.44	0.58	0.34	0.65	0.3502	2.5
第 3 产业从业人员人数比	10	0.09	0.54	0.23	0.35	0.6497	1.4
第 1 产业从业人员人数比	8	-0.20	-0.54	0.08	0.34	0.6634	1.3
第 2 产业从业人员人数比	9	-0.09	-0.54	-0.23	0.35	0.6537	1.4
垃圾回收率 _pct	17	-0.24	-0.53	0.11	0.36	0.6444	1.5
年龄超过 65 岁的比率	3	-0.10	-0.19	-0.85	0.77	0.2340	1.1
人均国民健康保险医疗费用 _ 日元	16	-0.15	-0.34	-0.48	0.36	0.6382	2.0

```
                               ML1      ML2      ML3
```

```
SS loadings                    8.22   6.34   2.75
Proportion Var                 0.33   0.25   0.11
Cumulative Var                 0.33   0.58   0.69
Proportion Explained           0.47   0.37   0.16
Cumulative Proportion          0.47   0.84   1.00

Mean item complexity = 1.5
Test of the hypothesis that 3 factors are sufficient.

The degrees of freedom for the null model are 300 and the objective
function was 62.46 with Chi Square of 2488.15
The degrees of freedom for the model are 228 and the objective function
was 29.15

The root mean square of the residuals (RMSR) is 0.07
The df corrected root mean square of the residuals is 0.08

The harmonic number of observations is 50 with the empirical chi square
152.34  with prob < 1
The total number of observations was 50 with Likelihood Chi Square =
1102.82  with prob < 1.2e-114

Tucker Lewis Index of factoring reliability = 0.442
RMSEA index = 0.328 and the 90% confidence intervals are 0.263 NA
BIC = 210.88
Fit based upon off diagonal values = 0.98
Measures of factor score adequacy

                                            ML1    ML2    ML3
Correlation of (regression) scores with factors   1.00   0.99   0.98
Multiple R square of scores with factors          1.00   0.98   0.96
Minimum correlation of possible factor scores     0.99   0.97   0.93
```

7. 因子分析结果的解释

下面对这些因子分析结果进行解释。从 ML1 的因子载荷量较高的数据项来看，大多数指标与商务和商业有关，如每千人的营业场所数、零售店数量、餐饮店数量和白天人口比例等。另外，还有交通事故数量和刑事犯罪案件数等，这些数据项都可以视为是表明商业和经济活动的程度以及商业繁盛程度的因素。我们先暂且将其命名为"商业化程度"[1]。

---

[1]虽然可能会有更合适的命名，但是考虑到简单且字数少，因此就以此来命名。

ML2 的值则随着每个家庭人口数较少、年龄未满 15 岁的比率小及老年单身家庭比率大而增大。所有这些数据项都可以认为是表明单身人口数量多。另外，耕地面积小、零售额每平方米销售面积的销售额大、第 3 产业从业人员人数多、第 1 和第 2 产业从业人员人数少等特征，都可以表明拥挤与大都市化的程度。大家可能会想到一个人在繁忙拥挤的大城市里独自生活的场景，暂且将其命名为"城市生活度"。这里有趣的是"垃圾回收率 _pct"的数据项的独特性为 0.64，显现出略高的情况，但是 ML2 上的因子载荷量为 –0.53。垃圾的低回收率和很多的单身人口数可能具有相似的含义。

对 ML3 有主要贡献度的变量有两个，即"年龄超过 65 岁的比率"和"人均国民健康保险医疗费用"。这两个变量可以认为是表示有大量老年人的指标。另外，"老年单身家庭比率"是对 ML2 贡献度大的数据项，但需要注意的是，ML3 上的因子载荷量为 –0.65，其绝对值也很大。这三个数据项对 ML3 的因子载荷量都为负数。因为对于老龄化指标来说其呈现负数的状态，所以称其为"非老龄化程度"。

当查看公共因子的因子载荷量时，在解释时可以忽略绝对值小于 0.2 的值。另外，在因子分析中，并不希望存在对任何公共因子都没有贡献的数据项。对于 u2 值大于 0.85 或 0.9 的变量，应该考虑从分析中排除。

还要注意分析结果中间位置的指标值。ML1 的 SS loadings（因子载荷量的平方和）和 Proportion Var（方差解释率、贡献率）的值较高，而 ML2 和 ML3 的值则是逐渐降低的。正如在开始的碎石图中看到的，这意味着对数据波动的解释程度是逐渐降低的。特别要注意的是，Cumulative Var（累计方差贡献率）是 Proportion Var 的累加值，在本示例中为提取至第 3 因子的结果，解释了总方差的 69%。如果该值太低，则分析本身是没有意义的。

如上所述，各变量与因子载荷量之间的关系可以使用 fa.diagram() 函数进行查看（图 4.29）。

另外，通过在散点图中绘制每个变量的因子载荷量，在横轴上绘制第 1 因子（在此示例中为 ML1），在纵轴上绘制第 2 因子（ML2），能够确切地显示出哪个变量贡献于哪个公共因子。可以从存储结果的对象（resultFA）中名为 loadings 的列表中提取因子载荷量的值。并不用 plot() 函数绘制点，而是使用 text() 函数在二维图上绘制变量名称如图 4.30（a）所示。同样地，绘制横轴为第 2 因子、纵轴为第 3 因子（ML3）的图如图 4.30（b）所示。以原点（0,0）为中心，查看每个变量分别在正、负两个方向上的贡献度。

8. 基于因子得分的聚类分析

从前面"5. 维数约简"中描述的观点出发，使用公共因子的值而不是单个变量的值对各地区进行聚类分析。可以从对象 resultFA 中名为 scores 的列表中提取每个样本（地区）的公共因子值，即因子得分。

4

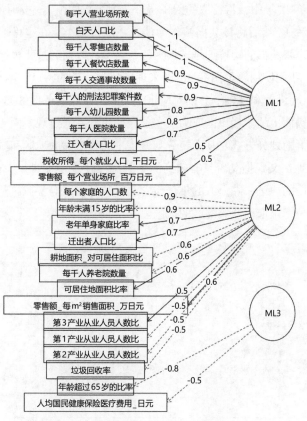

图 4.29　变量与因子载荷量之间的关系

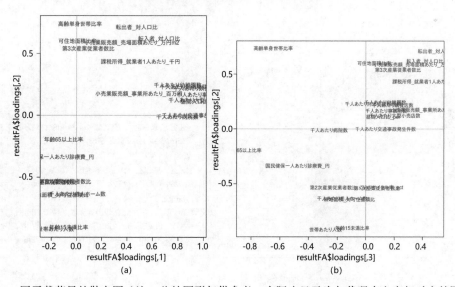

图 4.30　因子载荷量的散点图（注，此处图形仅供参考，实际应显示为与代码中文字相对应的图形）

在示例脚本（清单 4.7）中，将提取的因子得分转换为数据帧，并标注行标签（地区名称）和列标签（公共因子名称）。然后将该数据帧作为输入并进行聚类。在这里，使用 k 均值聚类算法，而不是层次聚类算法。将获得的集群编号转换为颜色名称，以便通过颜色标识每个集群。

在 4.3.1 小节中，我们使用箱形图和 3D 图来理解聚类分析的特点，本示例中如同绘制每个变量的因子载荷量一样，在纵轴和横轴上分别对应每个公共因子绘制各地区的名称。观察图 4.31（a），在商业化程度方面脱颖而出的千代田区成为一个独立的集群。通过观察图 4.31（b）可以看出千代田区以外其他三个集群的划分方式。其主要分为城市生活程度高的地区和城市生活程度低的地区，而城市生活程度高的地区又根据是否具有较高的老龄化程度进一步划分。右上方的集群包含涩谷区和新宿区等繁华市区的地区，左上方的集群包含北区和足立区等工业区及都市中的低洼地区等。下方的集群大多数是位于东京以西等郊区的地区。

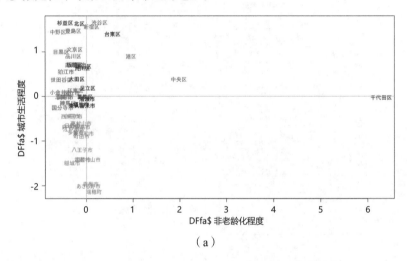

（a）

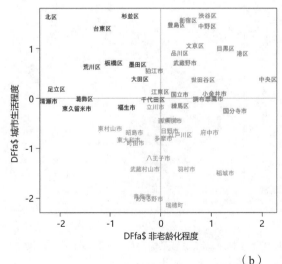

red:
千代田区

green:
中央区、港区、新宿区、文京区、江东区、品川区、目黑区、世田谷区、涩谷区、中野区、丰岛区、练马区、武藏野市、三鹰市、调布市、小金井市、国分寺市、国立市、狛江市

blue:
台东区、墨田区、大田区、杉并区、北区、荒川区、板桥区、足立区、葛饰区、福生市、东久留米市、清濑市

orange:
江户川区、八王子市、立川市、青梅市、府中市、昭岛市、町田市、小平市、日野市、东村山市、东大和市、武藏村山市、多摩市、稻城市、羽村市、あきる野市、西东京市、瑞穗町

（b）

图 4.31　基于因子得分的聚类结果

另外，每次执行 kmeans() 函数的输出结果都不同，因此严格来说，有时可能生成的结果与上面介绍的结果不同。

> ✳ 注意
>
> 基于距离的分析技术（如聚类）需要注意每个轴的尺度。图 4.31 所示为纵轴和横轴上刻度统一的示意图，但是如果将图 4.31（a）输出为正方形，则垂直刻度和水平刻度将不匹配，会令人很难把握距离感。

9. 使用 R 语言的主成分分析

接下来，进行主成分分析。其处理内容类似于因子分析的内容，因此实际上可以根据目的的不同采用某一种处理方法。

在这里，首先使用的是 prcomp() 函数[1]，设定参数 scale = TRUE 使得每个变量的尺度标准化。所得结果以名称 resultPCA 存储。然后使用 summary() 函数查看数据内容，可以看到对于第 1 ~ 25 个主成分可以表示为三个指标，分别为 Standard deviation（标准偏差）、Proportion of Variance（贡献度、方差解释率）和 Cumulative Proportion（累计方差解释率）。如同因子分析一样，查看 Cumulative Proportion 的值。可以看出，如同并行分析所示的那样直至第 2 个主成分，可以解释 64% 的方差（例 4.7 显示了直到第 6 个主成分的值）。

在因子分析中，可以通过查看因子载荷量来确认原始变量与提取的公共因子之间的关系。在主成分分析中，相当于特征向量的成分可以从存储结果的对象（resultPCA）中名为 rotation 的列表中获得（例 4.8 显示了直到第 3 个主成分的值）。另外，相当于因子分析的因子得分（每个样本的公共因子值）是主成分得分（每个样本的主成分的值），可以从 resultPCA 的列表 x 中获得。

例 4.7　使用 R 语言进行主成分分析

```
> resultPCA <- prcomp(DF[, -(1:3)], scale=TRUE)
> summary(resultPCA)
Importance of components:
                          PC1     PC2     PC3     PC4      PC5      PC6
Standard deviation     3.3971  2.1271  1.4791  1.27554  1.10198  0.84051
Proportion of Variance 0.4616  0.1810  0.0875  0.06508  0.04857  0.02826
Cumulative Proportion  0.4616  0.6426  0.7301  0.79518  0.84376  0.87201
```

---

[1] 执行主成分分析的 R 语言的标准函数有 prcomp() 和 princomp() 两种，但是因为 prcomp() 比较容易处理，所以推荐使用它。

例 4.8 使用 R 语言进行主成分分析的分析结果

```
> resultPCA$rotation[, 1:3]
```

	PC1	PC2	PC3
每个家庭的人口数	0.21817823	0.292007358	0.016652864
年龄未满 15 岁的比率	0.17315873	0.282854276	0.107643674
年龄超过 65 岁的比率	0.13827649	0.109660617	-0.462839305
迁入者人口比	-0.28134219	-0.035917394	0.057305951
迁出者人口比	-0.26794431	-0.117216398	0.117642903
白天人口比	-0.24316331	0.243126759	-0.063282831
老年单身家庭比率	-0.07399042	-0.218733757	-0.512410750
第 1 产业从业人员人数比	0.14312036	0.166901626	0.250632303
第 2 产业从业人员人数比	0.14036634	0.191454238	-0.128220532
第 3 产业从业人员人数比	-0.14144537	-0.192633089	0.125130549
可居住地面积比率	-0.11383968	-0.257891119	-0.087326397
耕地面积 _ 对可居住面积比	0.15650544	0.244937181	0.128000027
税收所得 _ 每个就业人口 _ 千日元	-0.23531538	-0.003764779	0.128319792
零售额 _ 每个营业场所 _ 百万日元	-0.18853341	0.053126273	0.272612089
零售额 _ 每 m² 销售面积 _ 万日元	-0.23711598	-0.087377992	0.069927304
人均国民健康保险医疗费用 _ 日元	0.13891741	0.086561773	-0.327457796
垃圾回收率	0.14313231	0.127942834	0.261682729
每千人营业场所数	-0.25378255	0.219289176	-0.056588990
每千人幼儿园数量	-0.23505208	0.155132882	-0.083435715
每千人餐饮店数量	-0.26230625	0.191112884	-0.023531861
每千人大型零售店数量	-0.25021531	0.226389573	0.003021881
每千人医院数量	-0.15137829	0.284149431	-0.281049405
每千人养老院数量	0.12741348	0.292245219	0.020278499
每千人交通事故数量	-0.22590231	0.277312460	-0.014390255
每千人的刑法犯罪案件数	-0.24883963	0.187829606	-0.097897803

使用 biplot() 函数查看每个样本的主成分得分的分布图,每个样本(地区)以编号来绘制,如图 4.32 所示。另外,原始变量对第 1 个主成分和第 2 个主成分(水平轴和垂直轴)的影响程度用箭头来表示(图 4.32)。

10. 基于主成分得分的聚类分析

下面基于主成分得分执行与前面"8. 基于因子得分的聚类分析"中相同的聚类分析。与因子分析一样,将提取的因子得分转换为数据帧,并标注行标签(地区名称)。使用此数据帧作为输入,通过 k 均值聚类算法进行聚类分析。在这里,将根据并行分析至第 2 个主成分。与前面"8. 基于因子得分的聚类分析"中一样,将获得的集群编号转换为颜色名称,以便通过颜色识别每个集群。

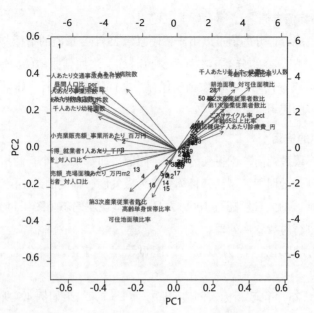

图4.32　使用biplot()函数显示的主成分得分(注,此处图形仅供参考,实际应显示为与代码中文字相对应的图形)

在图 4.33 中，绘制了纵轴和横轴分别代表两个主成分地区名称的分布图，该分布图可以被视为将图 4.32 中以编号表示的内容替换为用颜色区分地区名称的图。在因子分析中，命名为"商业化程度"的趋势性在图 4.33 中以面向斜左侧的形式表现，与图 4.31 中上下所示角度不同。在主成分分析中，很难解释主成分的意思，最好将第 1 主成分理解为"总括了该地区的综合得分"。

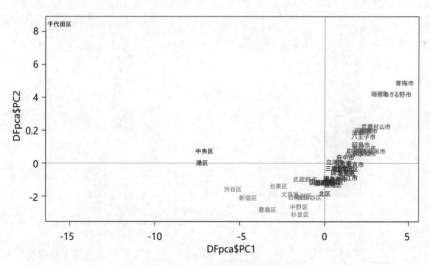

图 4.33　基于主成分得分的聚类分析

11. 计算结果的指标值存储

因子得分的值和主成分得分的值可以用作替代原始 25 个变量值的指标。因此，将每个集群的因子得分、主成分得分和集群的分类（本处为颜色名称）添加到原始的数据帧中并存储。另外，在脚本中还添加了一段脚本代码，即将数据帧保存为文件的脚本代码，如果需要可以参考（本书中对该数据不会有更多的应用）。

12. 在回归分析中的应用

下面考虑前面"5. 维数约简"中提到的第二个问题，即基于 25 个行政指标创建一个解释各地区受欢迎程度（人气度）的回归模型。其目标变量为人气度、幅度的最小值为 11、最大值为 214。但是，几乎没有哪个地区的人气度超过 100，并且分布呈现左偏态（图 4.34）。这样很难使用线性回归模型，因此将其进行对数变换处理。

如图 4.35 所示为箱形图。作为参考，该图显示了基于因子得分的 4 个集群，用以显示人气度的不同。

首先，按原样使用 25 个行政指标来创建回归模型 Lm1，结果如例 4.9 所示。尽管自由度调整后决定系数的值高达 0.85，但是回归系数中唯一具有显著性的是"垃圾回收率"。如果简单按字面意思解释，则会得出无法回收垃圾地区的人气度更高，其他措施对人气度不产生任何影响的结论。显然，这是一个很荒谬的结论，可能是由于过度拟合或多重共线性的原因所导致的。在模型 Lm1 中（见 3.3.6 小节），许多数据项的 VIF 值都在 10 以上，说明发生了多重共线性（例 4.10 显示了前 6 个数据项的值）。

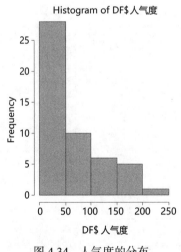

图 4.34 人气度的分布

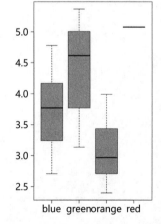

图 4.35 每个集群的人气度（对数变换）

例 4.9 基于原始变量的回归分析

```
> Lm1 <- lm(log(人气度) ~ ., data=DF[, c(3:28)])
```

R & Python数据科学与机器学习实践

```
> summary(Lm1)

Call:
lm(formula = log( 人气度 ) ~ ., data = DF[, c(3:28)])

Residuals:
     Min       1Q    Median       3Q       Max
-0.60277  -0.13619   0.00777   0.12467   0.56727

Coefficients:
                                Estimate Std. Error t value Pr(>|t|)
(Intercept)                    -1.408e+03  1.569e+03  -0.898  0.37832
每个家庭的人口数                -2.532e+00  1.630e+00  -1.554  0.13336
年龄未满 15 岁的比率             7.092e+00  1.443e+01   0.491  0.62763
年龄超过 65 岁的比率            -1.678e+00  1.087e+01  -0.154  0.87855
迁入者人口比                     9.518e-01  2.235e+01   0.043  0.96639
迁出者人口比                     1.418e+01  2.728e+01   0.520  0.60790
白天人口比                       1.929e-03  1.942e-03   0.993  0.33051
老年单身家庭比率                -4.455e+00  1.340e+01  -0.332  0.74245
第 1 产业从业人员人数比          1.297e+03  1.593e+03   0.814  0.42356
第 2 产业从业人员人数比          1.415e+03  1.568e+03   0.902  0.37601
第 3 产业从业人员人数比          1.416e+03  1.568e+03   0.903  0.37551
可居住地面积比率                -6.632e-01  7.389e-01  -0.898  0.37833
耕地面积 _ 对可居住面积比       -2.334e-01  2.189e+00  -0.107  0.91596
税收所得 _ 每个就业人口 _ 千日元 3.493e-05  1.047e-04   0.334  0.74144
零售额 _ 每个营业场所 _ 百万日元 1.109e-03  1.984e-03   0.559  0.58145
零售额 _ 每 m² 销售面积 _ 万日元 -2.282e-03  5.210e-03  -0.438  0.66523
人均国民健康保险医疗费用 _ 日元  7.340e-06  8.593e-06   0.854  0.40148
垃圾回收率                      -2.922e-02  9.830e-03  -2.973  0.00662 **
每千人营业场所数                -2.546e-03  1.083e-02  -0.235  0.81610
每千人幼儿园数量                 2.685e-01  3.265e+00   0.082  0.93514
每千人餐饮店数量                -6.601e-03  6.039e-02  -0.109  0.91387
每千人大型零售店数量            -1.874e+00  2.092e+00  -0.896  0.37926
每千人医院数量                  -2.905e+00  3.407e+00  -0.853  0.40221
每千人养老院数量                 2.385e+00  3.670e+00   0.650  0.52193
每千人交通事故数量               1.135e-01  8.522e-02   1.332  0.19524
每千人的刑法犯罪案件数          -5.651e-03  1.891e-02  -0.299  0.76771
---
Signif. codes:  0 '***' 0.001 '**' 0.01 '*' 0.05 '.' 0.1 ' ' 1

Residual standard error: 0.3286 on 24 degrees of freedom
```

4

```
Multiple R-squared: 0.9284, Adjusted R-squared: 0.8538
F-statistic: 12.45 on 25 and 24 DF, p-value: 1.595e-08
```

例 4.10　VIF 的计算

```
> library(car)
> vif(Lm1)
         每个家庭的人口数                      年龄未满 15 岁的比率
           8.865640e+01                        3.745960e+01
         年龄超过 65 岁的比率                    迁入者人口比
           1.911331e+01                        1.320354e+02
              迁出者人口比                          白天人口比
           9.423737e+01                        1.006671e+02
```

接下来，使用前面"8. 基于因子得分的聚类分析"中生成的因子得分值创建回归模型 Lm2。该模型是一个只有商业化程度、城市化生活程度和非老龄化程度 3 个解释变量的简单模型。另外，计算标准偏回归系数，以便准确比较每个因子得分的影响（见例 4.11）。自由度调整后决定系数（Adjusted R-squared）的值高达 0.79，并且所有解释变量均为显著性。在上述 3 个公共因子中，可以看出城市化生活程度对受欢迎程度（人气度）的影响最大。此外，任意一个公共因子都对受欢迎程度产生积极影响。同时，由于在因子分析中提取了彼此不相关的公共因子（相关性非常低），因此对于所有解释变量，VIF 值均为 1.0 [1]。

例 4.11　基于因子得分的回归分析

```
> Lm2 <- lm(log( 人气度 ) ~ ., data=DF[, c(3, 29:31)])
> Lm2beta <- lm.beta(Lm2)
> summary(Lm2beta)
Call:
lm(formula = log( 人气度 ) ~ ., data = DF[, c(3, 29:31)])
Residuals:
    Min      1Q  Median      3Q     Max
-0.8594 -0.2605 -0.0488  0.2889  0.9853
Coefficients:
             Estimate Standardized Std. Error t   value  Pr(>|t|)
(Intercept)   3.75975       0.00000    0.05592  67.237   < 2e-16 ***
商业化程度      0.21442       0.24893    0.05663   3.787  0.000441 ***
城市化生活程度   0.67445       0.77846    0.05696  11.842  1.44e-15 ***
非老龄化程度    0.31313       0.35763    0.05756   5.440  1.98e-06 ***
```

──────────────

[1] 在因子分析中设定轴旋转为正交旋转（varimax）时，会提取出相互不相关的公共因子。如果指定斜交旋转（proomax），则会提取相关的公共因子。

```
---
Signif. codes: 0 '***' 0.001 '**' 0.01 '*' 0.05 '.' 0.1 ' ' 1
Residual standard error: 0.3954 on 46 degrees of freedom
Multiple R-squared: 0.8012, Adjusted R-squared: 0.7882
F-statistic: 61.8 on 3 and 46 DF, p-value: 3.609e-16
```

最后，使用 predict() 函数计算基于公共因子的受欢迎程度的预测值。该预测值是进行对数变换后的。如图 4.36 所示为横轴代表实测值、纵轴代表预测值的图。该图中世田谷区的预测值比实测值低，狛江市和小金井市的预测值高，但可以看出拟合度总体较好。

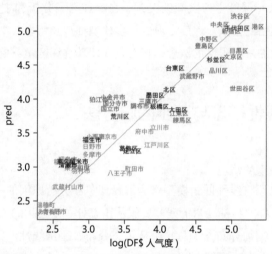

图 4.36　人气度的实测值与预测值（对数变换）

13. 因子分析、主成分分析的应用场景

在前面"4. 因子分析和主成分分析的区别"中解释了因子分析和主成分分析的不同使用方法。在此，补充说明两者共同的优点及注意点。

首先，统计分析和机器学习的技术优势在于，在尽可能不损失数据中所包含信息量的同时减少变量的数量。从缩短计算所需时间、便于解释、避免过度拟合和聚合高度相关项的角度出发，预先降低数据的维数是有效的方法。

除了从技术的角度出发以外，还具有防止不加任何限制地设置评价指标的优点。特别是对于因子分析，通常是从客观地聚合评价指标的角度加以利用。例如，即使有"对于企业组织特性的不同，可以用革新型的还是保守型的、分散型的还是集中型的两个指标来映射"的观点，但是这种观点的可靠性谁也不知道。如果我们已经积累了衡量多个公司组织特征的各种指标数据，则可以从中提取客观的评价指标。以下例举两个例子。

（1）客户细分：提出多个调查问题项以研究客户对产品（如汽水）的偏好，从这些问题的答案中提取公共因子，并对客户进行分群（聚类）。由于每个集群对产品具有不同的偏好，因此需要确定目标集群并为该集群开发相应的产品。

（2）商店评估：从各种指标中提取公共因子，这些指标显示了每个商店的特征（规模、位置、运营形式、员工属性等），并生成多个指标来显示每个商店的特征差异。此外，我们将分析每个指标与业务绩效和客户满意度之间的关系，并将其作为商店运营的参考信息。

然后，使用这些方法带来的问题使分析结果更加抽象。特别是，如果需要向非专业人士进行汇报，则在解释公共因子和主成分的含义时需要花费工夫。同样，虽然认为"尽可能地"做到不损失信息量，但是毫无疑问会存在一定的信息丢失问题。应该特别注意累计方差解释贡献率的值。

最后，谈谈这些方法与深度学习之间的关系。在解释因子分析和主成分分析中提到的公式，实际上类似于表示神经网络的公式。深度学习的许多模型都涉及将多个维数约为更少维数的过程。建立起关于维数约简方法的最低限度的概念，将对直观地理解深度学习的原理大有帮助。

4.3.3　广义线性模型与逐步回归方法

1. 不适用线性回归模型的情况

到目前为止，我们已经将线性回归模型作为解释现象和分析原因的一种方法。但是，线性回归模型有一个约束条件，即"目标变量的残差要服从正态分布"（见 3.3.5 小节）。

但是，实际获得的数据的分布并不总是服从正态分布，服从线性回归模型时的残差可能与正态分布明显不同。例如，在下述案例中：

① 需要分析关于客户是否解约的原因。

② 需要分析客户来店次数与客户属性之间的关系。

在案例①中，由于目标变量的值是解约或不解约（1 或 0），因此残差不可能呈正态分布。案例②取决于实际数据值的分布状况，但是如果所有客户的平均值都约为 2 到 3 次，则通常很难服从正态分布。在这种情况下，适合使用的方法是**广义线性模型**（Generalized Linear Model，GLM）。

2. 广义线性模型

可以将广义线性模型视为线性回归模型的扩展。在后续的 4.3.4 小节中，将详细介绍 GLM 的一种逻辑回归方法。这里仅概述 GLM[1]。

执行广义线性模型的 R 语言中的函数是 glm()。使用 glm() 函数时，在其参数中设定名为 family 的选项，并以下述格式设定分布类型和 link() 函数。该设定表示建模方法。

---

[1] 有关 GLM 的更多信息，请参见参考文献 [9]。

格式

family = 分布类型（link 函数）

分布类型是目标变量的值对于模型的理论值是如何变化的设置。具体而言，可以设定正态分布（Normal distribution）、二项式分布（Binomial distribution）、泊松分布（Poisson distribution）和伽玛分布（Gamma distribution）4种分布类型。有关每个分布类型的特征，请参见3.1.5小节。

另外，link() 函数表示目标变量和解释变量之间的理论关系。在对数回归的情况下，为对数函数；在逻辑回归的情况下，为 Logit 函数。具体而言，有 identity（无，恒等函数）、log（自然对数）、Logit（Logit() 函数）、probit（probit() 函数）4 种设定。

上面的**恒等函数**（identity function）为 $y = x$ 的函数，即"输入等于输出"，不进行变换的函数。probit 函数像 Logit() 函数（4.2.4 小节）一样，将 0 ~ 1 的值变换为 $-\infty \sim +\infty$，其用法类似于 Logit() 函数。

如果以目标变量为纵轴、以解释变量为横轴来将模型的估计值绘制为曲线，则曲线将是 link() 函数的反函数。在依据曲线进行估算时，可以将其视为通过 link() 函数设定如何将曲线变换为直线的方法。

另外，GLM 中参数（截距、回归系数）的估计是采用最大似然估计算法（见 3.3.3 小节），而不是采用最小二乘法。这是因为在处理非正态分布的偏态分布时使用最小二乘法无法给出良好的估计。因此，是通过查看伪决定系数（见 4.3.4 小节）和 AIC（见 3.3.4 小节）的值，而不是通过决定系数来判断模型的拟合度。

3. GLM 的必要性

在 4.2.4 小节中，为了建立反映销售量与价格之间关系的模型，对销售量进行了对数变换，以与线性回归模型拟合。像这样，对于偏态分布可以对目标变量进行变换，然后应用线性回归模型来估计参数。但是，这种处理方法的前提条件是变换后值的残差必须服从正态分布。图 4.37 中的曲线是显示函数 $y = e^x$ 的曲线，并且观察到的值是在服从对数正态分布曲线的上、下方。在这种情况下，可以将目标变量进行对数变换并应用线性回归。

另外，对于遵循伯努利分布的 0/1 数据和遵循泊松分布的有关出现次数计数的数据，即使对数据通过对数函数进行了变换，也无法期望残差服从正态分布。在这种情况下，需要使用 GLM 进行估算。

即使在非线性关系中，残差也可能服从正态分布。图 4.38 中的曲线和图 4.37 中的曲线 $y = e^x$ 完全相同，但是其残差服从正态分布，值在该曲线的上方和下方。对于这样的数据，如果对目标变量的值进行对数变换，反而会使残差的分布失真。在这种情况下，通过设定 link() 函数为对数函数（log），以及将分布设定为正态分布，可以使用 GLM 创建回归模型进行准确的估计。

GLM 可以说是线性回归模型的进一步演化，而且更进一步提出作为能够灵活处理更加复杂现象的方法，如**广义线性混合模型**（GLMM）等方法。同样，应用贝叶斯估计的称为**贝叶斯预测模**

型的方法也引起了人们的注意。有兴趣的读者，请参阅相应的书籍[1]。

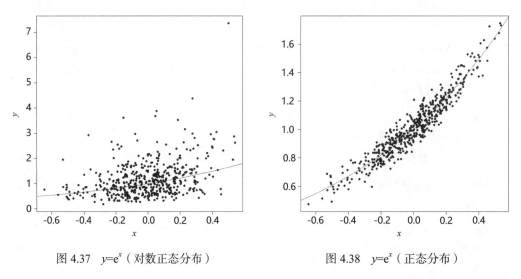

图 4.37　$y=e^x$（对数正态分布）　　　　图 4.38　$y=e^x$（正态分布）

4. 通过逐步回归法选择变量

在 4.3.4 小节执行的逻辑回归中，使用逐步回归法进行变量选择。在这里先简要介绍一下这种方法。

模型中包含的解释变量越多，则与数据的拟合度越高，发生过度拟合的风险也越高（见 3.3.4 小节）。因此，有必要创建在解释变量的数量和数据拟合程度之间取得平衡的模型。但是，无法快速确定应该除去哪些变量及保留哪些变量。如果能够根据业务知识加以选择，将是非常好的选择方法，但是如果做不到，将不得不反复进行各种尝试，如删除或增加变量等。但是在删除或增加变量时，可能会使原本有显著性差异的变量变得失去显著性。反过来，原本不具有显著性差异的变量却又变得具有显著性，变量的增减确定起来并不容易[2]。

制定这样的操作流程，按步骤机械地执行的方法为**逐步回归法**。逐步回归法是不断改变解释变量的选择来多次重新建立模型。尤其是，从解释变量较多的状态开始逐渐减少解释变量数量的方法称为**变量减少方法**，还有其他方法，如**变量增加方法**和**变量增减法**等。

在 R 语言中，如果将 step() 函数应用于使用 lm() 函数或 glm() 函数建立的模型，将自动执行逐步回归法进行变量的选择。模型是以 AIC 为基准进行评估的，具有较小 AIC 值的模型则作为好的模型予以保留。自动选择变量的方式非常方便，随着解释变量数量的增加，这一点尤其令人满意。

---

[1] 关于这些内容，请参考文献的 [4]、[12] 和 [26]。
[2] 为什么会发生这样的事情，正如 4.4.2 小节中说明的那样，怎样计算某个变量的效应取决于有无其他变量。

但是，从实际业务的角度来看，这里说的"好的模型"并不一定是好的模型。例如，如果在 4.3.2 小节处理的东京都各地区受欢迎程度的回归分析中使用逐步回归法（该模型使用 25 个指标而没有减少维数），则会自动选择有效变量实现维数约减，建立置信度高的模型。但是，由此建立的模型将产生"每个家庭的人口数少，并且垃圾回收率低就很受欢迎"的结论，这样的结果很难解释现实的情况。（结果的演示这里省略，有兴趣的读者，可以亲自尝试执行。

计算机无法考虑变量的含义，也不能确定什么是适合作为地区特征和导致该地区受人欢迎的原因的指标。考虑"垃圾回收率"是否是本质性的因素，还是碰巧由其他一些本质性的因素引起的，这超出了计算机能够识别的范围。如果存在各种变量时，则应该事先人为加以选择和聚合变量后再应用逐步回归法。

4.3.4　以二值数据为目标变量的分析——逻辑回归方法

1. 判定是 0 还是 1

在上述的模型中处理的目标变量都是具有大小关系的数值。但是，实际上有时需要处理二值数据。例如"是"或"否"、0 或 1、购买或不购买等。

例如，让我们来考虑一下如何解释电话公司客户解约与不解约之间的区别。为此类问题创建统计模型有以下两个优点。

（1）通过定量地了解导致客户解约的原因，则可以针对这些因素采取措施。虽然可以对交叉表及一些简单的图表进行一定的分析，但是当涉及多个因素时，则需要通过建立模型来分析。

（2）如果可以基于所建立的模型识别出有可能解约的客户，则可以在客户实际解约之前采取措施，如通过提出优惠套餐等方式。

（1）是类似于统计分析的范畴，（2）是类似于机器学习的范畴，但是不管哪一种范畴都需要建立模型。

在这种情况下可以使用的回归模型是**逻辑回归**（logistic regression）。逻辑回归是广义线性模型的一种，与线性回归模型有以下几点不同。

（1）目标变量的值服从二项式分布（见 3.1.5 小节）。

（2）使用 Logit() 函数进行变换（见 4.2.4 小节）。

（3）使用最大似然估计方法（见 3.3.3 小节），而不是最小二乘法进行估算。

使用的示例脚本是 4.3.04.LogisticReg.R（清单 4.8）。后面的"2. 逻辑回归方法的原理"中主要是对逻辑回归的理论解释，因此，如果感觉太繁杂的读者，可以直接进入后面的"3. 通过 R 语言执行逻辑回归"中。

清单 4.8   4.3.04.LogisticReg.R

```r
# 目标变量为二值数据的分类变量时

# 逻辑回归的原理
# 简单的样本数据
y = c( 0, 0, 0, 0, 0, 1, 0, 1, 1, 1, 1, 1)
x = c(-5,-4,-3,-2,-1,-1, 1, 1, 2, 3, 4, 5)
# 绘制散点图
plot(x, y,                                    # x 为横轴、y 为纵轴
     col="blue", pch=16,                      # 用 pch=16 填充的圆圈
     xlim=c(-5, 5), ylim=c(0, 1) )            # 设定 x 轴和 y 轴的范围

# 从 x 的值预测 y 的值（0 或 1）的模型
GM <- glm(y ~ x, family=binomial(logit))
# 回归系数
GM$coefficients
GMb0 <- GM$coefficients[1]
GMb1 <- GM$coefficients[2]

# 追加模型上的预测值
par(new=TRUE)                                 # 设定重叠绘制
plot(x, GM$fitted.values,                     # x 为横轴、预测值为纵轴
     col="orange", pch=16,                    # 用 pch=16 填充的圆圈
     xlim=c(-5, 5), ylim=c(0, 1),             # 设定 x 轴和 y 轴的范围
     axes=FALSE,                              # 不显示轴
     xlab="", ylab="")                        # 不显示轴标签
par(new=FALSE)                                # 去除重叠绘制

# 在 plot() 函数中设定回归方程式
plot(function(x) 1/(1+exp(-GMb0-GMb1*x)),-5, 5, col="red", add=TRUE)
    # 设定生成变量 x 的范围为 -5 ～ 5，并添加到上一张图中
# 绘制 y=0.5 的直线
# 从点 (-5,0.5) 到点 (5,0.5) 画线即可
# 在 lines（X,Y）中设定 X 和 Y 的向量（与散点图相同）
lines(c(-5,5), c(0.5,0.5), col="grey")
# 绘制 x=0 的直线
# 从点 (0,0) 到点 (0,1) 画线即可
lines(c(0, 0), c(-0, 1), col="grey")

# 纵轴进行逻辑变换并画图
```

```
# 将 y 的预测值进行 Logit 变换
LogitY <- log( GM$fitted.values/(1-GM$fitted.values) )
# 绘制散点图
plot(x, LogitY,                                    # x 为横轴、预测值为纵轴
     col="orange", pch=16)                         # 用 pch = 16 填充的圆圈
# 在 plot() 函数中设定回归方程式
plot(function(x) GMb0+GMb1*x,
     # 设定生成变量 x 的范围为 -5 ~ 5，并添加到上一张图中
     -5, 5, col="red", add=TRUE)
# 绘制 y=0 的直线
lines(c(-5, 5), c(0, 0), col="grey")
# 绘制 x=0 的直线
lines(c(0, 0), c(-5, 5), col="grey")


# 读入客户解约的数据
DF <- read.table( "CsLeave.csv",
                  sep = ",",                       # 以逗号为分隔符的文件
                  header = TRUE,                   # 第一行为标题行（列名）
                  stringsAsFactors = FALSE,        # 以字符串类型导入字符串
                  fileEncoding="UTF-8")            # 字符编码为 UTF-8
# 查看数据内容
str(DF)
summary(DF)


# 将分类变量由数值变为字符串
DF$OL 申请 <- as.character(DF$OL 申请 )
DF$C 报名 <- as.character(DF$C 报名 )
DF$FM 注册 <- as.character(DF$FM 注册 )
DF$ML 订阅 <- as.character(DF$ML 订阅 )


# 查看目标变量的详细内容
table(DF$ 续约 )


#tableplot 可视化
library(tabplot)
# 依据续约与否（解约）排序
tableplot(DF[, -1], sortCol =" 续约 ")
# 依据通话时长排序
tableplot(DF[, -1], sortCol =" 通话时长 ")


# 目标变量以字符串形式记录，因此置换为 1 和 0
```

```
DF$ 续约 [DF$ 续约 =="Y"] <- 1          # 续约
DF$ 续约 [DF$ 续约 =="N"] <- 0          # 没有续约（解约）
# 原本是字符串，因此转换成整数
DF$ 续约 <- as.integer(DF$ 续约 )


# 广义线性模型
# binomial 表示假设目标变量遵循二项式分布
#（Logit）表示对线性模型进行 Logit 变换
GC1 <- glm( 续约 ~ 年龄 ,family=binomial(Logit), data=DF)
summary(GC1)
# 参数的值
GC1$coefficients
# 截距和回归系数（因为需要进行绘制，所以将它们提取出来）
GC1b0 <- GC1$coefficients[1]
GC1b1 <- GC1$coefficients[2]
# 年龄增加 1 岁，概率为几倍
exp(GC1b1)
# 年龄增加 10 岁，概率为几倍
exp(GC1b1*10)


# 实测值按年龄平均（续约的比率）
y_Age <- tapply(DF$ 续约 , DF$ 年龄 , mean)
# 年龄标签（20 ~ 90 的数字）
Age <- as.integer( names(y_Age) )
# 纵轴按合同续约比例，横轴按年龄绘制
plot(Age, y_Age, col="blue", pch=16,
    xlim=c(-90, 100), ylim=c(0, 1))
# 在 plot() 函数中设定回归方程式
plot(function(x) 1/(1+exp(-GC1b0-GC1b1*x)),
    # 设定生成变量 x 的范围为 -90 ~ 100，并添加到上一张图中
    -90, 100, col="red", add=TRUE)


# 计算伪决定系数
library(BaylorEdPsych)
PseudoR2(GC1)[1]


# 通过将说明变量设为 "."，使用所有数据项
# 但是，第 1 列是 ID，所以除外
GC2 <- glm( 续约 ~ .,family=binomial(logit), data=DF[, -1])
summary(GC2)
# 计算伪决定系数
```

```
PseudoR2(GC2)[1]

# 通过逐步回归法仅保留有效变量
GC3 <- step(GC2)
summary(GC3)
# 计算伪决定系数
PseudoR2(GC3)[1]
# 计算 VIF
library(car)
vif(GC3)

# 计算概率的比值
exp(GC3$coefficients[3]*10)          # 年龄大 10 岁
exp(GC3$coefficients[4])             # 公司 B 机型（同 A 公司进行比较）
exp(GC3$coefficients[5])             # 公司 C 机型（同 A 公司进行比较）
exp(GC3$coefficients[10]*10)         # 通话时间长 10 分钟
exp(GC3$coefficients[11]*10)         # 通话次数多 10 次

# 通话时长和通话次数相关
cor.test(DF$ 通话时长 , DF$ 通话次数 )

# 套餐费用和其他变量的关系
boxplot(DF$ 年龄 ~ DF$ 套餐 , col="orange")
mosaicplot(table(DF$ 套餐 , DF$ 机型 ), shade=TRUE)

# 基于模型的预测值
# 读入预测用的样本数据（5 个）
DFnew <- read.table( "CsNew.csv",
                     sep = ",",                       # 以逗号为分隔符的文件
                     header = TRUE,                   # 第一行为标题行（列名）
                     stringsAsFactors = FALSE,        # 以字符串类型导入字符串
                     fileEncoding="UTF-8")            # 字符编码为 UTF-8
# 查看数据内容
head(DFnew)

# 将分类变量由数值变为字符串
DFnew$OL 申请 <- as.character(DFnew$OL 申请 )
DFnew$C 报名 <- as.character(DFnew$C 报名 )
DFnew$FM 注册 <- as.character(DFnew$FM 注册 )
DFnew$ML 订阅 <- as.character(DFnew$ML 订阅 )
# 将新数据与模型拟合
```

4

```
PredY <- predict(GC3, newdata=DFnew)
# 注意 predict 的结果是 Logit 变换的概率
PredY
# 使用标准 Sigmode() 函数返回转换前的值
PredY <- 1/(1 + exp(-PredY))
PredY

# 下述方法也同样
PredY <- predict(GC3, newdata=DFnew, type="response")
# 通过 type= "response" 设定可以取得 Logit 变换前的值
PredY
# 将续约的概率转换为 0/1 的值
PredY >= 0.5
```

2. 逻辑回归方法的原理

首先，以简单的数据为例进行讨论。假设以客户满意度作为解释变量 x（–5 ~ 5）、以服务续约作为目标变量 y（0 是解约；1 是续约），共取得了 12 个样本数据。如图 4.39 所示，以 x 为横轴、以 y 为纵轴绘制该数据的逻辑回归模型。其中，在 $y = 0$ 和 $y = 1$ 时对应的 x 点表示每个样本的情况。如果 x 的值较小，则 y 为 0；反之，如果 x 的值较大，则 y 为 1 的数据变多。

对于这些数据，采用逻辑回归分析。在R语言中使用glm()函数，在参数family=binomial(logit)中，binomial表示假设目标变量的值服从二项式分布。另外，Logit表示将目标变量y用Logit()函数进行变换以拟合线性方程式（见4.2.4小节），公式如下：

$$\log \frac{y}{1-y} = b_0 + b_1 x$$

式中，y 为续约；x 为客户满意度。

在这里，目标变量的实测值 0 或 1 是通过 Logit() 函数进行变换，分别变为 $-\infty$ 和 $+\infty$。这里显示的 y 可以视为模型的理论值，而不是实测值。该理论值不是 0 或 1，而是一个范围为 0 ~ 1 的连续值。换句话说，逻辑回归并不是直接估计目标变量的值（0/1），而是估计"目标变量的值取 1 的概率"。

另外，上述公式也可以用以下形式表示。

$$\frac{y}{1-y} = e^{b_0 + b_1 x} = e^{b_0} e^{b_1 x}$$

式中，y 为续约；x 为客户满意度。

这里的 $y /(1-y)$ 称为**概率**（odds），表示某种现象发生和不发生的概率比值。

图 4.39 中的曲线，表示以该方式估算的参数为基础的模型曲线。该曲线称为 **S 形曲线**(sigmoid

curve），其公式如下。

$$y = \frac{1}{1+e^{(b_0+b_1 x)}}$$

式中，y 为续约；x 为客户满意度。

表达式出现了很多次，它们只是以不同的形式表达相同的关系。最后一个方程的右侧是线性形式 $b_0+b_1 x$ 的值应用于标准 S 形函数的形式。Logit() 函数和标准 S 形函数互为反函数（ 4.2.4 小节 ）。

另外，位于图顶部和底部的实测值与曲线（模型）不匹配。但是，glm() 函数通过最大似然估计算法调整曲线，以此获得最为可能的点（实测值）。目标变量的理论值位于该 S 形曲线上（图 4.39 中的点 ）。

该理论值是落在 0 ~ 1 范围内的连续值，表示"客户连续续约的概率"。因此，如果存在诸如概率为 0.5 或更大，则为 1；如果概率小于 0.5，则为 0 等的边界值。像这样的边界值即为阈值（ threshold ），以此进行预测值的估算。在大多数情况下，设定阈值为 0.5，但是根据不同的目的，也有设置一个较低（或较高）的阈值而不是 0.5 的情况。

从一系列方程式中可以看出，使用 Logit() 函数变换纵轴上的 y 会得到线性模型，如图 4.40 所示。但是，由于实测值（0 和 1）变为 $-\infty$ 和 $+\infty$，因此无法在图中绘制。

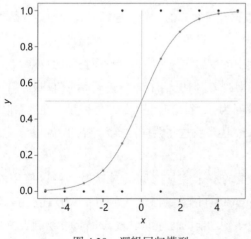

图 4.39　逻辑回归模型

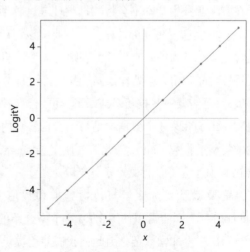

图 4.40　利用 Logit() 函数变换

3. 通过 R 语言执行逻辑回归

（1）分析的准备

在这里，将基于示例脚本解释一个更为具体的逻辑回归示例。样本数据为 CsLeave.csv，其中包含 2798 家通信公司客户的信息（不过，这里的数据是虚构的数据）。与第一个示例一样，其目的是找出与客户解约相关的客户的某些属性。数据项（列）如下。

1）ID：每个客户唯一的 ID。

2）性别：女性为 F；男性为 M。

3）OL 申请：在续约时是否为在线申请（0/1）。

4）年龄：以整数记录。

5）机型：所使用终端设备制造商名称的缩写（A/B/C）。

6）P 购入：续约时所购入设备部件的数量，以整数形式记录。

7）套餐：价格的套餐（Economy/Family/Executive 的首字母缩写）。

8）C 报名：是否报名参加了赢得奖金的抽奖活动（0/1）。

9）FM 注册：其他家庭成员是否续约了（0/1）。

10）ML 订阅：是否已订阅电子邮件通信（0/1）。

11）通话时长：每月平均通话时间。

12）通话次数：每月平均通话次数。

13）账单金额：平均每月帐单金额。

14）续约：是否仍续约状态（Y 为续约状态；N 为已解约状态）。

在实际业务中基本不会将数据整理成这种形式。例如，一般是按出生年月日而不是年龄记录客户的基本信息。在分析过程中，需要由该记录数据计算客户的年龄。通话时长和通话次数等数据通常只会记录为每月或每天（否则记录为日期、时：分：秒等）。因此，要计算出每个月的平均值，需要耗费时间和精力来处理数据。我们可以将本例中的数据视为是为了分析而整理的数据。

另外，还需要一些技巧来确保工具可以正确处理这些数据项。首先，"OL 申请""C 报名""FM 注册""ML 订阅"4 个数据项是当不符合各自内容时为 0，符合时为 1 的二值变量。在读取阶段，变量的类型是整数（int），因此需要使用 as.character() 函数将这些数据转换为字符串（chr）。这样，在 R 语言中才会将它们视为分类变量处理。

当需要确认目标变量与包含分类和数值变量的多个变量之间的关系时，可以使用**表图**（tableplot）[备注]。也可以使用 3.1.4 小节中介绍的 ggpairs() 函数，但是，如果除了 ID 还有 14 个变量，显示出来会非常繁杂。因此，我们使用提供有表图功能的程序库中的 tableplot。绘制表图的函数是 tableplot()。使用 tableplot() 函数时，在括号中的 "sortCol=" 之后设定与目标变量相对应的变量名称，这表示以该设定变量进行降序排列（从上到下、从大到小排列）。实际上，图 4.41 显示了以续约数据项排序的结果。

表图是一种能够一次查看特定目标变量和多个其他变量之间关系的图表。数值变量用折线表示，分类变量按级别用颜色区分。图表的每一列均按目标变量的值进行排序，因此，如果通过观察折线显示的值和颜色的比率如何在每一列的图表上方和下方变化，则可以直观地掌握目标变量和其他变量之间的关系。

在图 4.41 最右边的续约列中，在 90% 的位置处颜色出现了变化。在此示例中，作为排序数据的续约是一个分类变量，因此我们将看到其他变量的值在这个位置的上、下方分别显示出不同的情况。例如，在第三列的年龄中，低于该位置的地方数值明显变小（偏向左侧）。此外，在第四列的机型中，可以看出在该位置以下公司 A 的机型少，而公司 B 的机型多。在第六列的套餐中，显然 E（经济）的变多。从这些情况中可以看出，解约的客户相比其他客户年龄小，而且使用公司 B 的机型较多，选择的套餐多为"经济"型。

该脚本中还记录了按通话时长（为数值变量）进行排序的情况。应该可以看到，随着通话时长的增加，通话次数也是增加的，而消费金额也略有增加。

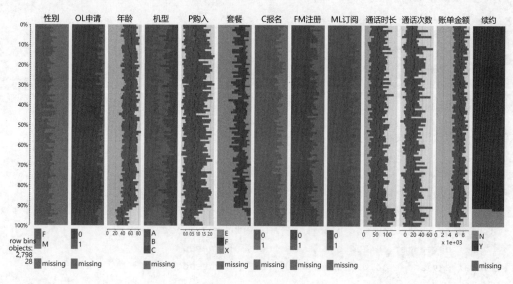

图 4.41　表图的绘制

（2）执行逻辑回归

前面我们对一些解释变量的数据类型进行了转换，在执行逻辑回归时还需要做一些工作。目前，目标变量是具有两个级别（Y 和 N）的分类变量，但为了匹配 glm() 函数的功能，将其转换为 1（续约）和 0（解约），并将数据类型转换为整数类型。在转换数据类型时，提取与条件说明匹配的行

（例如，续约值为 Y）并换为新值（如 1）代入。如果这样执行，只能识别为 1 或 0 的字符串，因此需要使用 as.integer() 函数将其转换为整数。虽然是与前面提到的关于对一些解释变量的数据类型进行转换完全相反的操作，但是这里将此操作理解为是基于函数功能的限制。

下面来看仅包含一个解释变量的示例。回归方程与 2 中所述相同，但是这次选择年龄作为解释变量 x。要执行逻辑回归，使用 glm() 函数并指定 family = binomial(logit) 作为参数，其他描述与 lm() 函数相同。在这里，模型存储在名为 GC1 的对象中。

执行此操作时，结果如例 4.12 所示。可以看到，对参数值的说明与对数回归的情况一样，有点烦琐。年龄的回归系数为 0.0634，有显著性，这表明对于年龄大 1 岁的客户，续约概率为 $y/(1-y)$，即 $e^{0.0634} \approx 1.065$ 倍；如果大 10 岁，则续约概率为 $e^{0.634} \approx 1.89$ 倍。

例 4.12　逻辑回归的执行

```
> GC1 <- glm( 续约 ~ 年龄 ,family=binomial(logit), data=DF)

> summary(GC1)

Call:
glm(formula = 续约 ~ 年龄 , family = binomial(logit), data = DF)

Deviance Residuals:
    Min      1Q   Median      3Q      Max
-3.0927  0.1669   0.2842  0.4640  0.8919

Coefficients:
              Estimate   Std. Error  z value   Pr(>|z|)
(Intercept)  -0.551292     0.202128   -2.727    0.00638 **
年龄          0.063396     0.004861   13.043   < 2e-16 ***
---
Signif. codes: 0 '***' 0.001 '**' 0.01 '*' 0.05 '.' 0.1 ' ' 1

(Dispersion parameter for binomial family taken to be 1)
    Null deviance: 1642.4 on 2797 degrees of freedom
Residual deviance: 1410.2 on 2796 degrees of freedom
AIC: 1414.2

Number of Fisher Scoring iterations: 6
```

为了慎重起见，下面计算每个年龄段的续约率，并绘制一个以续约率为纵轴、以年龄为横轴的散点图。如果在此处应用表示回归方程的 S 形曲线，则可以看出该曲线几乎与概率的实测值曲线一致（图 4.42）。

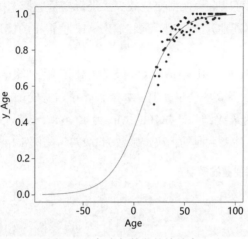

图 4.42　每个年龄段的续约率

（3）伪决定系数

表示模型与数据拟合度的决定因子没有显示在执行结果中，这是因为 glm() 函数是通过最大似然估计法（见 3.3.3 小节）而不是最小二乘法来估计参数的。由于最大似然估计法并不对残差平方和进行最小化，因此无法使用基于残差平方和的决定系数对模型进行恰当的评估。在这里，让我们考虑基于似然值的拟合度评价基准，其中代表之一就是 **McFadden 的伪决定系数**（McFadden's pseudo R^2）。

这里省略具体的计算步骤，概括来说是以模型的对数似然值（对似然值取对数）$\log L_1$ 作为分子，模型的所有参数均为 0 时的对数似然值 $\log L_0$ 作为分母求比值，最后从 1 中减去该比值。似然值通常取 0 ~ 1 的值，取对数时，则变为负值。似然值越高，对数似然值的绝对值越小，因此估计的结果越好，比值 $\log L_1/\log L_0$ 越小。

$$\text{McFadden's pseudo } R^2 = 1 - \frac{\log L_1}{\log L_0}$$

可以认为这是通过估计参数来表明似然值提高程度（获得实测值的准确性）的指标。与通常的决定系数一样，取值范围是 0 ~ 1，但已知它的值比通常的决定系数低。

在 R 语言中，可以使用程序库 BaylorEdPsych 中包含的函数 PseudoR2() 计算 McFadden 的伪决定系数。对于本模型（GC1），得到的值为 0.141。

（4）根据逐步回归法选择变量

接下来，尝试使用除了 ID（第 1 列）的其他所有数据项都作为解释变量来建立模型（模型 GC2）。结果显示，伪决定系数变为 0.274，但也包含了很多不具有统计学意义的变量，也包含很多假设概率较大没有意义的变量。

在这里，使用逐步回归法（见 4.3.3 小节）进行变量选择。设定 step() 函数的参数为所建立的模型名称（此处为 GC2），可以自动根据变量减少法进行变量选择。执行后，从最初的模型开始逐渐减少解释变量并反复不断地建立模型，最终输出 AIC 值很小的模型。在脚本中，将最终获得的模型以 GC3 的名称保存。

查看结果（GC3），去除了如 "OL 申请" "C 报名" "ML 订阅" "账单金额" 等变量（见例 4.13）。虽然仍然保留了一些显著性不高的变量，但是如果去除了这些变量，可能将再次改变总体平衡，因此将该模型（GC3）作为最终结果。GC3 的 AIC 为 1216.8，低于 GC2 的 1222.9，可以将其视为减少变量的效果。另外，注意此时的伪决定系数为 0.273（见例 4.14），与 GC2 几乎没有变化。

例 4.13 依据逐步回归法选择变量的模型

```
> summary(GC3)

Call:
glm(formula = 续约 ~ 性别 + 年龄 + 机型 + P 购入 + 套餐 + FM 注册 +
    通话时长 + 通话次数 , family = binomial(logit), data = DF[,
    -1])

Deviance Residuals:
    Min      1Q    Median      3Q      Max
-3.3470  0.0873    0.1975  0.3947   1.6026

Coefficients:
                    Estimate Std.      Error   z value   Pr(>|z|)
(Intercept)          1.062557   0.317333    3.348   0.000813 ***
性别 M               0.245826   0.151614    1.621   0.104933
年龄                 0.055506   0.006205    8.946   < 2e-16  ***
机型 B              -2.083193   0.232204   -8.971   < 2e-16  ***
机型 C              -1.235883   0.248606   -4.971   6.65e-07 ***
P 购入               0.317581   0.115985    2.738   0.006179 **
套餐 F               0.452847   0.283444    1.598   0.110119
套餐 X              14.787508 352.376530    0.042   0.966527
FM 注册 1            0.768415   0.197001    3.901   9.60e-05 ***
通话时长            -0.011262   0.001945   -5.789   7.08e-09 ***
通话次数             0.008135   0.003725    2.184   0.028987 *
---
Signif. codes:  0 '***' 0.001 '**' 0.01 '*' 0.05 '.' 0.1 ' ' 1

(Dispersion parameter for binomial family taken to be 1)

    Null deviance: 1642.4 on 2797 degrees of freedom
```

```
Residual deviance: 1194.8 on 2787 degrees of freedom
AIC: 1216.8

Number of Fisher Scoring iterations: 17
```

例 4.14   伪决定系数的计算

```
> PseudoR2(GC3)[1]
McFadden
0.2725531
```

（5）结果的解释

在例 4.13 所示的执行结果中，可以认为假设概率较低的变量比其他变量更可能对目标变量产生某种影响。由于很难以假设概率进行数值上的比较，因此建议查看作为假设概率计算依据的 z 值。z 值的绝对值越大，则假设概率越低，可以说具有一定的效应。但是需要注意的是，这是对统计学上意义的判断，而不是对影响程度的度量。

作为衡量影响程度的指标有标准偏回归系数（见 3.3.7 小节），可以在逻辑回归中使用 lm.beta() 函数进行计算，但是目标变量是二值变量，因此，很难解释，一般也不常用。在这里，将使用假设概率的值（或 z 值）和偏回归系数进行确认。

下面来确认具有显著性的解释变量中最主要的变量。年龄回归系数为 0.0555，如果年龄增大 10 岁，则续约的概率 $y/(1-y)$，即 $e^{0.555} \approx 1.74$ 倍。可以看出，终端设备制造商的不同在续约中起着很大的作用，而作为基线的公司 A 比其他公司更可能续约。对于公司 B 而言，续约的概率极大地降低了，为 $e^{-2.08} \approx 0.125$ 倍。对于公司 C 而言，为 $e^{-1.24} \approx 0.291$ 倍。此外，可以看到购买可选零件的其他家庭成员也是续约状态，对续约也有积极作用。

如果每月平均通话时长增加 10 分钟，则续约的概率将略微下降 $e^{-0.113} = 0.893$ 倍。可以解释为通话时间较长的客户倾向于解约，但是需要注意的是，通话次数已包含在解释变量中。通常，如果有较长的通话时间，一般也会有更多的通话次数（相关系数为 0.425）。但是，通话时长的偏回归系数表明：如果通话次数相同，则通话时间越长（一次通话的时间较长）的客户续约的概率越低。关于这一解释，请参见 4.4.2 小节中的讨论。反之，通话次数的偏回归系数是正的且具有显著性的，则表明：如果通话总时长相同，则拨打更多电话（一次的通话时间较短）的客户续约的可能性较高。

我们无法确认性别或套餐对续约的影响。特别是对于套餐，从图 4.44 中可以明显看出"解约的客户大多数是选择经济套餐的客户"，因此乍看之下似乎是一个令人费解的结果。但是，这意味着套餐的效应实际上可以解释为是由其他解释变量（如年龄和机型等）产生的影响。

图 4.43 是一个显示每种套餐中年龄差异的箱形图。图 4.44 为显示每种套餐机型差异的马赛克图。

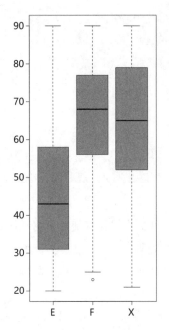

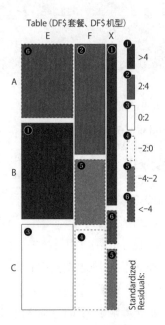

图 4.43　显示每种套餐中年龄差异的箱形图　　图 4.44　显示每种套餐机型差异的马赛克图

可以看出，显然解约的多为选择了针对年轻年龄段和公司 B 机型的经济型套餐的客户，即"如果年龄和机型等条件相同，则套餐的差异并不是解约的原因"。

4. 关于计算预测值的注意事项

与线性回归的情况一样，可以使用 predict() 函数将数据与模型拟合以获取预测值。

例如，读取包括 5 个样本的新样本数据 CsNew.csv，并获取预测值。

CsNew.csv 归根结底是准备用来解释如何计算预测值的文件，而不是评估预测准确性的文件。有关评估模型预测准确性的详细内容请参阅机器学习章节（重点是 5.1.2 小节）。

调用 predict() 函数的输出临时存储在名为 PredY 的对象中。查看对象内容，2.47、2.17、–1.52 等值是经过 Logit 变换的值（见例 4.15）。要将这些值转换为变换前的概率，可以应用标准 S 形函数，因此这里按公式记为 1 /(1+exp(–PredY))。运算的结果，预测值分别为 0.922、0.898、0.180 等。实际上，通过在 predict() 函数中设定 type ="response"，则从一开始就能够获得概率的值。如果忘记做这一步，该值将如上所述为 Logit 变换后的值。

要将得到的概率最终转换为 0/1 的预测值，我们需要确定它是否大于或等于 0.5。为此，只需编写一个用于判断的逻辑表达式，结果将为 TRUE、TRUE、FALSE…的值。在这里，TRUE 表示续约；FALSE 表示解约。

例 4.15　算出预测值

```
> PredY <- predict(GC3, newdata=DFnew)
> PredY
          1           2           3           4           5
 2.4749362   2.1700634  -1.5190535   2.3659099  -0.3873517

> PredY <- 1/(1 + exp(-PredY))
> PredY
        1         2         3         4         5
0.9223660 0.8975288 0.1796009 0.9141906 0.4043550

> PredY <- predict(GC3, newdata=DFnew, type="response")
> PredY
        1         2         3         4         5
0.9223660 0.8975288 0.1796009 0.9141906 0.4043550

> PredY >= 0.5
    1     2     3     4     5
 TRUE  TRUE FALSE  TRUE FALSE
```

5. 逻辑回归方法的应用场景

逻辑回归可用于判断具有两个级别的类别：0 和 1、"否"和"是"等的情况。在机器学习中已经研究出了很多种方法对分类进行判断，如果目的仅仅是进行判断，则使用诸如随机森林或 SVM 等的方法可以确保更高的预测准确性。但是，如果要确认和解释各个解释变量的影响效应，那么还是建立诸如逻辑回归等的回归模型更加有效。

另外，即使不是每个样本都能得到 0/1 的结果数据，只要是针对数量之比的数据，就可以应用逻辑回归方法。例如，像"120 人中有 112 人续约，8 人解约""164 人中有 149 人续约，15 人解约"等的数据，则可以认为得到了每个商店的续约数量和解约数量。在这种情况下，如果以每个商店的续约数量为 y_1、解约数量为 y_2，并设定目标变量为 cbind(y_1,y_2)，则解释变量为代表商店属性的变量（如每个商店的营业年数）来创建回归模型[1]。也可以将续约数量除以客户数并转换为比率的值 $y_1/(y_1+y_2)$ 设定为目标变量，但是因为这样做可能会丢失有关人数的信息，所以不推荐采用这种方法。

另外，需要注意的是，逻辑回归只能处理包含两个级别的分类变量；如果要处理具有三个或

---

[1] cbind 是将多个矢量作为列捆绑，然后作为一个对象的函数。

更多级别的分类变量，则需要使用另外一种称为**多项逻辑模型**（multinomial logit model）的建模方法。在 R 语言中，可以使用程序库 mlogit 的 mlogit() 函数进行估算[1]。该方法与逻辑回归几乎相同，因此，感兴趣的读者可以尝试使用。

4.3.5　分段抽样及其特征的分析——决策树

1. 不使用公式的建模

到目前为止，在对目标变量和解释变量之间的关系建立模型时，已经介绍了以数学公式进行解释为前提的回归模型，如线性回归模型和逻辑回归模型等。创建这些模型的优点是可以严格且逐一验证解释变量的效应。然而，通过数学公式进行解释通常是麻烦且复杂的。而且，实际上，并不总是需要这样严谨地验证。在许多情况下，比起弄清楚什么样的原因导致客户解约来说，更多的情况是想要了解"解约较多的客户群体是哪些客户群体"。例如，如果想向有可能解约客户发送电子邮件，则只需了解"识别可能解约客户的规则"。并非总是必须严格考虑年龄增长多少岁，则续约率增加多少，以及年龄对续约率的影响是否因机型而异等。

因此，当想快速了解此类规则时，使用**决策树**建立模型是有效的。基于决策树理论的算法有几种，在这里将介绍一种称为 **CART**（Classification and Regression Tree[2]）的方法。CART 是将片段分割成两部分，生成两个分支（binary tree, 二叉树）。当目标变量是类别（分类问题）时，或者是数值（回归问题）时，都可以使用此方法。

2. 使用 R 语言生成决策树

（1）根据决策树分析解约率问题

对于决策树方法，通过示例而不是理论解释可能更容易理解。基于 4.3.4 小节中使用的示例数据 CsLeave.csv，下面生成一个提取解约较多的客户群体片段的决策树。示例脚本是 4.3.05.Cart.R（清单 4.9）。

读入数据后，导入用于生成决策树的程序库 rpart。用于生成决策树的函数是 rpart()，同前述一样设定目标变量和解释变量。在此，将 ID（第一列）以外的所有数据项作为解释变量。重要的是 method ="class"，意思是设定目标变量为分类变量。假设目标变量为数值变量，并且根据大小对其进行分段，则设定为 method ="anova"。模型的名称为 CRT1。

执行结果如例 4.16 所示。其显示的是决策树的树结构，但是比较难以理解，因此绘制为图表

---

[1] mlogit 相关介绍见电子文档。

[2] Classification and Regression Tree 直译为"分类·回归树"的意思。

更易于理解。如果要进行绘制，使用程序库 rpart.plot 的 rpart.plot() 函数。结果如图 4.45 所示。

例 4.16 rpart() 函数的执行结果

```
> CRT1 <- rpart( 续约 ~ .,
+         data = DF[, -1], method = "class")
> CRT1
n= 2798

(node), split, n, loss, yval, (yprob)
* denotes terminal node

1) root 2798 241 Y (0.08613295 0.91386705)
   2) 年龄 < 34.5 526 129 Y (0.24524715 0.75475285)
      4) 机型 =B,C 320 110 Y (0.34375000 0.65625000)
         8) 通话时长 >=121.81 36 12 N (0.66666667 0.33333333)
            16) 通话次数 >=13 28 6 N (0.78571429 0.21428571) *
            17) 通话次数 < 13 8 2 Y (0.25000000 0.75000000) *
         9) 通话时长 < 121.81 284 86 Y (0.30281690 0.69718310) *
      5) 机型 =A 206 19 Y (0.09223301 0.90776699)
         10) 通话时长 >=151.105 7 2 N (0.71428571 0.28571429) *
         11) 通话时长 < 151.105 199 14 Y (0.07035176 0.92964824) *
   3) 年龄 >=34.5 2272 112 Y (0.04929577 0.95070423) *
```

清单 4.9　4.3.05.Cart.R

```r
# 决策树

# 设置随机数的类型（每次执行都产生相同的随机数）
set.seed(9999)

# 读入客户解约的数据
DF <- read.table( "CsLeave.csv",
                  sep = ",",                        # 以逗号为分隔符的文件
                  header = TRUE,                    # 第一行为标题行（列名）
                  stringsAsFactors = FALSE,         # 以字符串类型导入字符串
                  fileEncoding="UTF-8")             # 字符编码为 UTF-8
# 查看数据结构
str(DF)
summary(DF)

# 决策树 (CART) 的程序库
library(rpart)
```

```
# 以目标变量 ~ 解释变量的形式记录
# 通过将解释变量设为 ".", 使用所有数据项
# 在这里用于判断类别, 因此在 method 中设定 class
CRT1 <- rpart( 续约 ~ .,data = DF[, -1], method = "class")

# 查看结果
CRT1

# 决策树的显示
# 导入绘图程序库
library(rpart.plot)

#rpart.plot : 树的显示
#tweak : 图中显示文字的大小
#roundint : 是否将分支条件的数值四舍五入为整数
rpart.plot(CRT1, tweak=1.0, roundint=FALSE)

# 用 type(0-4) 和 extra(0-9) 改变显示形式
#under = 数值的表示位置 ( 节点的中间为 0, 节点下侧为 1 )
rpart.plot(CRT1,
           type=4,                   # 在分支中显示规则
           extra=1,                  # 不显示比率, 而是显示样本数
           roundint = FALSE,         # 不对分支条件的数值进行取整
           under=TRUE)               # 比率或样本数不是显示在中间, 而是显示在下侧

#prp : 树的显示 ( 可以设定更加细致的内容 )
prp(CRT1,
    type = 4,                     # 分支表示的格式: 0-4
    extra = 101,                  # 101 是显示数字; 105 是显示比例
    nn = TRUE,                    # 显示节点的编号
    tweak = 1.0,                  # 字体大小
    space = 0.1,                  # 节点中的余白 ( 标准是 1.0 )
    shadow.col = "grey",          # 设定阴影的颜色
    col = "black",                # 节点标签的字体颜色
    split.col = "brown3",         # 分支条件的字体颜色
    branch.col = "brown3",        # 分支的颜色
    fallen.leaves = FALSE,        # 末端节点不需要对齐
    roundint = FALSE,             # 分支条件的数值不要取整
    box.col = c("pink", "palegreen3")[CRT3$frame$yval])
                                  # 按比例大小区分颜色
# 字符大小随绘制前 Plot 区域的大小而变化
```

```
# 增加分支的数量
# 根据 cp 值的设定而改变分支的数量
CRT2 <- rpart( 续约 ~ .,
              data = DF[, -1],
              method = "class",
              control=rpart.control(minsplit=20, # 节点的最小样本数
                                    minbucket=10,# 末端节点的最小样本数
                                    maxdepth=20, # 最大层数
                                    cp=0.005))   # cp 值
# 查看结果
CRT2

#cp 值的表示
printcp(CRT2)

# 图示每个 cp 值的预测误差
#xerror：基于交叉稳定化的误差程度（大则不好）
plotcp(CRT2)

# 减少分支的数量
CRT3 <- rpart( 续约 ~ .,
              data = DF[, -1],
              method = "class",
              control=rpart.control(minsplit=20, # 节点的最小样本数
                                    minbucket=10,# 末端节点的最小样本数
                                    maxdepth=20, # 最大层数
                                    cp=0.015))   # cp 值
# 查看结果
CRT3

# 树的显示
prp(CRT3,
    type = 4,                          # 分支表示的格式：0 ~ 4
    extra = 101,                       # 101 是显示数字；105 是显示比例
    nn = TRUE,                         # 显示节点的编号
    tweak = 1.0,                       # 字体大小
    space = 0.1,                       # 节点中的余白（标准是 1.0）
    shadow.col = "grey",               # 设定阴影的颜色
    col = "black",                     # 节点标签的字体颜色
    split.col = "brown3",              # 分支条件的字体颜色
    branch.col = "brown3",             # 分支的颜色
    fallen.leaves = FALSE,             # 末端节点不需要对齐
    roundint = FALSE,                  # 分支条件的数值不需要取整
```

4

```
          box.col = c("pink", "palegreen3")[CRT3$frame$yval])
# 按比例大小区分颜色
# 依据模型进行预测
# 读入预测用的样本数据（5 个）
DFnew <- read.table( "CsNew.csv",
                      sep = ",",                      # 以逗号为分隔符的文件
                      header = TRUE,                  # 第一行为标题行（列名）
                      stringsAsFactors = FALSE,       # 以字符串类型导入字符串
                      fileEncoding="UTF-8")           # 字符编码为 UTF-8

# 查看数据的前几行
head(DFnew)

# 新数据与模型拟合
PredY <- predict(CRT3, newdata=DFnew)
#predict 的结果用 N 和 Y 的各自的概率（比率）表示
PredY

# 将续约的概率（第 2 列的值）转换为 0/1 的值
PredY[, 2] >= 0.5
```

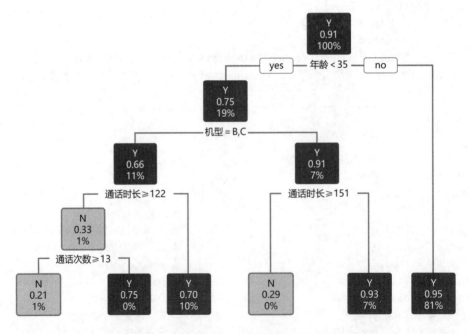

图 4.45　使用 rpart.plot() 函数显示决策树

　　从图 4.45 的顶部开始看起，顶部节点显示为 Y，这意味着表示续约有无的 Y（续约）和 N（解约）中的 Y 多于 N。Y 的比率（即续约率）为 0.91。这里总共为 100%，即所有样本。

在该节点下面的节点划分规则显示为"年龄 < 35"。如果未满 35 岁，则在左侧；如果超过 35 岁，则在右侧。需要注意的是，其左下方节点 Y 的比率（续约率）下降至 0.75，而在其右下方的节点则上升到 0.95，这表明在左侧的节点中解约的较多。左下方节点的续约率为 0.75，占总数的 19%。

左下方节点再根据规则"机型 = B,C"进一步分为两个节点。最终续约率最小的节点位于左下角的节点，即"35 岁以下，使用公司 B 或 C 的机型，通话时长为 122 分钟或更长，通话次数为 13 次或更多的客户"。在这种情况下的解约率为 21%，约占总数的 1%[1]。

rpart.plot() 函数具有各种选项，可以做诸如在分支的中间而不是在节点下显示规则，以及显示每个节点的样本数而不是比率等设定。此外，如果使用 prp() 函数，可以做更加细致的设定[2]。如果显示样本数，可以看到解约最多的客户群体的解约有 22 名，续约的有 6 名。该树的结构与图 4.45 相同，因此这里省略。

（2）调整分支数

模型 CRT1 包含 5 个分支，现在让我们增加分支来看看。要增加分支数量，则将 cp 值设置为 rpart() 函数的参数。cp 值是表示模型复杂性的指标，该值越小，分支越多，表明树越复杂。

可以通过设置其他几个选项来控制分支的数量。如果将 control = rpart.control() 添加到 rpart 的参数中，可以设定节点中包含的最小样本数（minsplit）、末端节点中包含的最小样本数（minbucket）、层次结构的最大深度（maxdepth）及 cp 值 4 个值。在这里，分别设定为 20、10、20 和 0.005。虽然省略了该图，但是以这种方式获得的模型 CRT2 是具有 13 个分支的树。

（3）复杂模型与过度拟合

现在的问题是这样的方法所获得的规则是否有效。如果将节点过份细分，则可能无法反映共同的趋势而反映的是偶然的趋势，这恰恰是 3.3.4 小节中所提及的过度拟合的问题。在极端情况下，决策树可以通过将所有末端节点的数量设置为 1 来创建一个完全与数据拟合的模型。但是，将这种模型应用于新产生的数据则无法得到好的结果。

避免过度拟合的一种方法是拆分数据并检验预测的准确性。用 printcp() 函数将数据分为几个部分，建立模型，然后通过执行交叉验证（见 5.1.2 小节），根据模型的复杂性来获得预测误差的指标。在例 4.17 中输出的 xerror 列正好对应该指标，而 xstd 是其标准偏差。在这种情况下，当 cp 值为 0.011 且分支数为 3 时，xerror 的值最小。另外，由于数据是随机分割的，因此 xerror 的值在每次执行后都会不同。

plotcp() 函数按同样的指标输出图形（图 4.46）。xerror 为纵轴，横轴显示与分支数相对应的 cp 值。在图 4.46 中上下延伸的线是 xerror 的值加减 xstd 的值，表示 xerror 的模糊幅度。在此图中，可以看到，当分支数为 4 时，预测误差最小，而当分支数增加时，预测误差也会增加。根据这些结果，我们知道最好选择 cp 值等于或大于 0.014，分支数等于或小于 4 的模型。

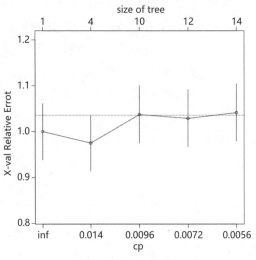

图 4.46　cp 值与预测误差的图

例 4.17　cp 值与预测误差的显示

```
> printcp(CRT2)

Classification tree:
rpart(formula = 续约 ~ ., data = DF[, -1], method = "class",
    control = rpart.control(minsplit = 20, minbucket = 10, maxdepth = 20,
        cp = 0.005))

Variables actually used in tree construction:
[1] FM 注册 ML 订阅 OL 申请 P 购入 年龄 性别 机型 账单金额 通话时长 通话次数

Root node error: 241/2798 = 0.086133

n= 2798

   CP nsplit      rel      error  xerror      xstd
1 0.0165975      0    1.00000   1.0000   0.061579
2 0.0110650      3    0.95021   0.9751   0.060879
3 0.0082988      9    0.88382   1.0373   0.062608
4 0.0062241     11    0.86722   1.0290   0.062381
5 0.0050000     13    0.85477   1.0415   0.062721
```

R & Python 数据科学与机器学习实践

4

另外，如果需要严格检查是否存在过度拟合，还可以将 xstd 加上 xerror 的最小值，并选择低于该值所求得的最大的 cp 值（最小的分支数）[1]。用文字有些难以理解，这意味着选择图中水平绘制的虚线下方最左边的值。这样表示选择一个相对简单的模型，并且不易发生过度拟合。但是，在此示例中，只有一个分支（仅按年龄分支），因此选择 xerror 最小的模型即可。

图 4.47 显示了参照这些指标生成的 cp 值为 0.015 的树。这是使用 prp() 函数绘制的结果，与图 4.45 不同。注意该图中每个节点显示解约与续约的人数；分支数量为 3，规则为使用 3 个解释变量，即年龄、机型和通话时长。

3. 根据决策树计算预测值

同上文所述一样，决策树也可以使用 predict() 函数获取预测值。如果目标变量是分类变量（在创建模型时设定 method="class" 时），则 predict() 函数的输出结果是获得各个值（在此为续约或解约）的概率。

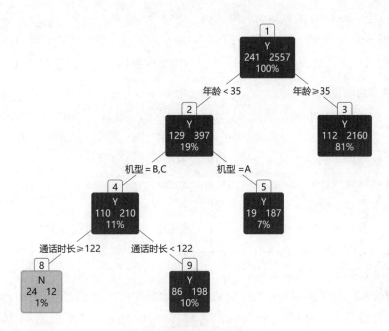

图 4.47　剪枝的决策树

与 4.3.5 小节的情况一样，下面尝试读取包括 5 个样本的新样本数据 CsNew.csv 并输出预测值。predict() 函数的输出结果为第一列是解约（N）和第二列是续约（Y）的概率（见例 4.18）。针对每个样本为了判断是否续签，只需判断第二列中的值是否大于或等于 0.5，并且所有 5 个预测结果与通过逻辑回归模型的预测结果相匹配。但是，如 4.3.4 小节所述，无法根据该结果判断模型的预测精度。

---

[1] 关于判断基准的详细说明，请参照参考文献 [11]。

例 4.18 预测值的计算

```
> PredY <- predict(CRT3, newdata=DFnew)
> PredY
            N          Y
1 0.09223301 0.9077670
2 0.30281690 0.6971831
3 0.66666667 0.3333333
4 0.04929577 0.9507042
5 0.66666667 0.3333333
>
> PredY[, 2] >= 0.5
    1    2     3    4     5
TRUE TRUE FALSE TRUE FALSE
```

需要注意的是，predict() 函数输出的第二列，即每个样本续约率的预测值。第 3 个和第 5 个都为 0.333，对应于图 4.47 末端节点（最下层）中最左边和最小续约率的节点。在决策树中，对于属于同一节点的样本，所有预测值都相同。当是预测某个数值而不是概率时，也是用同样的方法。

4. 决策树的应用场景

决策树是一种无论目标变量是分类变量还是数值变量，都可以使用的通用方法。由于已明确了判断的规则，因此决策树对于理解事物的现象也非常有用。特别是，可能会获得以前从未注意到的知识，如"这个群体的解约率高"等。使用决策树的优点如下。

（1）无须任何统计或数学知识也可以比较容易地理解所得到的的结果。

（2）可以清楚地举例说明在某种情况下获得某种结果。

（3）适用于在实施某些措施（直接邮寄广告、拍摄广告等）时抽取目标细分受众群。

（4）不必太在意应用模型的先决条件（值的分布、线性 / 非线性等）。

所有这些都是商务用户所喜好的要点。在这里特别针对最后一点做一些补充说明。

类似本次的示例，如果将年龄作为逻辑回归中的解释变量，则可以假设诸如"年龄越大，续约率越高"或"年龄越大，续约率越低"。如果年轻客户和老年客户都是低续约率的客户群体，而中年客户的续约率较高，则需要对年龄变量进行一些处理并生成回归方程式[1]。因此，需要耗费一定的时间才能正确整理回归模型。另外，不论年龄和续约率之间关系如何，决策树都是自动定义和划分边界的。这是决策树的简便之处。

另外，决策树也存在以下缺点。

（1）预测精度低。如果以预测作为目的，最好使用诸如随机森林或 SVM 等机器学习领域的方法。

---

[1] 可以考虑把年龄分成几个级别作为分类变量来处理，以某个年龄为基准来取得与其差的绝对值等方法。

（2）当将数值变量作为目标变量时，只能离散地获得预测值。属于同一节点的所有样本将具有相同的预测值。

（3）可以在某种程度上解释某种现象，但与交叉统计表相同，只能得到根据不同情况而定的结果。无法像利用数学公式的回归模型那样，对各个解释变量的效应进行分解并进行定量的评估。

最后这一点多少有些难于理解，因此我们举一个具体的例子进行解释说明。例如，创建一个以病情恶化和服药次数为解释变量、以病情是否痊愈作为目标变量的模型，假设两个解释变量之间存在相关性，并且存在"病情越严重，则服药次数越多"的趋势，同时假设存在的病情特别严重的情况治愈率很低。

在这种情况下，逻辑回归的结果分别表示病情的严重状况与服药次数这两个因素的影响效应。这是因为针对服药次数的偏回归系数的值表示"病情相似时的服药次数的效应"。病情严重的情况下，即使大量服药，治愈率也很低，但如果药物对整体治疗有效，则效果将是积极的。

另外，决策树算法的目标是"寻找片段"。因此，可以得到的规则为"如果病情严重并服药数量很多，则不能治愈"，并且"如果病情较轻并服药次数少，则可能治愈"的形式。另外，根据值的分布形态，表面上看会得到"如果服药次数多，则无法治愈"的规则。虽然记述内容与事实情况没有不同，但是如果作为服药因素的效应来考虑，则是对解释的误解。

4.4 因果推论

4.4.1 由数据明确因果关系——统计性因果推论

线性回归和逻辑回归等模型中的解释变量的"影响效应"表明的是与目标变量的互相关联的程度，而不是因果关系。但是，如果想从数据中发现一些知识，则出发点通常包含阐明因果关系。例如，在 4.3.4 小节中分析的"可选配件"的购买示例，如果发现对续约有正向效应时，则可以将"鼓励购买配件"作为一项重要营销措施。在这种情况下，"购买配件"为原因，而"续约"被视为结果。另外，这种解释可能还有另一种可能性："往往不解约的客户购买配件的可能性就越大"。例如，具有较高品牌忠诚度的客户可能倾向于购买更多配件而不会解约。在这种情况下，品牌忠诚度则是一个混杂因素（3.1.3 小节）。

这里重要的是，是否可以确认"购买配件"与"续约"关联而不是相反，以及是否可以通过比较条件相同的客户购买和不购买的情况来量化效果。与这种因果关系分析相关的主题称为**统计性因果推论**（statistical causal inference），并且已经提出了各种方法。

应该注意的是，验证因果关系及其方向与定量把握因果关系的效应（**因果效应**）本质上是不同的问题。有关因果推论的方法，包含其中的一种（或两者），特别是指前者，也称为**统计性因果发现**（statistical causal discovery）。

如果数据科学的目的之一是阐明现象并获得知识，则因果推论是其最终目的。以下是因果推论中所涉及的几种方法。

1. 实验计划法和随机对照试验

搞清楚因果关系的最可靠方法就是"实验"。此时，设置条件和分组以消除偏倚的方法称为**实验计划法**（experimental design）。

例如，想要调查在商店实施的促销活动是否确实提高了销售量。在这种情况下，可以考虑采用以相同的条件抽出多个商店，将进行促销活动的商店和不进行促销活动的商店随机分组，并在实验期间统计验证销售额是否存在差异的方法。这种采用随机分组并比较结果的方法称为**随机对照试验**（Randomized Controlled Trial，RCT）。

但是，这样的方法存在许多难点。首先，在完全相同的条件下抽取商店是很困难的。即使能抽取出多个商店，也可能无法确保统计上有意义的样本量。为了排除其他活动和季节等的影响，不知道还需要继续进行哪些实验。而且，那些认为不进行促销活动会对销售产生负面影响的人肯定会反对做这些试验。

也有易于实施这一方法的领域，那就是线上市场。例如，改变弹出广告的位置、更换广告图像的种类会使点击率发生多大的变化等，可以通过 RCT 进行检验。在该领域中，可以说 RCT 的使用是有效的，因为可以确保大量的样本且方便使用机器进行控制。

2. 断点回归设计

断点回归设计（Regression Discontinuity design，RD 设计）是一种能够以捕捉在与实验中相同情况下自然发生的变化来确认因果效应的方法。

例如，很难通过实验来验证以下问题："如果改变医疗保险的个人负担费用，是否会增加医疗服务的使用？"但是，在日本，根据年龄的不同而不同，70 岁及以上的个人负担费用为 10%，70 岁以下的个人负担费用为 30%（截至 2014 年 3 月）。如果在 70 岁左右发生了在其他年龄段看不到的不连续变化，那么这个变化可能是由于个人负担费率的不同引起的[1]。

RD 设计是在无法执行 RCT、基于现有数据检验因果关系的情况下有效。但是，存在一个局限性，即除了在分区附近（在上述示例中为 30 岁或 40 岁），还无法确定是否会获得相同的效应。

3. 后门准则

在线性回归模型和广义线性模型（GLM）等模型中，关于偏回归系数和标准偏回归系数的值，可以看作解释变量的值在"其他解释变量为固定值时"的变化会对目标变量产生效应。

但是，使用仅基于良好的拟合和预测精度来选择解释变量的方法，是在不考虑因果关系的方向和混杂因素存在的情况下建立模型。因此，无法简单地将上述的效应视为基于因果关系的效应。

另外，如果关注因果关系适当地选择变量，并且满足建立模型的条件，则这些回归模型中的**偏回归系数**（或标准偏回归系数）将决定解释变量的因果关系。因此，可以将其视为一种选择适当变量基准的表示形式，即"后门准则"（在 4.4.2 小节中将举例说明）。

4. 倾向指数

倾向指数（propensity score）用于消除混杂因素的影响并准确判断因果关系。尽管可以通过前面"3. 浴门准则"中的后门准则消除混杂因素的影响，但线性回归模型和 GLM 中假定了对于每个解释变量，混杂因素的作用均相同。但是，这种假设并非总是成立的。

倾向指数是基于多个混杂变量的影响通过预测模型进行聚合的思想，相比使用线性回归等的

[1] Hitoshi Shigeoka. The Effect of Patient Cost Sharing on Utilization, Health, and Risk Protection. NBER Working Paper, 2013:19726.

回归模型能够更为准确地消除混杂因素的影响[1]。

5. 工具变量

工具变量（instrumental variable）是指"对 X 会产生影响,但对于 Y 则仅通过 X 影响 Y"的变量 Z。使用此类变量,即使存在影响 X 和 Y 的混杂因素,也可以通过将 Z–X 的相关性与 Z–Y 的相关性进行比较来推断 X–Y 之间的因果关系。

同样,由于工具变量 Z 不会直接影响 Y,因此"X 会影响 Y"的模型和"Y 会影响 X"的模型中的 X、Y 和 Z 这三者之间的相关性不同。因此,如果能够比较出哪个模型更接近实际数据,则可以推断 X 和 Y 之间的因果关系。在该比较中使用下面"6. 结构方程模型"中描述的结构方程模型。

然而,在实践中,找到满足条件的工具变量并非易事。例如,如果想了解促销活动对销售的影响,是否可以将诸如"商店经理喜欢营销活动"这样的信息作为工具变量? 尽管偏好促销活动对是否举办促销活动有影响,但它们似乎并不会直接影响销售。但是,喜欢促销活动的商店经理通常对商店本身的运营充满热情,并且促销活动以外的其他举措也会对销售产生积极影响。因此,在这种情况下,不能将商店经理对活动的偏好作为工具变量。

6. 结构方程模型

结构方程模型（Structural Equation Modeling, SEM）是一种关注模型中变量之间协方差（见 3.1.3 小节）的方法,也称为**协方差结构分析**（covariance structure analysis）。它用于表示多个变量之间联系的模型并量化影响程度。

例如,如果 A 和 B 对 X 产生影响,而 E、F 和 X 对 Y 产生影响,则简单的回归模型无法表达这种情况。在 SEM 中,通过箭头将多个变量和公共因子（见 4.3.2 小节）连接起来绘制路径图（path diagram）,并检验该模型是否与实际数据拟合及每种影响的程度。

作为一个实际示例,我们从产品特征中提取公共因子,创建一个模型来评估它们对客户满意度的影响程度及客户满意度对品牌忠诚度的影响程度,并检验每种影响程度与模型的有效性。服务生产力促进会（Service Productivity Council）提出的 JCSI（**日本客户满意度指数**）,实际上就是建立在这一思想基础上的 SEM 所生成的指数[2]。

在 R 语言中,可以使用称为 lavaan 和 semPlot 的程序库执行 SEM[3]。

7. LiNGAM

LiNGAM 是 Linear non–Gaussian Acyclic Model（线性非高斯无环模型）的缩写。在前面"6. 结构方程模型"中描述的 SEM 是基于正态分布的模型,并且需要有关因果关系的方向和相互联系的

［1］关于倾向指数的详细说明,请参照参考文献 [5]。

［2］小野让司. JCSI 顾客满意度模型的构建. 市场营销杂志, 2010, 30（1）20–34.

［3］有关 SEM 的详细说明,请参见参考文献 [20]。

一些先验信息。与此相对，LiNGAM 是一种在假设数据的分布并非服从正态分布且不需要先验信息的情况下，推断因果关系方向的方法。

简而言之，如果 X 和 Y 值的分布都不呈正态分布（如均匀分布），则在"X 对 Y 产生影响"或"Y 对 X 产生影响"的情况下，整体分布的形态是不同的。LiNGAM 利用这一特性推断因果关系的方向。近年来，这种方法作为一种从现有数据中寻找因果关系的方法引起了特别的关注[1]。

4.4.2 基于因果关系的变量选择

如果通过关注因果关系进行适当的变量选择，则线性回归模型中的偏回归系数或标准偏回归系数可以视为表明解释变量的因果关系。本节介绍以此为目的的选择变量的标准。

如果目的仅是预测而不是原因的分析，则没有必要在意这些问题。这是因为预测仅基于相关性，而不必在意因果关系。但是，仅基于相关性且不考虑因果关系的预测模型，在某些情况下，即使获得了在实际应用中的预测准确性，也可能会导致意想不到的结果，有时候会导致阐明的现象出现问题（见 1.2.4 小节）。

在分析实际数据时，通常需要对分析结果进行解释。为了不对建立的模型给出错误的解释，请务必以下述内容为依据。

1. 偏回归系数表示的含义

创建回归模型的原因是想知道 x_1 或 x_2 因素对 y 的波动产生多大影响。因此，下面再次回顾偏回归系数的含义。

$$y = b_0 + b_1 x_1 + b_2 x_2$$

式中，偏回归系数 b_1 表示当 x_2 的值固定时，如果仅变动 x_1，则会对 y 的变化产生多少影响。在这里，即使 x_1 和 x_2 之间存在很高的相关性，也不能假设变动 x_1 时 x_2 也会随之变动。

例如，y 为人体含脂肪的比率、x_1 为体重、x_2 为身高，x_1 的偏回归系数 b_1 表示"如果身高相同，则体重的差异表示体脂比率的差异"。"如果体重很重，则身高也会很高"，或者更进一步"如果身高很高，则体脂不会很高"等假设，则是另外一个与 b_1 所示效应不同的问题。

在这里，请记住偏回归系数的值是"当模型中包含的其他解释变量的影响是固定的情况下"所显示的效应，这与标准偏回归系数相同。两者之间的唯一区别是尺度是否统一的问题。

2. 案例：应该将什么作为解释变量

在回归模型中，解释变量不一定就是原因，目标变量也不一定是结果。如 3.2.1 小节所述，可

---

[1] 有关 LiNGAM 的详细说明，请参见参考文献 [16]。

以从与结果相对应的变量中估计与原因相对应的变量的值。在这种情况下，上述偏回归系数的效应将表明"如果结果发生了某种程度的变动，那么可以认为是原因发生了某种程度的变化"。

但是，在许多情况下，我们希望知道的是某些原因对结果产生了多大的影响，即"原因发生了某种程度的变化，那么会对结果产生了多大的影响呢？"

尤其是在商务活动中，如果提高客户满意度或者增加客户来商店的次数等，我们希望能够得出是否有某种情况会出现良好的结果。因此，下面来考虑下述内容中所列举的案例。

简要地总结一下说明的内容，我们想知道的是促销费用 x 对顾客数量 y 的影响。然而，促销费用 x 和顾客数量 y 均会受到商圈规模 z 的影响。另外，促销费用 x 影响传单数量 w，传单数量 w 影响顾客数量 y。促销费用 x 和顾客数量 y 都会影响促销活动报名人数 v。

仅从文字上很难理解，所以来做一个图（图 4.48），用箭头指示因果关系的方向。

案例分析 促销费用的有效性

从某个连锁店在日本全国范围内 120 家商店的数据中，我们需要调查促销费用的有效性。由于是由各个商店决定应投入多少促销费用，因此，如果存在促销费用投入越多，到该商店的顾客数量就越多的趋势，则促销费用的投入被认为是有效的。

设 x 为某年度各商店所投入的年度促销费用（单位：万日元）、y 为该年度到商店的顾客人数（总人数）。此外，商店所处商圈的规模为 z，由商店分发传单数量 w 及每年参加商店促销活动的人数 v 作为数据。

商圈的规模 z 是通过调查该商店所处的位置、周围的人口、是否存在竞争商店等因素来计算的，并且是根据过去几年的销售业绩进行调整的指标。它代表了商店自身吸引客户的潜力，如果商店所处商圈的规模很大，则认为来商店的顾客数量也有相当多的数量。

年度预算包括促销费用，并且是根据该商圈的规模而确定的。如果确保了足够多的促销费用，则每个商店可以增加传单数量 w。但是，预算的百分之几将用于促销，以及促销费用的百分之几用于传单的印发等由每家商店自己决定。

促销费用不仅用于印发传单，还用于店内海报和店内活动。尤其是，参加店内促销活动的人数 v，它的表示由于投入了促销费用而在促销活动中获得成果的一项指标。来商店的顾客数量越多则可以认为参加促销活动的客户数也越多。

除了促销外，每家商店还会采取其他各种措施，如商品的定价及提高员工技能等，这些措施对到商店的顾客数量有很大的影响。但是，并没有获得关于这些措施的指标值。

在这里，想知道的是"投入多少促销费用及其会对到商店的顾客数量产生多大的影响"。目标变量是到商店的顾客数量，那么解释变量应该从 x、z、v、w 中选择几个及应该选择哪几个呢？

在这里应用统计分析的目的并不是检验如图 4.48 所示的箭头方向（因果关系的方向），而是

假设存在这种因果关系，由此来推断促销费用这种"原因"对增加到商店顾客数量这个"结果"的影响。

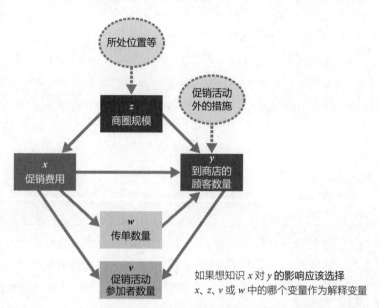

图 4.48　各变量间的因果关系

由于没有获得除促销活动以外的其他措施数据，因此无法将它们纳入分析。这些影响将包括在模型的残差中。

此外，创建模型时存在一个重要问题，即是否应该将到商店的顾客数量与促销费用之间的关系视为线性关系（是否有必要使用对数或指数来表示），在这里不考虑这一问题。准备的样本数据为 Promotion.csv，请务必用一点时间来思考一下。

3. 公共因子（混杂变量）

在了解正确答案前，可以自行先按顺序思考一下。示例脚本是 4.4.02.VariableSelection.R（清单 4.10）。

样本数据中的数据项名称是由字母和单词组成的，如 yVisit（到商店的顾客数量）、xPromo（促销费用）、zScale（商圈规模）、wFlyer（传单数量）、vEntry（促销活动参加者数量）等，而在下述方程式中则设置为 y、x、z、w、v。

在示例脚本中读取数据后，将查看每个数据项的描述性统计信息。在该案例中，由于解释变量之间的相关性很重要，因此在例 4.19 中列出。

例 4.19　解释变量之间的相关性

```
> cor(DF[, -1])
        yVisit    xPromo    zScale    wFlyer    vEntry
```

```
yVisit 1.0000000 0.6422109 0.8589467 0.5952924 0.8156106
xPromo 0.6422109 1.0000000 0.5245466 0.7924311 0.8159734
zScale 0.8589467 0.5245466 1.0000000 0.5014602 0.6664258
wFlyer 0.5952924 0.7924311 0.5014602 1.0000000 0.7575554
vEntry 0.8156106 0.8159734 0.6664258 0.7575554 1.0000000
```

首先需要了解的是促销费用与到商店的顾客数量之间的关系，所以将促销费用 x 作为解释变量并建立模型。在示例脚本中该模型为 LC1，尽管省略了关于 LC1 的详细信息，但是其回归方程如下：

$$y = 266000 + 63.7x$$

式中，有效数字为 3 位，以下相同。

如果促销费用 x 增加 10000 日元，则到商店的顾客数量 y 将会增加 64 人。x 的标准偏回归系数为 0.64，相当于 y 和 x 之间的相关系数。因为这是只有一个解释变量的单回归模型，所以相关系数的平方 0.64 与决定系数的值 0.41 相匹配。这里似乎可以认为促销的效果很明显。

但是，这里要考虑的问题是"是否还有其他因素同时影响促销费用和销售呢？"如果还有其他因素（混杂因素）同时影响促销费用和销售，则可能存在直接因果关系与没有直接相关关系的假性相关发生（见 3.1.3 小节）。而且，如果按照常识来考虑，可以想象所处商圈规模大的商店应该有大量的顾客和促销费用。因此，几乎可以说相关系数 0.64 是假性相关。

清单 4.10　4.4.02.VariableSelection.R

```
# 如何选择解释变量

# 目标变量: 年度到商店的顾客数量 y（yVisit）
# 解释变量: 年度促销费用 x（xPromo）
#          基于所处位置的商圈规模 z（zScale）
#          年度的传单数量 w（WFlyer）
#          年度的商店内促销活动参加者数量 v（vEntry）

# 想要了解促销费用 x（原因）对到店的顾客数量 y（结果）的影响程度
# 但是 x 和 y 受到 z 的影响
#      x 对 w、w 对 y 产生影响
#      x 和 y 均对 v 产生影响

# 读入数据
DF <- read.table("Promotion.csv",
                 sep = ",",                    # 以逗号为分隔符的文件
                 header = TRUE,                # 第一行为标题行（列名）
                 stringsAsFactors = FALSE)     # 以字符串类型导入字符串
```

```
# 显示数据帧的开始几行
head(DF)
# 描述性统计量
summary(DF)

# 目标变量值的直方图
hist(DF$yVisit, breaks=20, col="palegreen")

# 绘制散点图
library(ggplot2)
ggplot(DF) +
    geom_point(aes(xPromo, yVisit), size=4, alpha=.5)

# 相关系数
cor(DF[, -1])

# 线性回归模型
# 输出标准偏回归系数的程序库
library(lm.beta)

# 仅使用想要直接知道效果的变量
LC1 <- lm( yVisit ~ xPromo, data=DF)
summary(lm.beta(LC1))                    # 增加标准偏回归系数的输出

# 增加混杂变量（商圈规模）
LC2 <- lm( yVisit ~ xPromo + zScale, data=DF)
summary(lm.beta(LC2))

# 绘制散点图（按商圈规模区分颜色）
ggplot(DF) +
    geom_point(aes(xPromo, yVisit, color=zScale),
               size=4, alpha=.5)

# 增加汇合点的变量（促销活动参加者数量）
LC3 <- lm( yVisit ~ xPromo + vEntry, data=DF)
summary(lm.beta(LC3))

# 绘制散点图（按促销活动参加者数量区分颜色）
ggplot(DF) +
    geom_point(aes(xPromo, yVisit, color=vEntry),
```

```
                     size=4, alpha=.5)

# 增加中间变量（传单数量）
LC4 <- lm( yVisit ~ xPromo + wFlyer, data=DF)
summary(lm.beta(LC4))

# 增加中间变量（传单数量）时
LC5 <- lm( yVisit ~ xPromo + zScale + wFlyer, data=DF)
summary(lm.beta(LC5))
```

为了从回归模型中排除这种假性相关关系，有必要使模型中包含"影响两者的其他因素"，即商圈规模 z。"为了排除而必须包含"看起来似乎是矛盾的，但是思考一下关于 1 中提到的偏回归系数的含义应该是能够理解的。

依据上述内容建立模型 LC2，得到下述回归方程式。

$$y = 70800 + 26.2x + 4.57z$$

这次，如果促销费用 x 增加 10000 日元，则到商店的顾客数量 y 将会增加 26 人，这比之前的数据低。例 4.20 中 x（xPromo）的标准偏回归系数也低至 0.26。另外，z 的标准偏回归系数为 0.72，这表明到商店的顾客数量取决于商圈规模 z。

图 4.49 显示了横轴和纵轴分别为 x（xPromo）和 y（yVisit）的散点图。点的颜色越浅，表示商圈规模 z 越大。浅色点位于图的顶部。如果将点根据其颜色深浅分为几组，并为每组绘制一条回归线，则可以绘制出多条逐渐上升的直线。另外，如果忽略颜色差异绘制回归线，则斜率将非常陡峭。在此示例中，色差不应忽略。商圈规模 z 是导致到商店的顾客数量 y 不同的原因之一。我们想要了解的是 z 为常量时促销费用 x 的效应。

例 4.20　**包含混杂变量的模型**

```
> LC2 <- lm( yVisit ~ xPromo + zScale, data=DF)
> summary(lm.beta(LC2))

Call:
lm(formula = yVisit ~ xPromo + zScale, data = DF)

Residuals:
    Min     1Q  Median   3Q     Max
-145397 -32896   1816  41072  158649

Coefficients:
              Estimate Standardized Std. Error t value  Pr(>|t|)
```

```
(Intercept)  7.079e+04    0.000e+00  1.806e+04    3.920 0.000149 ***
xPromo       2.622e+01    2.644e-01  4.952e+00    5.294 5.67e-07 ***
zScale       4.571e+00    7.203e-01  3.169e-01   14.421 < 2e-16 ***
---
Signif. codes: 0 '***' 0.001 '**' 0.01 '*' 0.05 '.' 0.1 ' ' 1

Residual standard error: 55620 on 117 degrees of freedom
Multiple R-squared:  0.7885, Adjusted R-squared:  0.7848
F-statistic: 218 on 2 and 117 DF, p-value: < 2.2e-16
```

在该示例中，z 是一个同时影响 x 和 y 的混杂变量。因此，为了得出答案，我们指定一条规则，即"如果明确了影响到 x 和 y 的混杂变量，则将其添加到模型中"。

4. 合成的结果（汇合点）

接下来，考虑一下如果模型中包含店内促销活动参加者数量 v，将发生什么情况。在示例脚本中的 LC3 相当于该模型，其回归方程如下所示。

$$y = 166000 - 6.92x + 409v$$

这里省略详细的举例说明，偏回归系数的符号和前述的其他模型相反，为负号。如果促销费用 x 增加 10000 日元，则到商店的顾客数量 y 将减少 7 人。但是，对于 x 的系数，假设概率为 0.45，不具有显著性（系数是否为 0，或者是不能否定多少有些正向作用）。

该回归方程式从表达数据的规律性上来说并非错误。但是，需要注意的是，这是一种从"结果"来解释"原因"的模型。如前提中所述，促销费用 x 会对店内促销活动参加者数量 v 产生影响。投入的促销费用越多，则吸引到店内参加促销活动的顾客数量的效率就越高，平均到每个参加者的到店顾客数量就会减少。因此，如果将要获取的店内促销活动参加者数量固定为某个值，则促销费用对到商店的顾客数量的影响在公式中就可能为负。

分别以 x（xPromo）和 y（yVisit）为横轴和纵轴绘制散点图，如图 4.50 所示。点的颜色越浅，表示店内促销活动参加者数量 v 越多。浅色的点位于图的右上方。与图 4.49 的区别很难从视觉上看出来，但是如果根据颜色深浅划分点，并绘制回归线，则应该能够绘制一条稍微向右下倾斜的直线。但是，如前面所述，这仅仅是由于投入促销费用而有效地获得了促销活动参加者的结果。在此示例中，颜色差异应该被忽略。

可以看出，v 是合成了 x 和 y 的效应而产生的结果。问题不仅在于两个变量的变化被合成，而应该是看到问题在因果关系的"结果"上。在这里从"合流"这个角度来讲，我们将其称为"汇合点"。第二条规则是，如果想了解 x 对 y 的影响，则"不要将受到 x 和 y 影响的汇合点添加到模型中"[备注]。

4

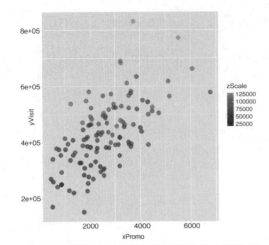

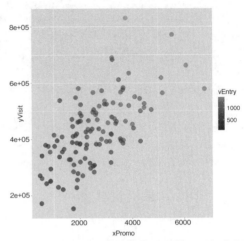

图 4.49　促销费和到商店的顾客数量（深浅颜
色表示商圈规模）

图 4.50　促销费和到商店的顾客数量（颜色深
浅表示促销活动参加者数量）

术语综合变量通常是指由多个变量生成的因子和主成分，但是在这种情况下，仅仅是表示将多个变量组合为一个变量而已，而与因果关系的方向无关。另外重要的是，这里所说的"汇合点"是"位于因果关系的下游位置"。

5. 位于中途的变量（中间变量）

下一个问题是传单数量 w，包含该变量的模型为 LC4。另外，由于模型中应包含混杂变量商圈规模 z，因此创建一个同时包含 z 和 w 的模型作为 LC5。回归方程如下：

$$y = 71800 + 21.3x + 4.52z + 0.067w$$

在该模型中，x 的偏回归系数值小于 LC2 的值，而且即使促销费用增加 10000 日元，顾客数量 y 也仅增加 21 人。例 4.21 中 x（xPromo）的标准偏回归系数也为 0.21，低于 LC2 中的值。

再次考虑前面"1. 偏回归系数表示的含义"中所述的内容，该结果是检验"当商圈规模和传单数量固定为一定数量时，促销费用对销售的影响是多少"。

但是，传单的印发是由促销费用决定的。如例 4.19 所示，传单数量（wFlyer）与促销费用（xPromo）之间的相关性很高，为 0.79。投入的促销费用越多，则可以印发的传单就越多，从而促进销售。在这里，如果将传单数量固定为某个数量，则将从促销费用的影响中排除传单的影响，可能会导致低估促销费用的影响。

```
> LC5 <- lm( yVisit ~ xPromo + zScale + wFlyer, data=DF)
> summary(lm.beta(LC5))

Call:
lm(formula = yVisit ~ xPromo + zScale + wFlyer, data = DF)

Residuals:
    Min      1Q   Median      3Q      Max
-139091  -31972    1880   38648  164856

Coefficients:
              Estimate Standardized Std. Error t value  Pr(>|t|)
(Intercept) 7.176e+04    0.000e+00   1.809e+04   3.967 0.000127 ***
xPromo      2.130e+01    2.148e-01   7.125e+00   2.989 0.003415 **
zScale      4.519e+00    7.122e-01   3.214e-01  14.060  < 2e-16 ***
wFlyer 6.678e-02 6.795e-02 6.949e-02 0.961 0.338521
---
Signif. codes: 0 '***' 0.001 '**' 0.01 '*' 0.05 '.' 0.1 ' ' 1

Residual standard error: 55640 on 116 degrees of freedom
Multiple R-squared:  0.7901,  Adjusted R-squared : 0.7847
F-statistic: 145.6 on 3 and 116 DF,  p-value: < 2.2e-16
```

将印发传单的效果包括在促销费用的效果中，必须从模型中排除传单的数量。为了包含而排除又是一种矛盾的表达方式，但道理已如前所述。由于 w 是位于 x 对 y 有影响的变量中间，因此将 w 称为"**中间变量**"。第三个规则是"不要在模型中加入 x 和 y 之间的中间变量"。

6. 后门准则和因果推论

从上面的示例已经很清楚地看到，问题的答案是"使用两个解释变量：促销费用 x 和所处的商圈规模 z"。

前述的三个规则已总结在图 4.51 中。但是，在实际中，往往在更多变量之间会发生更复杂的因果关系和相关性。在这方面，4.4.1 小节中引入的后门准则已成为通用规则[1]。有关后门准则的解释说明有些难以理解，因此在本书中将其省略。但是，如果能够理解本书中所介绍的内容，则在实际使用过程中不会出现很大的错误。

---

[1]有兴趣的读者请参见参考文献中的 [5] 和 [29]。

■ 在明确混杂变量(对x和y都有影响的共同因素)的情况下,加入分析

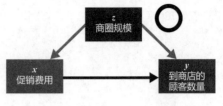

■ 不能加入中间变量(x影响y的过程中的现象)

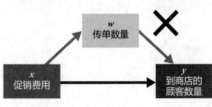

■ 不能加入汇合点(x和y都影响的结果)的变量

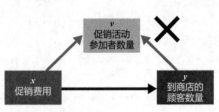

图 4.51　因果效果的规则

机器学习与深度学习

5.1 机器学习的目的与步骤

5.1.1 机器学习的基础

1. 机器学习的概念

从人工智能研究的早期开始，就使用了**机器学习**（machine learning）一词。计算机学者亚瑟·塞缪尔（Arthur Samuel）在 1959 年发表的题为《关于使用 Checker 游戏进行机器学习的研究》的论文中写道："对计算机进行编程使其从经验中学习，可以减少详细编程的必要性"[1]。

通常，在计算机程序中，必须描述在每种情况下所有必要的处理。但是，在诸如跳棋和象棋的游戏中，不可能预先设定好下棋过程中的所有条件和步骤。如果能创建一个从经验中学习的程序，则机器可以像人类一样玩游戏。

这里重要的是机器如何学习及什么才是学习。当今机器学习中的"学习"可以认为是形成用于决策的统计模型的过程。为了更清楚地说明这一点，我们也可以使用**统计机器学习**（statistical machine learning）一词。

另外，人和动物所进行的学习与机器学习中的学习含义有很大的不同。有时，人们会对两者产生混淆，并会产生"机器学习是指机器会自动学习"的误解。从现在起，首先建立人类和动物的学习不同于机器学习的理念。有关什么是学习的问题，请参见"机器学习和增强型学习"专栏（见 5.1.4 小节）。

2. 机器学习的目的

如 1.1.4 小节所述，机器学习的主要目的是"预测"。在这里的预测是指通过提取数据中所包含变量之间的关系（通常是相关性），并将这些关系应用于新数据来推断特定变量的值的操作。

在机器学习中作为预测的对象是各种各样的。例如：

（1）这个产品可能售出多少。

（2）这个顾客是否会解约。

---

[1] Samuel, Arthur. Some Studies in Machine Learning Using the Game of Checkers. IBM Journal of Research and Development，1959, 3 (3): 210–229.

（3）这台机器是否可能会发生故障。

（4）这是垃圾邮件吗？

（5）这个数字接近 0 ~ 9 中的哪个数字？

（6）这张照片是猫还是狗？

（7）这个声音是否有愤怒的情绪。

举例的话会有无数的例子，但是上述的"这个××××"，表示针对每个样本进行预测的意思。换句话说，预测不同于了解一般性规则，如"销售产品的特征是什么""该因素对顾客解约会产生多大影响""故障的原因是什么"等。特别是，许多具有较高预测精度的机器学习方法是"黑匣子"式的，即人类无法获得可以解释的知识[备注]。这与统计分析中假设人类将获得某些知识有很大的不同。

如果不能直接掌握解释变量对预测值的影响，可以采用一种通过计算诸如解释变量对预测准确性的重要指标来间接获取启发的方法。

3. 学习与拟合

机器学习中"学习"的核心是确定最佳统计模型的形式以用作判断的基础。因此，重要的是拟合的调整。

在许多机器学习中，拟合并不像通常的统计分析那样是建立在基于假设上的，并且设定某种约束的模型，而是根据数据自由地创建模型（以提高预测准确性）的过程。如图 5.1 所示，调整数据使模型"与数据拟合到某种程度"的调整非常重要。

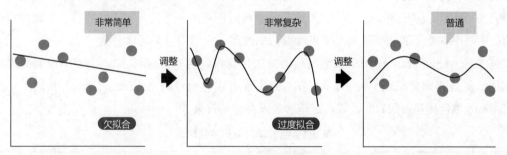

图 5.1　拟合的调节

在执行机器学习中的许多算法时，分析人员会指定一个称为**超参数**（hyper parameter）的数值。超参数的作用是调整拟合度，如图 5.2 所示。通常的参数（见 3.2.2 小节）是用数学上的数值表示模型的形态（高度、倾斜度、弯曲度），可以说是算法自身输出的结果。如果连算法和条件都设定了，那么该值是由机器计算的。与之相对的，超参数是用于调整确定参数条件的数值，基本上是由分析人员设定的。到目前的说明中，决策树中处理的 cp 值（见 4.3.5 小节）是超参数。

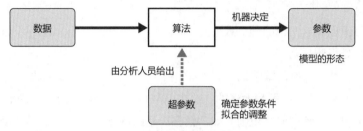

图 5.2　超参数的作用

但是，在没有任何信息的情况下进行设定是非常困难的，因此当前已经有了正确确定超参数的技术。在 5.1.2 小节中将对此进行说明。

4. 监督学习及其算法

机器学习的方法大致分为**监督学习**（supervised learning）和**无监督学习**（unsupervised learning）。

监督学习是机器学习的一种典型方法。前面"1. 机器学习的概念"中描述的示例基本上也是监督学习的范畴。这里的"监督"意味着在学习数据中存在目标变量的值，即在预测中给出了作为正确答案的实测值。在学习阶段，基于该数据创建表示目标变量和解释变量之间关系的模型，并且在预测阶段，以包含解释变量值的新数据为基础预测目标变量的值。

线性回归、广义线性模型及决策树等技术，相当于机器学习中的监督学习，都是通过解释变量的值解释或预测目标变量值的波动。这些方法也是可以用于机器学习的算法，但是通常多用于预测算法。

监督学习，可以大致分为回归和分类。**回归**（regression）可以视为用于预测数值变量（基本上是连续量）的值，**分类**（classification）可以视为用于预测分类变量的值。

表 5.1 列出了 scikit-learn（见 5.2.1 小节）中可以利用的一些最具代表性的算法，稍后将详细介绍。本书中省略了 K 近邻法和朴素贝叶斯法的说明，它们相对都简单易懂。

请注意，scikit-learn 中用于分类问题的算法包含逻辑回归。这与 4.3.4 小节中说明的内容基本相同，但是正则化机制（见 3.3.4 小节）的实现方式与弹性网络（Elastic-Net）相同。如果在 scikit-learn 中使用逻辑回归时，需设定超参数以调整其效果。

表 5.1　监督学习与无监督学习

	方　　法	目　　的	使用的主要算法
监督学习 （supervised）	回归 （regression）	预测波动的数量 （数值变量的值）	岭回归（见 3.3.4 小节） 弹性网络（见 3.3.4 小节） 随机森林（见 5.2.2 小节） 支持向量机（SVM）（见 5.2.3 小节） K 近邻法

方　法		目　的	使用的主要算法
监督学习 （supervised）	分类 （classification）	预测确定的分类 （分类变量的值）	逻辑回归（见 4.3.4 小节） 随机森林（见 5.2.2 小节） 支持向量机（SVM）（见 5.2.3 小节） K 近邻法 朴素贝叶斯法
无监督学习 （unsupervised）	聚类 （clustering）	对具有相似特征的 样本进行分组	k 均值聚类算法（k-means）（见 4.3.1 小节） GMM
	维数约简 （dimensionality reduction）	将多个变量聚合成 更少的变量（减少 特征量的维数）	主成分分析（PCA）（见 4.3.2 小节） Isomap

5. 无监督学习及其算法

无监督学习意味着学习数据中没有目标变量值，即在预测中不存在作为正确答案给出的实测值。在前述的各种方法中聚类（见 4.3.1 小节）属于这类方法。在学习阶段，将给定的样本分组，生成集群。在预测阶段，确定新样本属于现有的哪个集群。

表 5.1 中的无监督学习也包含 4.3.2 小节中介绍的维数约简方法。维数约简方法（如主成分分析等）本身并不用于预测，而是经常用于数据的预处理，因此将其称为"学习"似乎很奇怪，不过它被归类为无监督学习的方法。

关于无监督学习，scikit-learn 中也实现了许多的算法，在这里就不一一介绍了。GMM（Gaussian Mixture Model，**高斯混合模型**）是类似 k 均值聚类算法（见 4.3.1 小节）的聚类方法之一，它可以针对每个样本计算出属于某集群的概率。另外，Isomap 是维数约简方法之一，即使数据的分布具有非线性结构，也可以适当地维数约简。

6. 其他的机器学习

尽管**强化学习**通常被归类为机器学习方法的一种，但是它与上面介绍的监督学习和非监督学习在思维方式上存在一些差异，尤其是从目的的角度来看，强化学习被定位为一种优化方法。同样，基础的强化学习程序（如简单的迷宫学习）不一定需要统计建模。这一点与统计近似的以预测为目的的机器学习有很大不同。

当前，没有像 scikit-learn 这样可用于简便实现的程序包来实践强化学习，因此许多程序必须由用户自己"手工组装"。此外，用户还需要了解强化学习特有的概念，如动作价值、状态价值和奖励等。

另外，在实用性的强化学习中，有必要用统计预测模型来近似地推断动作价值等的逻辑，并且这部分是通过监督学习，尤其是近年来通过深度学习完成的。我们可以理解为"监督学习是作为实现强化学习的方法"。因此，在对监督学习的原理和技术进行了解时，理解强化学习至关重要。

对于强化学习中的"学习"的概念，也请参考本节最后的"机器学习和强化学习"专栏中的相关介绍。

5.1.2　机器学习的步骤

从头开始创建机器学习算法的情况很少见，通常是利用专用的程序库。而且，出于预测的目的，不需要复杂的解释。因此，一旦掌握了机器学习的步骤，机器学习就变得相对容易。机器学习主要有 5 个步骤：数据拆分（split）、学习（fit）、预测（predict）、评估（validation/test）和调整，如图 5.3 所示。

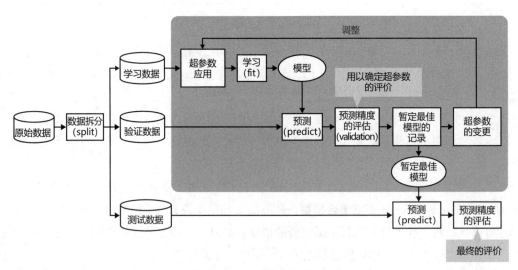

图 5.3　机器学习的步骤

1. 数据拆分

数据拆分是指将收集数据中的一部分用于学习（拟合），将其余部分用于评估。在机器学习中，重要的是不仅要为给定数据，还要为新数据获得合适的预测结果。从高通用性的意义上来说，对新的数据能够做适当预测的能力称为泛化能力或泛化性能（generalization performance）。

由此，将获得的数据分为学习用数据和评估用数据。学习用数据与评估用数据之比为 6：4 至 8：2 较为合适。首先，使用学习用数据建立模型。接下来，使用评估用数据评估模型的预测准确性。这样，获得的预测精度将成为泛化性能的指标。

5

通常，在机器学习中，学习用数据越多，结果越理想。另外，由于收集数据既费力又消耗成本，因此大家可能会认为最好使用所有数据进行学习。但是，即使以这种方式通过学习用数据来获得非常理想的准确性，但是其实际应用也可能会带来灾难性的后果。而评估用数据正是用于防止这种情况的发生。

实际上，性能并不是仅靠评估一次就可以完成的，而是通过不断调整模型以获得更好的性能。调整是指在进行拟合时变更超参数的值。根据不同的情况，有时可能会变更创建模型的算法。

但是，如果在调整模型时使用了评估用数据，则该模型有可能成为仅适用于评价用数据的模型。这是因为分析人员对于评估数据选择了最有利的超参数和模型，虽然是间接的，但是却变成了在学习阶段使用了评估用数据。

在这种情况下，无法说获得的预测精度是泛化性能的指标。因此，除了在调整模型时使用的评估用数据外，还需要另外准备用于最终评估的数据。在图 5.3 中，前者称为"验证数据"，后者称为"测试数据"，以此进行区别。这时，数据将分为 3 个部分。

数据拆分的方法通常是随机抽样，有时需要根据目的和数据的特征采取一定的措施。例如，对学习用和验证用样本的采样时间做适当变更，或者对抽样区域做一定变更等，以确认是否能够获得所期望的效果。

数据拆分的典型方法有**留出法**（hold-out）和**交叉验证法** (cross-validation)。

（1）留出法。留出法是一种只对数据进行一次拆分的方法。该方法的过程很简单，可以说是一种基本方法。在图 5.3 所示的过程中，将原始数据分割为学习数据、验证数据、测试数据 3 个部分，分别用于模型的拟合、验证和最终评估。留出法一般是在样本数量较大时使用的方法。如果在样本数量较少的情况下使用留出法，则数据容易产生偏倚，从而难以进行正确的评估。

（2）交叉验证法。交叉验证法是通过对数据进行多次不同的拆分（而不是一次拆分）来获得学习数据和验证数据的不同组合的方法，如图 5.4 所示。

在留出法中，即使找到具有较高预测精度的超参数设置，也可能恰好是一个验证数据的某个适当的设定值。如果是这样，寻找正确设置的工作就是徒劳无功的。因此，对于一个设定值，可以以学习数据和验证数据的不同组合，并以多种方式进行拟合和验证，计算其预测精度的平均值并将其用作模型的评估指标。

按照图 5.3 所示的步骤，首先将数据拆分为学习数据和测试数据。接下来，将学习数据分为几个部分（如 5 个部分）。如果将其中的 4 个部分汇总为实际的学习数据，将剩余的一部分用作验证数据，则有 5 种可能的组合。因此，使用这 5 种组合进行拟合和验证，并计算 5 种组合的预测精度平均值。假设尝试 10 种不同超参数的设置，则将有 50 种拟合和预测。该过程如图 5.3 中灰色范围内的过程。

5

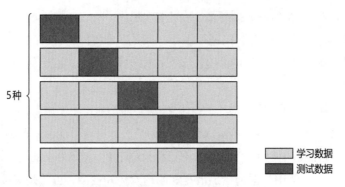

图 5.4 交叉验证法（拆分为 5 个部分的情况）

在交叉验证法中，拆分（组合）的数量用 k 表示，将数据拆分为 k 件的情况称为 k- 重交叉验证（k-folds cross validation）。k 的值通常为 5 ~ 10，如果是拆分为 10，则为 10- 重交叉验证。

使用交叉验证的优点是，即使只有少量数据，也可以获得可靠的验证结果。即使对于大量样本数据，交叉验证法也是有效的，但是由于计算时间为 k 倍，因此有时会避免使用这种方法。

在稍后将介绍说明的 scikit-learn 中，如果一开始就将数据拆分为学习数据和测试数据，则此后的学习数据和验证数据的拆分及通过各种组合进行拟合和验证的过程，均可由程序自动执行，这样做非常方便[1]。

2. 学习

在这里所说的学习是指将模型与数据拟合的过程，以及确定代表解释变量和目标变量之间关系的参数的过程。这一过程本身是利用工具及实现的算法来完成的，因此，我们只需选择算法，再确定解释变量和目标变量并设置超参数即可。

高性能算法的研究是一个快速发展的领域，新的优秀算法层出不穷。到目前为止，众所周知的算法有用于非监督学习（聚类）的 k 均值聚类算法（k-means），以及在监督学习中解决分类问题的随机森林和 SVM（支持向量机），还有在回归问题中的岭回归、支持向量机回归（使用 SVM 原理解决回归问题的算法）等。

哪一种算法为最佳算法取决于目的和数据的特征，并且在很多情况下都是事先不清楚的，因此需要尝试多种算法以便最终选择性能最佳的算法进行处理。

在选择算法时希望大家注意的是，算法是否可以是黑盒模型？也就是说，无法获得可解释的知识是否也是可以的呢？具有较高预测精度的算法往往是黑盒模型，获得较高预测精度的目的与获取知识的目的经常会相互冲突。需要注意的是，如果没有事先设定目的，即使为了追求预测精度而反复进行调整，往往导致最终模型无法获知判断基准，也无法实现模型的可解释性，从而最

---

[1]本书省略了具体方法的说明。如果想了解相关的更多信息，请参见参考文献 [30]。

终导致失败的结果。

3. 预测

预测是使用解释变量的值（特征量）来预测目标变量的值。通常，可以通过将解释变量的值提供给经过学习的模型来获得目标变量的值。

4. 评估

这里所说的评估是使用不用于拟合（学习）的评估用数据（验证数据、测试数据）来确认模型预测准确性的过程。在评估准确性时，用于分类问题和回归问题的指标是不同的。

在分类问题中，生成**混淆矩阵**（confusion matrix）后，确认准确率（accuracy）、精确率（precision）、召回率（recall）、F 值（F-measure）等。混淆矩阵是汇总分类结果的表，如图 5.5 所示。每一行代表数据的实际分类（实测值），每一列代表预测的分类（预测值），如果每个分类均为 0/1 二项分类，则使用 2×2 的交叉表。由于在左上和右下方的实测值和预测值是相匹配的，因此可以通过将这两个单元格中记录的数据之和除以样本总数来获得准确率。通常，准确率越高越好，但是根据目的不同，有时也存在需要关注召回率和精确率指标的情况。此外，重要的是要了解模型预测值的趋势，即使存在偏倚的情况，也需要掌握是如何偏倚的（符合的情况、偏倚的情况），因此，有必要确认准确率以外的指标。

在回归问题中，通常还需要确认诸如**均方误差**（Mean Squared Error，MSE）、**平均绝对误差**（Mean Absolute Error，MAE）以及**平均绝对误差百分比**（Mean Absolute Percentage Error，MAPE）等指标。所有这些指标都代表误差程度，值越小越好（见 3.3.4 小节）。

■ 混淆矩阵

		预测值	
		0 (Negative)	1 (Positive)
实测值	0 (Negative)	True Negative	False Positive
	1 (Positive)	False Negative	True Positive

注：True Positive（真阳性）是指预测为 1（正）且为正确判断的情况；False Negative（假阴性）是指尽管预测为 0（负），却是错误判断的情况；False Positive（假阳性）和 True Negative（真阴性）也是同理。

■ 分类问题中代表性的评估指标

$$准确率 = \frac{TP+TN}{TP+TN+FP+FN}$$

$$精确率 = \frac{TP}{TP+FP}$$

$$召回率 = \frac{TP}{TP+FN}$$

$$F值 = \frac{2 \times 精确率 \times 召回率}{精确率 + 召回率}$$

图 5.5　混淆矩阵

其中，由于均方误差是更强烈地受到离散较大值影响的指标，因此如果数据中存在许多离群值，则该指标会严重恶化。如果不希望出现这种情况时，可能需要使用其他的指标。平均绝对误差和平均绝对误差百分比不具有这样的特性，前者用于了解总体误差，后者用于了解每个样本的拟合优度。

5. 调整

调整是指为了获得较高的预测精度，而通过在拟合时更改超参数的值来反复利用学习数据进行学习及利用验证数据进行验证的过程。调整的方法包括网格搜索和随机搜索。这时，将使用验证数据进行评估。超参数的值基本上需要人工设置，但是通过猜测来更改设置是不会得到很好的结果的。因此，采取的方法是使用程序逐个地尝试不同的值以找到一个好的设置值。像这样搜索的方法，即为网格搜索或随机搜索。

网格搜索是一种全面搜索超参数值的方法。例如，假设需要设置两个超参数。此时，如果为每个参数尝试 10 个不同的值，则有 100 种组合。之所以称为网格搜索，是因为给出的图像恰好是 10×10 的方形格子（网格）。

这里的问题是完全不知道需要设置的值是 0.1、5.6 还是 123.4。因此，有效的方法是以指数形式 $[0.01,0.1,1,10,\cdots]$ 而不是 $[1,2,3,4,\cdots]$ 的形式改变值来进行搜索。同样，即使认为 0.1 可能是合适的，尝试 0.09 和 0.11 可能会再次给出不同的结果。因此，一开始尽量粗略地搜索幅度大的值来确认有效的范围，再加上认为可能是合适值的"周围"值来对其周边较小的范围进行搜索的方法更为有效率。

另外，随机搜索正如其字面意思，实际上是随机设置参数以搜索一系列有用的参数。通常，使用该方法搜索有用参数的速度更快，但预测精度往往会略逊于网格搜索。

5.1.3 关于数据准备的问题

当前的机器学习是一种归纳方法，是从经验事实中推断出"历史数据就是这种情况"的方法。

与统计分析的相似之处在于，机器学习也是基于数据进行推断，但是在统计分析中，人们在处理数据前先设定某些假设，然后将数据组合起来进行推断和验证。而在机器学习中，通常在不设置特定假设的情况下根据数据建立模型。此外，由于许多具有较高预测精度的机器学习方法都是黑盒模型，因此在统计分析的解释阶段很难注意到数据的偏倚和逻辑上不合理的地方。这意味着数据的质量和数量在机器学习中非常重要。数据不足或存在偏倚则会导致错误的预测逻辑。分析人员需要致力于收集大量高质量的数据。但是，实际上，收集数据需要耗费大量的劳力和成本，并且还有可能无法建立具有预期准确度的模型。在这里，我们将以监督学习的分类问题为例，说明与数据量和质量有关的问题。

1. 学习数据的问题

下面思考机器学习的算法是如何进行分类的。如图 5.6 所示，两个轴表示有两个作为预测基础的特征量（解释变量），白色和黑色圆圈表示作为数据的样本。在这里是二项分类，算法的目标是建立一个根据解释变量的值来区分数据是黑色还是白色的模型。建立模型相当于在图上"绘制边界线"。

图 5.6 中右侧的黑色和白色这两个值在这里称为"标签"。标签通常是指在分类问题中作为学习用数据的目标变量（分类变量的级别）的值[备注]。另外，类别的每个分类（级别）称为"类"。

 在机器学习中，尤其是在分类问题中，对于解释变量和目标变量而言，术语特征量和标签的应用更为广泛。

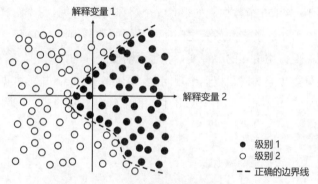

图 5.6　获得理想数据的情况

对于图 5.6，利用算法很容易绘制边界线。因为在这里通过两个解释变量的组合能够很明确地区分白色和黑色，并且对于不同解释变量的值，有足够数量的样本。但是，在一定程度上，实际数据通常存在数量、多样性和准确性等方面的问题。

假设图 5.6 中绘制的边界线（即基于足够数据量所获得的边界线）为"正确的边界线"。如果取得的数据量少于本例的数据数量，是否能够划定正确的边界线呢？图 5.7 正是这种情况。

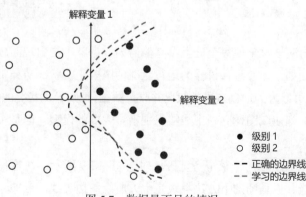

图 5.7　数据量不足的情况

随着数据量的减少，黑白点之间的边界变得模棱两可，可以考虑到会有多种绘制边界线的可能性。这意味着无法通过算法唯一确定估计的参数（边界角度和弯曲度等）。如果以某种形式绘制边界线，则很有可能偏离实际情况。一定范围内存在足够的数据，也就是说，数据的密度对于更准确的推断是非常重要的。

在这里，我们假设的是两个解释变量的情况，即二维的情况。但是，随着维数数量增加到3或4，将增加深度，并且空间也会变宽。如果数据量相同，则密度将随着维数的增加而降低，数据的分布也将变得稀疏。如果数据分布稀疏，将很难确定边界。这种情况称为"维数之咒"，即无法从数据中提取足够信息的情况。

例如，如果有两个解释变量，想要将每个解释变量划分为10个区间，并且每个区域必须确保有一个数据，则需要 $10^2 = 100$ 个数据。如果有5个解释变量，并且每个解释变量分为10个区间，则数据量需要 $10^5 = 10$ 万个。前者和后者之间所需数据的数量相差1000倍。如果不知道哪些解释变量对预测有效，则需要使用更多的解释变量，也就需要更多的数据。

当数据偏向特定分类（类）时，也会出现问题。图5.6和图5.8中的数据数量相同，但是按分类查看时，数据的数量却大不相同。在图5.8中，很难确定真实的边界，因为白色样本很少，而且分布稀疏。

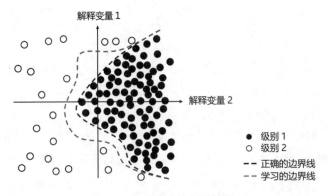

图 5.8　偏向特定类别的情况

此时，可能会认为应该收集使每个分类没有偏倚的数据就不会出现问题。但是，实际上，通常很难做到这一点。例如，即使想在机器的运行状况中区分正常状况与异常状况，但是异常的发生次数是有限的。除非可以人为地创造异常状况并收集数据，否则异常状况的数据量是无法保证的。又比如在市场营销中，即使试图建立一个能够识别富裕人群的模型，但是实际属于富裕人群的客户数量也非常有限。

接下来的问题是当数据偏向于某个特定区域时。如图5.9所示，在这种情况下，可以在图的上部正确地识别边界线，但是图的下方边界线是上方所绘制边界线的延伸，极大地偏离了真实的边界线。

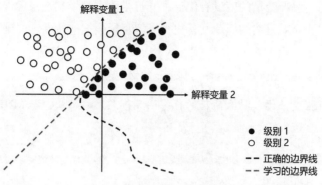

图 5.9　偏向特定区域的情况

最后，观察一下图 5.10。白色和黑色的样本数据彼此交错，混杂在彼此的区间范围内。如同即使每个人的种族和性别相同，其身高也有所不同，实际的值也会有所波动。因此，通常不可能创建一个完美的分类模型。但除了数据本身存在的波动外，数据的不准确性也会造成明显的波动。

例如，即使是如图 5.6 所示的情况，即通过两个解释变量对数据进行完美的分类，也有可能存在原本应该为白色的样本被记录为黑色，或者解释变量的值与实际值不同的情况发生，那么就变成如图 5.10 所示的状态。从实践中获得的数据很难消除这些误差。从机器获得的数据可能存在测量误差和噪声等问题，而人类手工记录的数据中可能存在输入误差等问题。

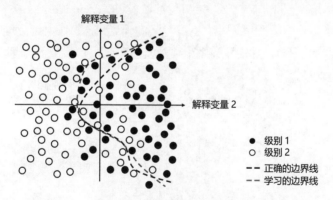

图 5.10　个体差距很大的情况 / 数据不正确的情况

从数据库检索信息以补充某些信息时也会出现问题。当尝试从顾客的基本信息数据中检索客户信息以补充客户的属性时，由于长时间没有对客户基本信息进行更新，则只能获取到旧的信息。相反，也存在顾客基本信息数据中仅含有最新的属性数据，而所需的过去时间点的信息则无从获取。在企业管理的业务系统中，带有数据分析意识进行数据的记录和管理的很少。特别是，可能没有正确管理业务中不经常使用的数据项。

向公众开放的作为数据分析和机器学习的样本数据诸如 iris 和 MNIST 等数据集，它们预先保证了数据的数量和质量。在许多情况下，数据项的数量与解释变量的数量是相对应的，每个标签的数据数量是统一的，解释变量的值没有偏倚，并且排除了测量和记录的误差。但是，如果是自己收集的数据，则需要面对上述的问题。首先，了解目标数据的特性，并确保适合目的的数据数量和质量。

 iris 是关于三种鸢尾花的花萼幅度等数据的记录，而 MNIST 是将手写数字用图像进行记录的数据。

2. 半监督学习与主动学习

缺少数据的原因之一是标记标签的工作量和成本。例如，让我们来考虑将人的图像与其他图像进行分类的问题。图像数据本身可以通过互联网或摄像机大量获取。但是，为了让模型学习识别是否是人的图像，必须对所有图像进行标记是否是人的图像。以这种方式为数据标记标签的过程称为标注（annotation）。

但是，手动为每个图像一个个标记标签是一项艰巨的任务。即使可以处理一定数量的数据，但是如果要保证足够的数据量，也是需要花费大量时间和成本的。解决此类问题的有效方法是称为半监督学习或主动学习的方法，如图 5.11 所示。

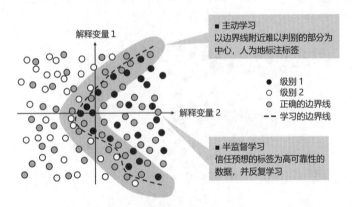

图 5.11 半监督学习与主动学习

（1）半监督学习

在图 5.11 中，白色和黑色是已经以某种方式标记的数据。灰色的是没有标记的数据，无法直接使用其进行学习。

半监督学习是一种仅使用标记了标签的数据创建模型，再使用该模型预测剩余数据标签的方法。在图 5.11 中，可以以较高的概率预测图的右侧中心附近、矩形标注附近的数据为黑色。对于可以以如此高的概率判断的样本数据，可以信任预测是正确的，将其标记标签，并将其合并到学习数据中，如图 5.12 所示。

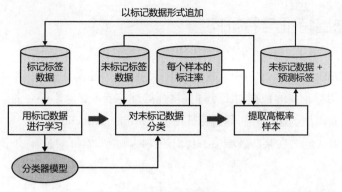

图 5.12　半监督学习的步骤

　　需要注意的是，这个方法是以信任预测结果为前提的，如果模型的预测精度本身很低，则该方法是无效的。当预测精度不足时，使用该方法将进一步恶化模型的精度。

（2）主动学习

　　与半监督学习相反，主动学习用于处理难以通过机器分类的样本。最初，与半监督学习一样，它仅通过带有标记的数据创建模型，并用该模型对未标记的数据进行预测。然后，根据一定的标准选择预测不确定的样本或对提高准确率贡献度较高的样本。

　　例如，在图 5.11 中，难以识别边界线附近的数据，并且无法准确预测。对于此类情况，手动标记数据，并将这些数据合并到学习数据中，然后重新创建模型。在主动学习中，通过反复这样一个过程以提高模型的准确性，如图 5.13 所示。以这样的方法，能够避免盲目人为地标注，并可以极大地降低标注的成本。

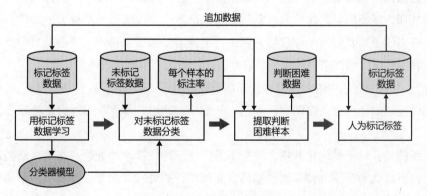

图 5.13　主动学习的步骤

　　半监督学习和主动学习都是将未标注数据合并到学习数据中的方法。因此，还可以尝试将两种方法结合起来使用。

5.1.4 抽出特征与特征向量

如5.1.3小节所述，在机器学习中是根据数据归纳性地创建模型并进行推理的，因此给出何种数据非常重要。采用对重要的数据加工处理并增强处理，或者删除不必要的信息等方法，可以更加方便地由数据建立模型。这种方法称为**特征提取**（feature extraction）。另外，通过特征提取生成**特征向量**（featrue vector）。在某些领域中，我们还使用术语"本征向量"。下面对这些内容进行解释说明。

1. 特征向量的必要性

对于非结构化数据（如图像数据），尤其需要特征提取。使用常规的机器学习方法，即使将图像的像素信息作为数据输入，也无法获得良好的结果。对于诸如业务系统数据等的结构化数据，某些解释变量的值也可能直接影响结果，如"年龄大的顾客消费金额较高"。但是在图像数据中，基本上无法建立诸如"如果从顶部起第二个像素的颜色较暗，则该图像为猫"等的简单规则。

另外，如果打算不做任何处理直接使用图像的像素信息，假设有一个512像素的彩色图像，则要处理$512 \times 512 \times 3$的约79万个解释变量（3表示红色、绿色、蓝色的信息）。如果每个像素的值对分类有一定影响，并且不加以利用就无法判断，则由于5.1.3小节中所述的原因而需要大量的数据。

因此，需要在图像像素信息的基础上，预先增加判断是否为与猫相关联的特征信息。具体来说，并非是关注具体每个像素，而是从多个像素的信息中提取表示特征形态的信息。例如，如果要判断是否为猫的图像，就需要生成一系列表示诸如"是否存在圆形"和"是否存在条纹"等信息的变量，并将其作为特征向量。将这些信息作为输入信息，可以大幅减小模型的维数，这样即使数据量有限也可以学习。我们以图像数据为例进行了说明，那么以日语或英语书写的文本数据为对象时，也是需要从原始字符串中提取某些数值信息，如每个单词出现的频率等。

在深度学习中，在算法中内置了与特征提取等效的处理。这意味着算法在内部进行了特征提取，而无须预先设定诸如"这是条纹图案"等的判断规则。这也是深度学习适合于处理非结构化数据的原因。

需要注意的是，对于结构化数据，并非不需要进行特征提取的处理。在第4章描述的一系列数据处理中，可以认为为了方便获取数据的含义而进行的处理等同于特征提取。例如，基于商店所处的位置信息计算离车站的工作与这里的特征提取相对应。另外，通过维数约简（见4.3.2小节）从多个变量中提取公共因子也可以认为是特征提取。

2. 特征向量的生成方法

如何生成特征向量在不同的问题中方法都是不同的，并且取决于分析人员的知识和经验。但是，可以认为主要有以下 5 种方法。根据目的不同，可以通过组合这些方法来生成特征向量。

大部分的详细说明与第 4 章介绍的数据处理相似，因此在这里适当省略。

（1）不加以处理直接使用数据。如果认为变量不经过加工处理已经能够显示出可用于预测的特征，则不需要加工处理。这意味着获得数据的值可以直接使用。

（2）分类变量的处理。对于分类变量，分类的标准通常由业务需求确定，如果直接使用，可能无法成功预测。因此，有必要采取一些措施，如预先对类别进行重新分类等方法（见 4.2.2 小节）。

在某些情况下，我们还需要将数值变量变换为分类变量。例如，可能关心的是"银行的存款余额是否等于或大于一千万日元"，而不是银行存款的具体数字的多少。关于这一点，请参见 4.2.3 小节中的相关内容。

无论哪种情况，分类变量都不能不经过任何加工就直接作为输入项，因此必须将其转换为虚拟变量（见 3.2.3 小节）。在机器学习中，虚拟变量有时又称为**独热表示**（one–hot representation）。这样的名称用来表示"只有一个是 1，其他都是 0"。

（3）尺度的变换。在 4.2.3 小节中描述的方法可用于标准化、归一化、对数化等。详细信息请参阅相关部分。

（4）包括外围数据的差异和均值。该方法对于像图像一样的非结构化数据或具有时间和空间范围的数据特别有效。详细信息请参见 4.2.3 小节。

（5）特定领域中使用的指标。在某些领域，针对特定目的开发了不同的指标。在网络营销中，经常使用称为 CVR（**转化率**）的指标。这是表示在某网站的访问者或页面浏览者中，最终转变为购买或激活注册人的占比的一个指标。在文本的解析中，有一个众所周知的指标，称为 tf-idf。这是用于评估文档中所含单词重要性的指标[1]。

---

[1] 有关 tf-idf 的详细说明，请参见参考文献 [7]。

专栏 机器学习和强化学习

在阅读本书关于机器学习的说明中，一定有对将确定统计模型参数的过程称为"学习"抱有疑问的读者。实际上，我们会认为人类和动物的"学习"不同于这种简单的过程。

如果在大学的课程中学习过心理学，那么应该听说过"操作学习理论"的概念。这是人类和动物通过反复试错，从经验中学习的原理表述。一个常见的例子是"老鼠和斯金纳箱子"的实验。

（1）在带有拉杆和指示灯的箱子里放入老鼠（智能体：agent）。

（2）箱子的设置是：只有指示灯为绿色时（状态：state），按下拉杆，可能会有食物掉出来，而且，食物出来后的一段时间内，指示灯会处于熄灭状态。

（3）老鼠在四处跑动的过程中会无意识地偶尔按下拉杆（动作：action），并会注意到按下拉杆就会有食物（奖励：reward）。

（4）当老鼠重复这一动作（尝试和错误trial&error）时，会选择在绿色指示灯点亮时按下拉杆。

（5）如果更改设置的条件，动作也将相应地逐渐改变。

换句话说，在某个状态下，当智能体选择某个动作（A）时，通过状态（缩写为S）和所采取动作（A）的组合可获得奖励（R）。根据所采取动作的不同，状态也会发生变化，并且智能体在接下来的状态下采取新的动作。在重复这样的 S-A-R-S-A…循环中，智能体根据不同的状态采取相应的动作。这一过程称为**强化**（reinforcement）。

强化学习（reinforcement learning）正是一种基于这种机制的学习模型。在这种机制中，

人和动物可以从试错中学习。使机器执行这一过程的关键是状态价值和动作价值的概念。**状态价值**是在获得奖励时量化特定状态的偏好的指标。类似地，**动作价值**是在某种状态对采取某种动作的偏好的量化指标。

在这里，进一步谈一谈动作价值。为了了解动作价值，无论如何都要采取一些行动。当条件变得复杂时，则有必要做一些预见。考虑到这一点，智能体会随每个动作而更新其动作价值。这种更新的方法称为 TD 学习（Temporal Difference learning）。

说明到这一步，一定会发现强化学习的前提与普通的机器学习（监督学习和无监督学习）有很大不同。在一般的机器学习中，结果不会根据动作的不同而不同，并且不同的动作也不会引起不同的状态。监督学习中并不存在自己通过反复试错并从环境中学习的方法。在强化学习的知名研究者萨顿和巴托（Sutton & Barto）的书中，认可了监督学习研究人员开发的算法，但也对其没有很好地理解学习和反复试错的概念而导致混乱进行了批判。

强化学习的目的是优化应对环境变化的行动周期。它适用于使机器运行时不会发生碰撞、编写在围棋和象棋中获胜的程序，以及能够自动控制通信网络等。

但是，当问题变得复杂时，不可能揭示状态和动作的所有组合。因此，创建统计模型来预测假设的动作价值，观察实际动作产生的结果及使用 TD 学习方法逐步更新参数，使模型的预测值接近原本的动作价值。此时受到注目的统计模型即为深度学习，这就是围棋中说到"深度学习战胜了人类"的原因。

这种强化学习的发展是否会成为机器学习渗透到各种应用领域的催化剂呢？这样的可能性很大，但还是应该看到它的局限性。充分利用各种技术的强化学习与监督学习在基于过去经验的统计模式做出归纳判断的原理上没有什么不同。

归纳推理的局限性已在本书中进行了说明。在现实中由人类及接近于人类的动物进行的"学习"，可以认为是将描述性推理和归纳推理灵活地结合在一起的高级智力产物。基于反复试错的强化学习，将无法摆脱归纳推理的局限性。使用机器学习的人们不应轻易地认为"机器能够从数据中学习并为我们做出适当的决策"，而应该在了解机器学习的局限性的基础上寻找有效的使用方法。

5.2 | 机器学习的运行

5.2.1 机器学习程序库的应用—— scikit-learn

从用户的角度出发应用机器学习时，通常使用诸如 scikit-learn 等的专用工具（程序库），而不是自己从零开始编程。scikit-learn 是用于 Python 的机器学习程序库，任何个人或商业人士均可免费使用。使用 scikit-learn 的优点如下。

1. 提供多种算法

机器学习可采用各种各样的方法和算法。但是，通常无法事先知道哪种算法最适合于要解决的问题，因此，用户需要尝试多种算法并反复调整模型。这时，如果是自己来编写算法，则既费力又费时，而且还担心可能由于实现上的问题而引起的处理速度问题和错误。

由于 scikit-learn 具有一整套常用的算法，因此，基本上，仅使用该程序库就可以解决众多的问题。虽然机器学习可以不统一为应用 scikit-learn 一种程序库，而是将多个程序库组合在一起使用，但是考虑到可用性的问题，最好只使用一个程序库。

2. 易于使用

scikit-learn 提供了许多算法，所有算法的使用方式几乎相同。首先，从程序库中指定任意的算法类，然后生成模型的对象。在 R 语言中使用统计分析或机器学习算法时，是同时执行模型的创建和拟合，但是在 scikit-learn 中，则首先要生成模型对象，接着执行拟合，即分为两步实现。

生成对象后，接着调用对象的 fit() 方法以使模型与数据拟合。如果数据量很少且模型不太复杂，则拟合很快完成；如果数据量很大且模型比较复杂，则会耗费一定的时间。拟合完成后，使用对象提供的 predict() 方法执行预测。

无论使用哪种算法，步骤都是一样的，因此一旦记住这些步骤，就不会因为使用的算法发生变化而感到困惑。在进行调整时，代码的编写也会变得非常容易。

3. 丰富的文档

scikit-learn 的官方网站中有很多关于算法的说明、用法、示例源代码等文档。仅仅是官方网站就提供了足够多的信息，而且由于目前 scikit-learn 已成为机器学习工具的实用标准，因此，许多志愿者在互联网上提供了非常多的示例源代码和教程。大量的文档对于机器学习的初学者尤其具有吸引力。

5.2.2　机器学习算法的示例——随机森林

随机森林（random forest）是一种速度相对较快的机器学习算法，超参数的含义也直观易懂，而且与 SVM 和深度学习相比，其黑盒化程度较低。除了易于理解，随机森林还提供了相对较高的预测精度，因此得到了广泛的应用。

1. 随机森林的原理

随机森林是一种将多个决策树结合在一起进行预测的算法。决策树的机制如 4.3.5 小节所述。在决策树中的学习是从标签的分类角度出发，找出最适于数据拆分的解释变量，使用该解释变量来确定数据拆分时适当的边界值。数据拆分后，通过对拆分的数据重复相同的处理来建立层次模型。

但是，如果层次结构加深，则决策树容易引起过度学习，反而存在降低预测精度的缺点。随机森林使用称为**集成学习**（ensemble learning）的技术解决了这一问题，如图 5.14 所示。

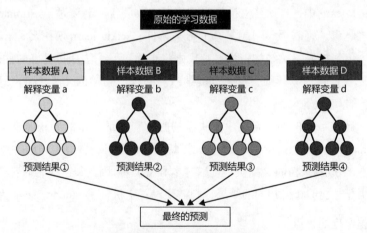

集成学习通过将多个性能较差的模型组合
在一起来建立具有良好性能的模型 (弱学习)

图 5.14　集成学习

简单来说，集成学习就是使用多个模型通过投票方式来产生预测结果。在随机森林方法中，生成几个不同的决策树，并根据这些预测做出投票。在生成每个决策树时，将从原始数据的所有样本中随机选择用于学习的样本；另外，还从原始数据项中随机提取用于学习的特征量（解释变量）。这样，生成的每个决策树都是不同的。

在随机森林中，通过组合多个决策树进行投票而获得预测结果的方法可以避免过度学习。在分类问题中，对于每个样本，对由每个决策树预测的属于每个类别的概率进行平均，并且将判断为具有高概率的类别（分类）作为预测结果，也可以输出属于每个类别而不是预测类别的概率。对于回归问题，可以将对于每个样本求单个决策树预测值的平均值作为预测结果。

要使用 scikit-learn 通过随机森林进行分类，使用 sklearn.emsemble 中包含的名为 RandomForestClassifier 的类（见 2.3.3 小节）生成模型对象。Classifier 表示与分类问题相对应的算法。

2. 随机森林的主要超参数

在随机森林中设置的两个主要超参数是：所需生成树的数量和所需生成树的层次结构。应该设置什么值取决于分析的任务和数据。基本原则如表 5.2 所示的说明，请参考该准则尝试反复试错。

表 5.2　随机森林的主要超参数

超参数	scikit-learn 的参数名	设定的参考数据
树的数量	n_estimators	10 ~ 10000
树的层次	max_depth	1 ~ 100

生成树的数量越多，一般结果越好，但是超过一定数量时，对结果的影响则不会那么明显。而且树的数量增加过多时需要用相当多的时间进行拟合和预测，因此有必要从上述这些角度出发进行设定。在 scikit-learn 中，首次建立模型时，将树的数量名称定义为 n_estimators。

树的层次结构越深，则需要学习越复杂的分类条件。scikit-learn 使用名称 max_depth 设置层次结构深度的最大值。如果层次结构较浅，则规则将很简单，无法获得良好的性能。另外，如果将层次结构的深度设置得太深，则会发生过度学习的问题，同样也无法获得良好的性能。因此，有必要寻找到最佳的参数值。

还有其他一些超参数。例如，定义生成决策树时解释变量数量的 max_features，以及定义底层最大节点数的 max_leaf_nodes。对于这些值无需特殊的设置，只需用默认值即可。

在随机森林中，生成决策树时会随机地提取样本和特征量，因此每次执行时都会生成一个模型。如果需要在反复执行时能够获得相同的结果，则需要设置随机种子 random_state 为某个数值。

3. 解释变量重要度的计算

在 scikit-learn 中实现的随机森林算法中，能够计算用于预测的每个解释变量的重要度（特征重要度）。对于学习后的模型，查看 feature_importances_ 的属性就能得到这个值。

重要度是指将解释变量用于预测和不用于预测时，模型的预测值会有多大变化的指标值。该值是对建立模型时所使用的所有解释变量进行计算得到的，总和为 1.0。

通过观察特征重要度，可以知道哪个解释变量对预测值有重要的影响，并且可以在某种程度上估计算法的判断标准。这是使用随机森林的一大优势。

但是，该特征重要度总的来说是对预测产生影响程度的一个指标。需要注意的是，如果将其解释为表示因果关系的指标，则可能会引起严重的误导。

5.2.3　机器学习算法的示例——支持向量机

支持向量机（Support Vector Machine，SVM）是一种使用广泛的算法，因为这一算法通常能够提供较高的预测精度。但是，这一算法同时也存在一些缺点，例如，模型中学习的过程是黑盒化的、调整难度大、随着数据量的增加学习所用的时间会急剧增加等。

1. SVM 的原理

机器学习中有关监督学习的分类算法有很多种。可以将分类视为确定类之间边界的问题，如 5.1.3 小节所述。SVM 的特征是使用间隔和支持向量的概念来确定这一边界的。

间隔，简而言之，是该边界与每个数据之间的距离（图 5.15）。在对新的数据进行预测时，如果距离大，则是一个鲁棒的（稳定且动作符合预期）模型。在计算间隔时，不必最大化所有数据和边界线的间隔。即使不考虑与那些远离边界数据的间隔也是没有问题的，但是与那些难以判定边界附近类别的数据之间的间隔是非常关键的。因此，SVM 将边界附近的数据称为**支持向量**，并使这些数据的间隔最大化。

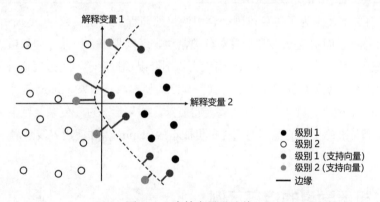

图 5.15　支持向量及边缘

另外，为了处理边界线不是直线的情况（也就是说，需要非线性分离），使用了一个称为**核函数**（kernel function）的函数以将原始数据传输到更高维数的空间并将其分离。这种技术称为"核技巧"，但由于它在数学上的原理等非常深奥，因此这里省略具体的说明[1]。

在 scikit-learn 中使用 SVM 进行分类时，使用 sklearn.svm 中包含的名为 SVC 的类生成模型

[1] 比较浅显的说明，请参见参考文献 [30]。

对象。SVC 中的 C 代表 classifier（分类器）。

此外，还有一种支持向量回归（SVR）的方法，该方法是因其遵循支持向量机原理而被应用于回归问题的方法。scikit-learn 中有名为 SVR 的类，SVR 中的 R 代表 regressor（回归器）。

2. 超参数等的设定

使用 SVM 时，需要设定所要使用核函数的类型。这里的函数类型有高斯（设置名称为 rbf）、多项式（poly）和线性（linear）等[1]。但是，使用 SVM 的目的基本都是希望通过灵活地拟合具有多个维数的特征量（解释变量）与标签（目标变量）之间的复杂关系以获得较高的预测精度。高斯核函数契合这样的目的，因此，用户在大多数情况下都可以使用高斯核函数。SVM 通常需要耗费较长时间进行调整，因此，如果使用高斯核函数无法获得良好的结果时，可能需要尝试其他类型的核函数。

主要的超参数是 C（分类错误成本）和 gamma（边界复杂度）。与随机森林一样，应该设定什么值取决于分析的问题和数据。表 5.3 列出了参考准则。

表 5.3　SVM 的主要超参数

超参数	scikit-learn 的参数名	设定值的参考
核函数的种类	Kernel	rbf、linear、poly
分类错误成本（C）	C	0.01 ~ 10000
边界复杂度（gamma）	gamma	auto、0.001 ~ 100

C（分类错误成本）是为了避免过度拟合而调整惩罚程度的超参数。C 越小，意味着对分类有更大的错误容忍度，而 C 越大，意味着对分类错误容忍度越小。因此，如果值太小，模型将因过于简单而无法获得性能（欠拟合）；如果值太大，则会出现过度学习（过度拟合）的现象。

gamma（边界复杂度）是描述边界形态细微程度的超参数。如果 gamma 较小，则边界线将接近直线；如果 gamma 较大，则边界线形态将变得复杂。如果形态过于复杂，则会出现过度拟合的现象。因此，在满足准确率等的范围内选择尽可能小的 gamma，并使边界线平滑。

5.2.4　机器学习的运行示例

下面通过实际运用前面介绍的机器学习所需知识解释具体的机器学习过程。本案例中要解决的问题是近年来机器学习中热门的话题，即关于自动驾驶的自动制动技术（图 5.16）。

---

[1]高斯核函数经常使用 rbf 这个名称，rbf 是径向基核函数（radial basis function）的简称。特别是在近似复杂形状时，会使用称为 rbf 的函数。一般作为 rbf 使用的函数不仅仅是高斯函数，但在这里可以认为是相同的意思。

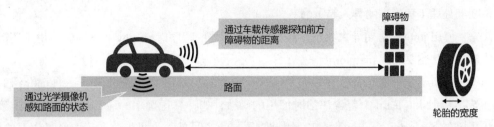

图 5.16　使用机器学习自动制动技术的示例

（1）目的：建立能够判断是否应该自动刹车以防止因车速过快而与前方障碍物发生碰撞的模型。在此，不会对每种车辆和路面状况分别建立与使用不同的模型，而是旨在建立一个能够处理各种车辆和路面状况的通用性较高的模型。

（2）数据概要：数据是测量从对匀速行驶的车辆开始踩刹车到车辆完全停止之间的距离。该数据记录了不同车重和轮胎宽度的各种车辆数据，同时还记录了踩下刹车之前的车速和路面状况。

在本例中使用的样本数据是 car_braking.csv 文件。Python 的示例脚本为 5.2.04.machine_learning.py（清单 5.1），脚本中使用的主要变量如表 5.4 所示。

表 5.4　5.2.04.machine_learning.py 中使用的主要变量

变　量	含　义
car_weight	车重
car_velocity	制动前的车速（初速度）
tire_width	轮胎的宽度
road_type	路面的状况（铺装路的干燥路面是 tarmac_dry、潮湿路面是 tarmac_wet、积雪路面是 snow_road）
Measured_breaking_distance	从开始踩刹车到完全停止之间距离的实测值

示例脚本 5.2.04.machine_learning.py 并不是 Jupyter Notebook 可以执行的文件。在使用 Jupyter Notebook 执行时，请使用 5.2.04.machine_learning.ipynb。

在示例脚本 5.2.04.machine_learning.ipynb 中，与发布脚本相同的文件分为多个单元格记述。选择该单元格，然后按 Ctrl+Enter 组合键执行选定的单元格。请从顶部的单元格开始按顺序运行并查看结果。另外，如果要在执行一次之后清除结果，可以在 Jupyter Notebook 中从菜单 Kernel 中选择 Restart & Clear Output 命令，重新启动相应的页面。

下面将按照实际源代码的顺序说明主要内容。

1. 初期处理（程度库的导入等）❶

首先，使用 import 语句导入数据存储及格式化所需的程序库 numpy 和 pandas。由于还需要可视化处理，因此还要加载 matplotlib。

其次，与机器学习有关的程序库是从 scikit-learn（sklearn）导入的。先导入前面介绍的随机森林和 SVM。scikit-learn 中包含评估时使用的函数，如计算正确率的 accuracy_score() 函数和生成混淆矩阵的 confusion_matrix() 函数，因此需要导入。另外，为了保存和读取经过学习的模型，导入名为 pickle 的程序库。

最后，指定随机数的种子值（seed）。机器学习经常会使用随机数，因此，如果不固定种子值，则每次都会得到不同的模型。由于拥有可重复的过程非常重要，因此用户应该养成固定种子值的习惯。

2. 数据的导入及数据拆分 ❷

首先，需要导入前面使用的数据（car_braking.csv），但此时必须注意对 numpy 和 pandas 的正确使用。一般 numpy 擅长处理数值数组类数据，无法处理诸如字符串或日期类等非数字数据。对于本次示例的数据，路面状况是以字符串数据形式提供，因此应该导入 pandas。

其次，执行数据拆分。建议在读取数据后尽快执行数据拆分，以免在学习的过程中被误用作验证数据或评估数据。在这里，数据的 60% 作为学习数据，20% 作为验证数据，其余的作为测试数据。对于随机采样，使用 numpy 提供的 permutation() 函数对打乱的索引进行排列很方便。作为 scikit-learn 的功能，还有一个 train_test_split() 函数执行这种处理，因此，如果不想执行任意数据拆分，则可以使用该函数。

3. 标签的处理加工 ❸

在这里做一个分类器，但是准备的原始数据中没有是否需要刹车的标签。因此，分析人员需要根据车辆停下来之间的距离与到前方障碍物的距离之间的大小关系生成标签。如果准备了大量距离前方障碍物的数据,获得精度较高模型的概率则会较高,但是由于计算时间和资源消耗的原因，我们将为每个样本准备 5 个距离前方障碍物的数据，以此生成标签（如果数据增加过多，则 SVM 拟合所需的时间将极大地增加）。

清单 5.1　5.2.04.machine_learning.py

```python
# -*- coding: UTF-8 -*-
#-------------------------------------
# 导入各程序库 ❶
#-------------------------------------
import numpy as np
import pandas as pd
```

```
import matplotlib.pyplot as plt

from sklearn.ensemble import RandomForestClassifier
from sklearn.svm import SVC
from sklearn.metrics import accuracy_score,confusion_matrix

import pickle
np.random.seed(123)                          # 使用随机数时，为了保证再现性，需要指定 seed


#----------------------------------------
# 数据的导入及数据拆分 ❷
#----------------------------------------
df = pd.read_csv("car_braking.csv")

train_num = int( len(df) * 0.6 )             #60% 作为学习数据
val_num = int( len(df) * 0.2 )               #20% 作为验证数据

perm_idx = np.random.permutation( len(df) ) # 随机的索引
#perm_idx 的前 60% 为学习用索引
train_idx = perm_idx[ : train_num ]
#perm_idx 的前 60% ~ 80% 为验证用索引
val_idx = perm_idx[ train_num : (train_num + val_num) ]
#perm_idx 的 80% 以后为测试用索引
test_idx = perm_idx[ (train_num + val_num) : ]


train_df = df.iloc[ train_idx, : ]           # 依据学习用索引提取行
val_df = df.iloc[ val_idx, : ]               # 依据验证用索引提取行
test_df = df.iloc[ test_idx, : ]             # 依据测试用索引提取行


#----------------------------------------
# 标签的处理加工 ❸
#----------------------------------------
# 在这里作为分类问题考虑
# 给车重、车速、轮胎宽度、路面状态及到障碍物的距离赋值时，生成是否需要踩刹车的逻辑判断
# 需要踩刹车时标签为 1，不需要踩刹车时为标签 0
#0 和 1 的标签是根据停止距离（measured_braking_distance）与随机生成的到障碍物的距离生成的
# 对 1 个样本生成 5 个离物体不同的距离数据
# 设定停止距离小于或等于距物体的距离时踩刹车


# 定义生成标签的函数
```

```
def create_label( samples, input_df ):
    #samples 是针对一个测量结果生成的样本数。在本例中是 5
    #input_df 是输入的数据帧
    # 创建空数据帧的容器。在这里加数据
    container_df = pd.DataFrame( {'car_weight' : [],          # 车重
                                 'car_velocity' : [],        # 车速
                                 'tire_width' : [],          # 轮胎宽度
```

4. 分类变量的虚拟变量化 ❹

路面状况是分类变量，因此对其进行虚拟变量处理。在生成虚拟变量时，首先要找到分类变量的唯一值（类别的各个级别的名称）。由于级别数很小，因此在本示例中，我们将生成一个虚拟变量，该变量比级别数少一个。如果级别数很大，则需要考虑将不重要的唯一值聚合为"其他变量"。虽然源代码中使用的是 numpy，但是 scikit-learn 提供了 OrdinalEncoder() 函数和 OneHotEncoder() 函数。如果对象为数据帧，则可以使用 pandas 为数据帧提供的 get_dummies() 函数执行转换。

5. 标准化 ❺

在机器学习中，很多算法需要将输入进行预先标准化处理。随机森林不需要标准化处理，但 SVM 需要标准化处理。不过对随机森林输入标准化处理的数据也没有问题。在接下来的调优中，如果每种算法都使用不同的输入文件会非常麻烦，因此不管采用哪种算法，最好都进行标准化。

要执行标准化处理，从解释变量中减去解释变量的平均值，然后除以解释变量的标准偏差，这时有以下两点需要注意。

（1）标准化时始终只用学习数据计算平均值和标准偏差。计算平均值和标准偏差分别为 np.mean（学习数据，axis=0）和 np.std（学习数据，axis=0）。我们经常看到使用所有数据的均值和标准偏差的示例，但是为了能够更加正确地评估模型的泛用性，应该避免这样的标准化处理。

（2）标准化处理的平均值和标准偏差是模型的一部分，必须加以保存。如果忘记保存，则无法知道是如何处理数据的，也将导致无法使用经过学习的模型。

6. 应用调优和验证数据的评估 ❻

分别对随机森林和 SVM 进行调优。此时，技巧是将超参数变更为指数形式。由于超参数值的范围非常广，因此与按固定间隔获取超参数相比，以指数形式获取则更加容易掌握整体状况。

对于每个超参数，使用 fit() 方法进行拟合，并使用 predict() 方法进行预测。使用 accuracy_score() 函数评估预测结果的准确率。在调整参数的同时执行一系列的处理，并记录临时的最佳模型及其参数。在本例中，在确定临时最佳模型时使用的是验证用数据的正确率，使用其他指标也没有问题。

```
                                 'road_type' : [],              # 路面状态
                                 'distance_to_object' : [],     # 离障碍物的距离
```

```
                                'hit_brake' : []} )           # 是否刹车
    for i in range(samples):
        temp_df = input_df[ ['car_weight', 'car_velocity', \
                             'tire_width', 'road_type'] ]      # 指定列
        # 以停止距离的50% ~ 150%生成样本
        # 利用 numpy 的 uniform() 函数产生均匀分布的随机数, 并乘以停止距离
        random_distance = input_df['measured_braking_distance'] \
                          * np.random.uniform( 0.5, 1.5, len(input_df) )
    # 停止距离小于随机距离时为1, 否则为0
    # 将此作为标签
    # 对列表进行if-else处理, 生成其他列表的方法
    # 当结果为 TRUE 时, 执行 if 中的语句; 当结果为 FALSE 时, 执行 else 中的语句
    labels = [ 1. if \
                   (input_df['measured_braking_distance']).iloc[j] \
                   <= random_distance.iloc[j] \
                   else \
                   0. \
                   for j in range( len(input_df) ) ]
    # 将随机生成的距离存储在数据帧中
    temp_df['distance_to_object'] = random_distance
    # 将标签存储在数据帧中
    temp_df['hit_brake'] = labels
    # 将数据追加到作为容器的数据帧中
    container_df = pd.concat([container_df, temp_df])
return container_df


# 针对学习、验证、测试数据的各个样本生成 5 个标签
train_df2 = create_label(5, train_df)
val_df2 = create_label(5, val_df)
test_df2 = create_label(5, test_df)


train_y = np.array(train_df2['hit_brake'])
val_y = np.array(val_df2['hit_brake'])
test_y = np.array(test_df2['hit_brake'])
#---------------------------------------
# 将分类变量转换为虚拟变量 ❹
#---------------------------------------
# 查看分类变量 road_type 的唯一值
unique_road_type = np.unique(df['road_type'])
print ("-unique road type-----------------")
print(unique_road_type)
```

5

```python
# 虚拟变量的数量为虚拟变量（唯一值的数量）-1
# 在唯一值多的情况下，需要考虑将其聚合成"其他"
# 因为本例的变量数量比较少，所以不需要上述处理
dummy_cat_num = len(unique_road_type)-1          # 虚拟变量的数量
# 生成空的虚拟变量。在之后的虚拟变量化处理中赋值
# 用 np.zeros() 函数生成空的队列。将矩阵的大小传给参数
# 行数为学习、验证、测试数据的行数；列数为（唯一值的数量）-1
train_dummy_vars = np.zeros( (len(train_df2), dummy_cat_num) )
val_dummy_vars = np.zeros( (len(val_df2), dummy_cat_num) )
test_dummy_vars = np.zeros( (len(test_df2), dummy_cat_num) )

# 虚拟变量化
for i in range(dummy_cat_num):                    # 循环次数为虚拟变量的数量
    this_road_type = unique_road_type[i]          # 选择要进行虚拟变量化的路面
    # 若学习、验证、测试数据中的路面状态是现在想要进行虚拟变量化的路面时，设为 1
    # 否则设为 0
    train_dummy_vars[:, i] = [ 1. if road_type == this_road_type else 0.\
                                for road_type in train_df2['road_type'] ]
    val_dummy_vars[:, i] = [ 1. if road_type == this_road_type else 0. \
                                for road_type in val_df2['road_type']]
    test_dummy_vars[:, i] = [ 1. if road_type == this_road_type else 0. \
                                for road_type in test_df2['road_type'] ]

#----------------------------------------
# 标准化 ❺
#----------------------------------------
train_x = np.array(train_df2[ ['car_weight', 'car_velocity', 'tire_width',\
                        'distance_to_object'] ])        # 取得连续值
mean_x = np.mean(train_x, axis = 0)
std_x = np.std(train_x, axis = 0)
np.save('mean_x.npy', mean_x)                           # 平均值的存储
np.save('std_x.npy', std_x)                             # 标准偏差的存储

train_x -= mean_x                                       # 平均 0
train_x /= std_x                                        # 标准偏差 1
train_x = np.hstack([train_x, train_dummy_vars])        # 合并连续值和虚拟变量

val_x = np.array(val_df2[ ['car_weight', 'car_velocity', 'tire_width',\
                        'distance_to_object'] ])        # 取得连续值
val_x -= mean_x                                         # 平均 0
```

R & Python数据科学与机器学习实践

5

```
val_x /= std_x                                           # 标准偏差 1
val_x = np.hstack([val_x, val_dummy_vars])               # 合并连续值和虚拟变量

test_x = np.array(test_df2[ ['car_weight', 'car_velocity', 'tire_width',\
                            'distance_to_object'] ])     # 取得连续值
test_x -= mean_x                                         # 平均 0
test_x /= std_x                                          # 标准偏差 1
test_x = np.hstack([test_x, test_dummy_vars])            # 合并连续值和虚拟变量

#----------------------------------------
# 使用调优与验证数据的评估 ❻
#----------------------------------------
print ("-Tuning-----------------")
best_val_acc_rf = 0.
best_val_acc_svm = 0.

# rbf SVC
print("SVC rbf")                                         # SVM 的调优
for c in [ 10000., 1000., 100., 10., 1., 0.1, 0.01]:     # 超参数
    for g in ['auto', 0.001, 0.01, 0.1, 1., 10., 100. ]: # 超参数
        # 为每个超参数的组合准备模型
        clf = SVC(kernel = 'rbf', C = c, gamma = g, probability = True,
random_state = 0)
        clf.fit(train_x, train_y)                        # 拟合
        pred_train_y = clf.predict(train_x)              # 用学习数据预测
        train_acc = accuracy_score(train_y, pred_train_y) # 学习数据的准确率
        pred_val_y = clf.predict(val_x)                  # 用验证数据预测
        val_acc = accuracy_score(val_y, pred_val_y)      # 验证数据的准确率
        print( "c:%s\tgamma:%s\ttrain_acc:%.3f\tval_acc:%.3f" \
```

7. 模型的选择

通过查看验证数据的评估结果选择模型。随机森林的准确率为 84.65%，SVM 的准确率为 85.25%，因此很容易得出应该使用 SVM 模型的结论，但是此时还为时过早。这里应该注意的是，准确率为 85.25%，则错误率为 14.75%。应该考虑到，在诸如自动刹车这样的关系到生死的领域中，错误率有 14.75% 是不能接受的。

在这种情况下，不是使用模型预测类，而是预测每个类的概率。我们需要使用 predict_proba() 方法而不是 predict() 方法计算概率。在对两个类进行分类时，会预测该类的概率为 50% 或更高，但是需要确认是否可以通过将该值（称为阈值）降低到 50% 以下来改善召回率（recall）。在此示

例中，召回率是一个用于衡量自动刹车是否正常运作的指标。由于在召回率和精确率（precision）之间要进行权衡，因此在尝试提高召回率时，精确度通常会下降。换句话说，当在不需要刹车时，执行了刹车制动是被允许的。从安全角度来看，这种措施似乎也被认为是恰当的。

图 5.17 显示了以 1% 为增量更改阈值时，准确率、召回率和精确率的变化。在该图中，横轴为阈值，纵轴为准确率、召回率、精确率，并可以看到降低阈值会提高召回率，但是会降低精确率。通过比较随机森林和 SVM，可以发现这种权衡关系的趋势存在差异。因此，在比较不同模型时，不要固定阈值，而应从评估指标（如准确率、召回率、精确率）中寻找适当的阈值。

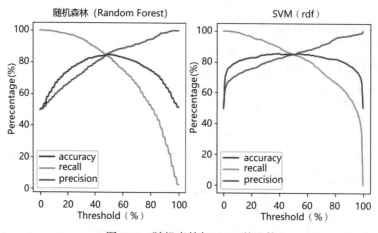

图 5.17　随机森林与 SVM 的比较

分别比较随机森林和 SVM 的召回率为 99.09% 时的精确率，前者为 59.93%，后者为 72.25%（表 5.5）。此时随机森林和 SVM 的准确率没有太大的差别，但是可以看出，将召回率固定为 99% 时，SVM 的精确率（precision）有很大的优势。由此可以说作为模型 SVM 更胜一筹，但是 SVM 有无法解释模型是如何学习的缺点。因此，是选择精确率高的模型，还是解释性好的模型则成为最终的判断标准。

表 5.5　各阈值的召回率、精确率　　　　　　　　　　　　　单位：%

阈值	随机森林		SVM	
	recall	precision	recall	precision
0	100.00	49.65	100.00	49.65
1	100.00	50.13	100.00	61.87
2	100.00	50.13	100.00	64.90
3	99.80	51.70	100.00	66.73
4	99.80	51.70	99.90	67.76
5	99.80	54.12	99.90	68.18

R & Python数据科学与机器学习实践

5

阈值	随机森林		SVM	
	recall	precision	recall	precision
6	99.80	54.12	99.70	69.18
7	99.80	55.93	99.60	70.09
8	99.80	55.93	99.50	70.42
9	99.30	57.80	99.40	70.96
10	99.30	57.80	99.19	71.64
11	99.09	59.93	99.09	72.25
12	99.09	59.93	98.69	72.75
13	98.69	61.56	98.19	72.98
14	98.69	61.56	97.99	73.38
15	98.29	62.93	97.78	74.24
16	98.29	62.93	97.18	74.46
17	98.19	64.70	97.18	74.63
18	98.19	64.70	96.88	74.98
19	97.78	65.83	96.88	75.27
20	97.78	65.83	96.17	75.61
21	97.28	67.27	95.77	75.78
22	97.28	67.27	95.07	75.95
23	97.08	68.71	95.07	76.25
24	97.08	68.71	94.76	76.63
25	96.37	69.70	94.66	77.24

第 5 章 机器学习与深度学习

```
        %(c, g, train_acc, val_acc) )
    if best_val_acc_svm < val_acc:                              # 查看暂定最佳的模型
        best_val_param_svm = [c, g]                             # 参数的存储
        best_clf_svm       = clf                                # 模型的复制
        best_val_acc_svm   = val_acc                            # 更新最佳准确率

print("RF")                                                     # 随机森林的调优
for n in [1, 2, 5, 10, 20, 50, 100, 200, 500, 1000]:           # 超参数
    for d in [1, 2, 5, 10, 20 ,50]:                             # 超参数
        # 为每个超参数的组合准备模型
        clf = RandomForestClassifier(n_estimators = n,max_depth = d,random_state = 0)
        clf.fit(train_x, train_y)                               # 拟合
```

5

```
        pred_train_y = clf.predict(train_x)                          #用学习数据预测
        train_acc = accuracy_score(train_y, pred_train_y)            #学习数据的准确率
        pred_val_y = clf.predict(val_x)                              #用验证数据预测
        val_acc = accuracy_score(val_y, pred_val_y)                  #验证数据的准确率
        print("n_est:%s\tmax_depth:%s\ttrain_acc:%.3f\tval_acc:%.3f" \
                %(n, d, train_acc, val_acc))
        if best_val_acc_rf < val_acc:                                #查看暂定最佳的模型
            best_val_param_rf = [n, d]                               #参数的存储
            best_clf_rf       = clf                                  #模型的复制
            best_val_acc_rf   = val_acc                              #更新最佳准确率


#----------------------------------------
# 模型的选择 ❼
#----------------------------------------
if best_val_acc_rf < best_val_acc_svm:                               # SVM 比随机森林好的情况
    best_algo       = 'SVM'
    best_val_param = best_val_param_svm                              # 获取最佳 SVM 超参数
    best_clf        = best_clf_svm                                   # 获取最佳 SVM 模型
    best_val_acc    = best_val_acc_svm                               # 获取最佳 SVM 准确率
else:
    best_algo       = 'RF'
    best_val_param = best_val_param_rf                               # 获取最佳随机森林超参数
    best_clf        = best_clf_rf                                    # 获取最佳随机森林模型
    best_val_acc    = best_val_acc_rf                                # 获取最佳随机森林准确率

print ("-Best Model------------------")
print(best_algo)                                                    # 查看最佳参数
print("val_acc.:%.4f" % best_val_acc)
print(best_val_param)                                               # 查看最佳参数
print ("-Best RF-----------------")
print("val_acc.:%.4f" % best_val_acc_rf)
print(best_val_param_rf)                                            # 查看最佳参数
print ("-Best SVM-----------------")
print("val_acc.:%.4f" % best_val_acc_svm)
print(best_val_param_svm)                                           # 查看最佳参数

# 查看随机森林模型中的重要度
# 是随机森林时，可以知道解释变量对预测结果的贡献度
features = ['car_weight', 'car_velocity', 'tire_width', 'distance_to_object',\
            'snow_road', 'tarmac_dry']
plt.barh(range(len(features)), best_clf_rf.feature_importances_,\
```

5

```
            align='center', alpha = 0.5)
plt.yticks( range( len(features) ), features )
plt.xlabel('Importance')
```

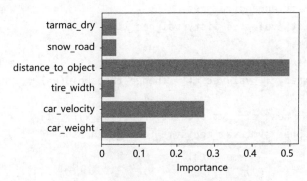

图 5.18　重要度（Importance）的比较

在随机森林中，在模型中添加了一个名为 feature_importances_ 的属性，在这里可以确认重要度（图 5.18）。重要度是一个显示每个解释变量对预测结果影响程度的指标，该值越大，效果越强。如果查看重要度，可以看是否使用了不同于人类感觉和认知的解释变量。如果是以与人类感觉和认知不同的解释变量为主要解释变量，则需要考虑是否应该使用该解释变量。

8. 应用测试数据的评估

在这里，最终使用的模型是当召回率（recall）为 99％时具有高精确率（precision）的 SVM。利用 SVM 模型通过测试数据进行预测，并以确保从验证数据中获得 99％的召回率所必须的 11％的阈值（表 5.5）来判断是否需要刹车。此时，测试数据的召回率为 98.51％，精确率为 75.98％，证实了与验证数据的结果没有显著偏差。该值可以通过 print(temp_cm) 获得。

```
plt.show()

# 定义用于确认召回率和精确率之间相对关系的函数
def change_threshold(val_y, pred_proba_val_y):
    # val_y 是验证数据的标签
    # pred_proba_val_y 是验证数据的预测概率
    val_acc_list = []
    val_prec_list = []
    val_rec_list = []
    for thres_p in range(101):                       # 从 0% 到 100% 以 1% 的刻度变更阈值
        # 如果预测概率 p 在阈值以上，则为 1，否则为 0
        pred_val_y = [1. if p >= thres_p / 100. else 0. for p in pred_proba_val_y]
        temp_cm = confusion_matrix(val_y, pred_val_y)        # 生成混淆矩阵
        val_acc = (temp_cm[0][0] + temp_cm[1][1]) / np.sum(temp_cm) * 100.
```

```
        val_acc_list.append(val_acc)                                    # 向列表添加准确率
        val_prec = (temp_cm[1][1] + 1.e-18) / (temp_cm[0][1] + temp_cm[1][1] + 1.e-18) * 100.
        val_prec_list.append(val_prec)                                  # 向列表添加精确率
        val_rec = (temp_cm[1][1]) / np.sum(temp_cm[1]) * 100.
        val_rec_list.append(val_rec)                                    # 向列表添加召回率
    return val_acc_list, val_prec_list, val_rec_list


_proba_val_y = best_clf_rf.predict_proba(val_x)[:, 1]              # 预测概率
val_acc_rf, val_prec_rf, val_rec_rf = change_threshold(val_y, pred_proba_val_y)


pred_proba_val_y = best_clf_svm.predict_proba(val_x)[:, 1]         # 预测概率
val_acc_svm, val_prec_svm, val_rec_svm = change_threshold(val_y, pred_proba_val_y)


plt.figure(figsize = (8, 4))                              # 指定图形大小
plt.subplot(1, 2, 1)                                      # 生成1行2列的图。之后，首先设定第一个图
plt.title(" 随机森林 (RandomForest)")                      # 追加标题
plt.plot(val_acc_rf, label = 'accuracy')                  # 随机森林的准确率
plt.plot(val_rec_rf, label = 'recall')                    # 随机森林的召回率
plt.plot(val_prec_rf, label = 'precision')                # 随机森林的精确率
plt.xlabel('Threshold(%)')                                # x 轴名称
plt.ylabel('Percentage(%)')                               # y 轴名称
plt.legend()                                              # 添加图例
plt.subplot(1, 2, 2)                                      # 指定第 2 个图
plt.title("SVM(rbf)")                                     # 追加标题
plt.plot(val_acc_svm, label = 'accuracy')                 # SVM 的准确率
plt.plot(val_rec_svm, label = 'recall')                   # SVM 的召回率
plt.plot(val_prec_svm, label = 'precision')               # SVM 的精确率
plt.xlabel('Threshold(%)')                                # x 轴名称
plt.ylabel('Percentage(%)')                               # y 轴名称
plt.legend()                                              # 添加图例
plt.show()                                                # 图的绘制


#----------------------------------------
# 利用测试数据的评估  ❾
#----------------------------------------
print ("-Testing-----------------")
pred_proba_test_y = best_clf_svm.predict_proba(test_x)[:,1] # 通过最佳 SVM 的模型预测概率
# 用 val_rec_svm 变量确认阈值 12% 时所期望的召回率 99%
# 预测阈值 12% 以上的标签为 1，12% 以下的标签为 0
pred_val_y = [1. if p >= 12. / 100. else 0. for p in pred_proba_test_y]
# 计算和输出阈值 12% 时的混淆矩阵
```

348

R & Python数据科学与机器学习实践

5

```
temp_cm = confusion_matrix(test_y, pred_val_y)
print(temp_cm)

# 存储模型
filename = 'ml_svm_model.sav'
pickle.dump( best_clf_svm, open(filename, 'wb') )
filename = 'ml_rf_model.sav'
pickle.dump( best_clf_rf, open(filename, 'wb') )
```

9. 专业领域知识的应用

到目前为止，我们讨论了仅仅使用数据来建立模型的方法，但是如果同时还拥有领域知识（数据/业务领域的专业知识），则可以进一步提高模型的准确性。在本次中，求解力学方程表明，直到车辆静止为止的距离与车速的平方成正比，与路面的摩擦系数成反比。通过排除无关紧要信息（如车辆重量和轮胎宽度等）后重新调整模型，可以将验证数据的准确率由 85.25% 提高到 88.15%。

从该示例可以看出，提高准确性的关键是使用专业领域的知识在一定程度上缩小变量的范围，并将其应用于机器学习。经常看到含有能考虑到尽可能多解释变量的机器学习案例，这种方案并非是一个好的解决方案，因为在很多情况下，只能确保有限的数据和计算资源。另外，如果可以确保有大量的数据和高速计算机，那么该方案有效。

如果从机器学习中无法获得期望的结果，数据分析人员往往会怀疑是否还有更好的算法和超参数，并会消耗时间来改进。虽然这么做本身是很有意义的，但是在碰壁或遇到困难时通过获取专业领域知识能够更快地解决问题。反之，虽然说专业领域知识很重要，但是如果过于依赖专业领域知识，可能会发现失去了发现有效解释变量的机会，因此要求数据分析人员必须能够权衡利弊。

10. 总结

看了上述案例的结果，有些人可能会认为准确性不如预期的高。在本书的示例中，当生成所要使用的数据时，已对各种路面状况在一定范围内随机设置了摩擦系数，并计算出到停止时的距离。由于仅通过查看指示路面状况的解释变量无法知道在计算中实际使用的摩擦系数，因此任何算法都无法实现 100% 的精度。如果要达到 100% 的精度，则必须考虑一些获取摩擦系数的方法。

通过机器学习，此类数据收集中的问题通常变得显而易见。即使没有获得预期的准确性也不要气馁，重要的是要考虑应该假设添加什么样的信息才能够得到更加有效的结果。在数据分析的世界中，"Garbage in, Garbage out"（既然放入的是垃圾，也只会出现垃圾）。无论算法多么出色，除非数据包含有用的预测信息，否则都无法期望获得良好的结果。因此，必须考虑并了解哪些信息可用于预测及如何收集数据是非常重要的。一开始就能非常顺利地进行的事情是很少的，经历从假设到验证这样的周期是实现目标中必不可少的。

5.3 | 深度学习

在本节中，我们将研究如何使用近些年来一直受到关注的深度学习。在深入研究细节前，先来了解一下作为深度学习核心的神经网络。

5.3.1 神经网络

1. 基本原理

神经网络正如字面所示是以神经元（脑神经细胞）的构造为概念而形成的。最基本的构成称为感知机（Perceptron）。如图 5.19 所示，对输入值加权，并在总和超过特定值时输出。感知机备受瞩目，但由于它只能解决线性分离的问题，因此没有得到普及。线性可分离意味着可以通过直线的边界进行分类。

当观察图 5.19 中的图和方程式时，可能有人会想："这不是线性回归模型吗？"实际上，确实如此，相当于没有截距的线性回归模型。如果预测值高于某个值，则判断为 1；否则，判断为 0。显然，就预测而言，它只能应用于简单的问题。而实际中要解决的许多问题更加复杂，需要非线性分离。因此，只有在少数情况下，感知机才是有效的。

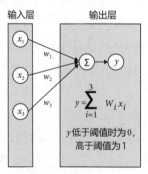

图 5.19 感知机

为了解决感知机中存在的问题，创建了如图 5.20 所示的目前主流的**多层神经网络**。多层神经网络在输入层和输出层之间有一个隐藏层。隐藏层是上一层的输出和下一层的输入变量的集合，该变量的数量称为"神经元数量"。计算方法与感知机基本相同，但要点是包含激活函数。**激活函数**是针对输入值执行非线性计算的函数。早期的多层神经网络使用了 S 形函数。通过对网络进行分层并使用激活函数，可以处理需要非线性分离的问题。

如果在图 5.20 中没有多层隐藏层而是只有一层，则模型等效于逻辑回归（见 4.3.4 小节）。可以将图 5.20 中的模型视为通过执行逻辑回归的概率计算并多阶段反复积累而成的结果。

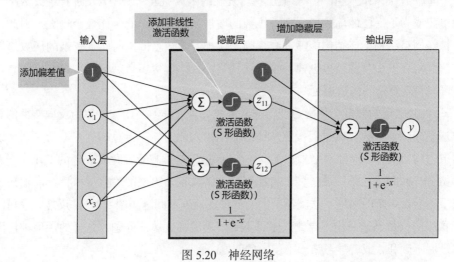

图 5.20　神经网络

2. 普遍性定理

神经网络历史悠久，感知机的设想出现在 20 世纪 50 年代。但是，在第三次 AI 兴起之前的大约 50 年中，人们的期望和失望交叠出现，一直没有将神经网络投入实际应用。在长达 50 年的时间里，由于"**普遍性定理**"，许多研究人员一直坚信神经网络的潜力，而对其进行持续研究。

普遍性定理是指在某些条件下，一个具有有限数量神经元的隐藏层神经网络可以按照任意精度逼近任何连续函数。用简单的语言来说，即只要拥有数据就可以学习 / 训练任何公式。

由于世界上的所有现象都可以用数学公式描述，因此可以相信神经网络的实际应用将解决迄今为止无法解决的各种问题。以这种期望持续进行研究，使神经网络的各种不足得到了极大改善，并得以投入实际使用。近年来，"深度学习"一词比"神经网络"一词更常用，并且已成为第三次 AI 热潮的推动力。

5.3.2　支撑深度学习的技术

使神经网络问题得以改进和发展的是深度学习（可以将深度学习视为神经网络的一种）。深度学习不仅极大地超过了传统机器学习的性能，而且其中一些方法产生的结果优于人类。例如，在2015年的图像识别和2016年的围棋中，利用深度学习的程序性能就优于人类。下面介绍支撑这一突破的一些技术。

1. 深度网络结构的实现

在对普遍性定理的解释中，解释了一个隐藏层可以逼近所有函数，而在深度学习中则增加了隐藏层（中间层）。如果仅使用一个隐藏层执行复杂的函数逼近，则需要增加神经元数量。隐藏层神经元数量将成为下一层的输入值。随着维数的增加，过度学习的可能性会增大。因此，有必要考虑一种神经网络结构，该结构能够在减少隐藏层神经元数量的同时实现复杂的函数逼近。一种可行的方法是堆叠多个隐藏层以创建一个深层网络。如果包含多个隐藏层，则变成函数代入函数的状况，可以实现复杂的函数逼近。

但是，增加隐藏层的数量会使学习变得非常困难。深度学习使用一种称为**反向传播的算法（反向传播方法）**来估计参数。该过程按照从输出侧到输入侧的顺序计算梯度并进行更新，以使标签和预测结果之间的误差（神经网络参数）变小。"梯度"是指权重变化时误差的变化率，对应于数学中的偏微分。此时，如果层数过多，将出现只更新靠近输出层的隐藏层权重，而输入层附近隐藏层的权重不会被更新的问题。这就是所谓的"梯度消失"问题（图5.21）。反之，又可能使输入层附近隐藏层的权重迅速变化，导致误差得不到改善的梯度爆炸问题。这样的深度神经网络可能导致学习进展不顺利，或者学习结果不稳定的问题。

作为研究的结果，大致有三种技术可以消除这些现象。

（1）适当地设置每层权重的初始值可以改善上述问题。具体来说，可以使用无监督学习的**自编码器**（autoencoder）进行初始化的方法，以及Xavier的初始化方法等。自编码器是一种可以将输入信息压缩后进行恢复的神经网络，是表5.1中列出的维数约简算法的一种。如果使用该方法降低维数时使用的权重为网络权重的初始值，相比完全随机地产生权重的初始化方法，能得到更好的结果。这种技术称为**预学习**。

另外，Xavier的初始值不是像自编码器那样需要预学习的方法，而是仅由每层中的神经元数量来确定初始值。Xavier的初始值为随机数，在

$$\pm\sqrt{6/(\text{输入单元数量}+\text{输出单元数量})}$$

的范围内计算。这样使所有层上的梯度几乎相等，从而更容易将权重更新到输入层附近的隐藏层。

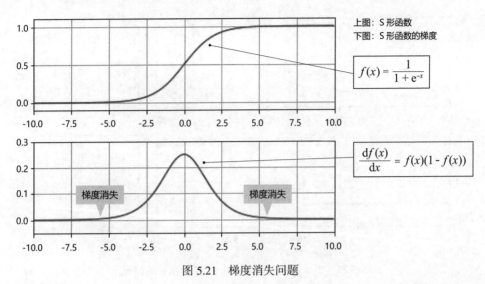

上图: S形函数
下图: S形函数的梯度

$$f(x) = \frac{1}{1 + e^{-x}}$$

$$\frac{\mathrm{d}f(x)}{\mathrm{d}x} = f(x)(1 - f(x))$$

梯度消失　梯度消失

图 5.21　梯度消失问题

（2）利用激活函数 ReLU（Rectified Linear Unit，修正线性单元）。已知传统使用的 S 形函数具有在值较大或较小时梯度消失的特性。另外，对于 ReLU，当输入为负值时，梯度消失；当输入为正值时，梯度始终为 1，从而缓解了梯度消失的问题（图 5.22）。已经开发出 ReLU 的增强型 Leaky ReLU，以解决在输入为负值时梯度消失的问题（图 5.23）。

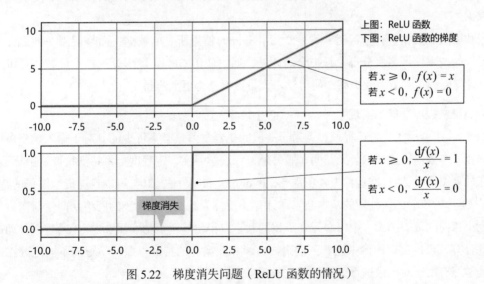

上图: ReLU 函数
下图: ReLU 函数的梯度

若 $x \geq 0$, $f(x) = x$
若 $x < 0$, $f(x) = 0$

若 $x \geq 0$, $\dfrac{\mathrm{d}f(x)}{x} = 1$
若 $x < 0$, $\dfrac{\mathrm{d}f(x)}{x} = 0$

梯度消失

图 5.22　梯度消失问题（ReLU 函数的情况）

（3）批量归一化。批量归一化是夹在层之间的附加层，使输出均值为 0，方差为 1。这是一种在每一层动态执行类似于输入的标准化处理的处理，有助于稳定学习。

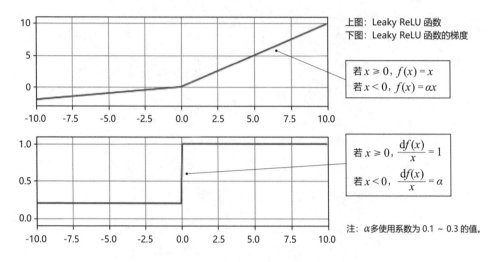

上图：Leaky ReLU 函数
下图：Leaky ReLU 函数的梯度

若 $x \geq 0$, $f(x) = x$
若 $x < 0$, $f(x) = \alpha x$

若 $x \geq 0$, $\dfrac{\mathrm{d}f(x)}{x} = 1$
若 $x < 0$, $\dfrac{\mathrm{d}f(x)}{x} = \alpha$

注：α 多使用系数为 $0.1 \sim 0.3$ 的值。

图 5.23　梯度消失问题（Leaky ReLU 函数的情况）

2. 大规模数据的应对和高速运算的实现

深度学习的缺点是容易导致过度学习的问题。解决过度学习的一种简单方法是增加数据量。在这方面，深度学习比其他机器学习算法需要更多的数据。如果可以准备大量多样的数据，则过度学习的可能性较小。当前，由于在企业数据库和互联网上积累了大量的数据，过度学习的问题正在减少。

当利用大量数据进行学习时，深度学习并非同时使用所有的数据，而是使用一种称为"小批量学习"的技术，即多次分批执行拟合。此外，通过使用 GPU（图形处理器）代替计算机的常规 CPU，计算能力得到了极大提高，使得学习大量数据变得更加容易。

3. 特征量提取功能的实现

如 5.1.4 小节所述，特征提取过程对于一般的机器学习是必不可少的。对于输入趋于多维的图像数据和文本数据，这种趋势尤其明显。另外，深度学习在一定程度上将特征提取交由算法处理。

在处理图像时，通过准备称为**卷积层**（convolution layer）的结构，可以自动提取图像的特征量。"卷积"是一种作为图像处理的基本技术。计算关于称为滤波器或内核的网格状向量与窗口（与滤波器大小相同的裁剪图像）中每个元素乘积的和，以得出一个数值（图 5.24）。通过在移动窗口时重复此计算，可以提取图像中能看到的诸如边缘和图案等的特征。深度学习的不同之处在于，可以自动学习有助于对图像进行分类的滤波器。

在处理文本时，使用递归网络，如 **LSTM 神经元**（Long Short–Term Memory units，**长短期记忆神经元**）提取连续数据的特征。例如，如果要创建一个预测下一个单词的模型，则不仅需要知道前面的单词，还需要知道至少数个前面的单词。因此，递归网络是内部具有记忆力（memory）的网络。在递归网络中，当输入单词时，该单词的输出将用于计算下一个输出（图 5.25）。这样，

5

在预测下一个单词时会考虑所有前面的单词，而不必直接记住单词本身。作为结果，与前面所述机器学习的不同之处在于，递归网络可以执行考虑了上下文的预测。

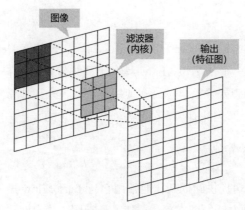

图 5.24　卷积的原理

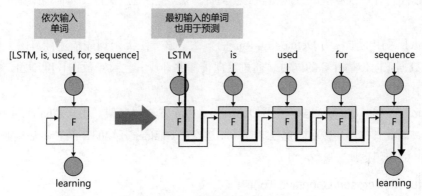

图 5.25　递归网络的原理

5.3.3　深度学习及框架

随着深度学习的普及，出现了各种框架。由于目前尚无完美的框架，因此需要根据不同的目的选择框架。下面将介绍主要框架的优缺点。

1. TensorFlow

TensorFlow 是由 Google 公司开发的，它是目前最受欢迎的框架。因此，有许多正式和非正式的文档及示例源代码可供使用。另外，称为 TensorFlow Serving 的学习模型已经应用于正式系统，因此可以放心使用。

由于 TensorFlow 是一个抽象程度相对较低的框架[1]，因此具有需编写大量源代码、记述内容趋于复杂等缺点。但反过来说，它具有较高的自由度，虽然对于初学者来说难以掌握，但是可以说 Tensor Flow 是为有经验的专业人士准备的框架。

2. Keras

Keras 是一个开源软件，支持 TensorFlow 等框架的库。包装库 Keras 是隐藏、添加和简化原始功能的程序库。Keras 是一个比 TensorFlow 具有更高抽象度的"高标准"框架，易于描述和理解。因此，对于初学者和想要轻松尝试许多使用方法的人来说非常重要。由于 Keras 是仅次于 TensorFlow 受欢迎程度的框架，因此有很多公开发布的关于它的文档。然而，它优先考虑易于处理，所以存在自由度低的缺点。

3. PyTorch 和 Chainer

PyTorch 是 Facebook 公司提供的框架，通常用它与 TensorFlow 进行比较。TensorFlow 采用了一种称为 Define–and–Run 的方法，即在预先描述了计算图（代表网络的结构）的基础上，依次注入数据并传播（与计算预测值的方向相同的正向计算），然后通过执行反向传播来推断参数的两阶段操作。

而 PyTorch 采用的是称为 Define–by–Run 的方法。该方法无须预先描述计算图（网络结构），在依次注入数据正向传播计算的同时，通过反向传播并计算。它对于数据长度不固定的自然语言的处理非常有效。

和 PyTorch 一样，Chainer 也是采用 Define–by–Run 方法的框架。由于 Chainer 是在日本开发的日语框架，因此日本用户较多。据说 PyTorch 是参考 Chainer 开发的，两者非常相似，但是目前看来 PyTorch 的使用更加普遍。

4. MXNet 和 Microsoft Cognitive Toolkit

除了上述内容外，还要关注的框架是 MXNet 和 Microsoft Cognitive Toolkit（以前称为 CNTK）。前者是 Apache 公司提供的框架；后者是 Microsoft 公司提供的框架，具有高度可伸缩性的特点。由于设计均着眼于云服务的利用，因此作为云环境选择使用 AWS（Amazon Web Services）时应选择 MXNet，在使用 Microsoft Azure 时应选择 Microsoft Cognitive Toolkit。

5.3.4 深度学习的运行

深度学习也是机器学习的一种，因此执行过程不会发生明显变化。在这里，我们将通过易于

---

[1]抽象度低意味着相比于人类思维来说，需要更接近机械的详细记述。在信息工程中是用"低水平"或者"低级"等说法来表示的，但是对于初学者来说，这是容易引起误解的表达，所以在本文中避免用这一说法。

初学者使用的 Keras；在解释机器学习中讨论过的示例的同时，说明深度学习所特有的步骤和需要留意的事项。示例脚本为 5.3.04.deep_learning.py（清单 5.2）。

　　使用 Jupyter Notebook 运行脚本文件 5.3.04.deep_learning.ipynb。与发布脚本相同的文件分为多个单元格来记述，从顶部的单元格开始顺次运行以查看结果。如果需要在执行一次后清除结果，请从 Jupyter Notebook 的 Kernel 菜单中选择 Restart & Clear Output 命令，重新启动相应的页面。

清单 5.2　5.3.04.deep_learning.py

```
# -*- coding: UTF-8 -*-
#---------------------------------------
# 各种程序库的导入 ❶
#---------------------------------------
import numpy as np
import tensorflow as tf
import random as rn

import os
os.environ['PYTHONHASHSEED'] = '0'
np.random.seed(123)                        # 使用随机数时，为了保持再现性，需要指定 seed
rn.seed(123)

session_conf = tf.ConfigProto(intra_op_parallelism_threads = 1, \
                              inter_op_parallelism_threads = 1)
from keras import backend as K
tf.set_random_seed(123)
sess = tf.Session(graph = tf.get_default_graph(), config = session_conf)
K.set_session(sess)

import pandas as pd
import matplotlib.pyplot as plt

from keras.models import Sequential            # 用于网络结构定义
from keras.layers import Dense, Dropout        # 网络部件
from keras.optimizers import Adam              # 优化算法
# 用于 fit
from keras.callbacks import LearningRateScheduler,EarlyStopping, ModelCheckpoint
from keras.models import load_model            # 用于读入模型
from sklearn.metrics import confusion_matrix   # 用于生成混淆矩阵

#---------------------------------------
```

5

357

```
# 数据的导入及数据拆分 ❷
#----------------------------------------
df = pd.read_csv("car_braking.csv")

train_num = int( len(df) * 0.6 )              #60% 作为学习数据
val_num = int( len(df) * 0.2 )                #20% 作为验证数据


perm_idx = np.random.permutation( len(df) )   # 随机索引
#perm_idx 的前 60% 为学习用索引
train_idx = perm_idx[ : train_num ]
#perm_idx 的前 60%~80% 为验证用索引
val_idx = perm_idx[ train_num : (train_num + val_num) ]
#perm_idx 的 80% 以后为测试用索引
test_idx = perm_idx[ (train_num + val_num) : ]
train_df = df.iloc[ train_idx, : ]            # 依据学习用索引提取行
val_df = df.iloc[ val_idx, : ]                # 依据验证用索引提取行
test_df = df.iloc[ test_idx, : ]             # 依据测试用索引提取行


#----------------------------------------
# 标签的处理加工 ❸
#----------------------------------------
# 在这里作为分类问题来考虑
# 给车重、车速、轮胎宽度、路面状况及离障碍物的距离赋值时，生成是否踩刹车的逻辑判断
# 需要踩刹车时标签为 1，不需要踩刹车时标签为 0
#0 和 1 的标签是根据停止距离（measured_braking_distance）与随机生成的到障碍物的距离来生成的
# 对 1 个样本生成 5 个离障碍物不同的距离数据
# 设定停止距离小于或等于离障碍物的距离时踩刹车

# 定义生成标签的函数
def create_label( samples, input_df ):
    #samples 是针对 1 个测量结果生成的样本数。在本例中是 5
    #input_df 是输入的数据帧
    # 创建空数据帧的容器。在这里加数据
    container_df = pd.DataFrame( {'car_weight' : [],           # 车重
                                 'car_velocity' : [],          # 车速
                                 'tire_width' : [],            # 轮胎宽度
                                 'road_type' : [],             # 路面状况
                                 'distance_to_object' : [],    # 离障碍物的距离
                                 'hit_brake' : []} )           # 是否踩刹车

    for i in range(samples):
        temp_df = input_df[ ['car_weight', 'car_velocity', \
```

```python
                              'tire_width', 'road_type'] ]  # 指定列
    # 以停止距离的 50% ~ 150% 生成样本
    # 利用 numpy 的 uniform() 函数产生均匀分布的随机数，并乘以停止距离
    random_distance = input_df['measured_braking_distance'] \
                      * np.random.uniform( 0.5, 1.5, len(input_df) )
    # 停止距离小于随机距离时为 1，否则为 0
    # 将此作为标签
    # 对列表进行 if-else 处理，生成其他列表的方法
    # 当结果为 TRUE 时，执行 if 中的语句；当结果为 FALSE 时，执行 else 中的 for 语句
    labels = [ 1. if \
              (input_df['measured_braking_distance']).iloc[j] \
              <= random_distance.iloc[j] \
              else \
              0. \
              for j in range( len(input_df) ) ]
        # 将随机生成的距离存储在数据帧中
        temp_df['distance_to_object'] = random_distance
        # 将标签存储在数据帧中
        temp_df['hit_brake'] = labels
        # 将数据追加到作为容器的数据帧中
        container_df = pd.concat([container_df, temp_df])
    return container_df


# 针对学习、验证、测试数据的各个样本生成 5 个标签
train_df2 = create_label(5, train_df)
val_df2 = create_label(5, val_df)
test_df2 = create_label(5, test_df)


train_y = np.array(train_df2['hit_brake'])
val_y = np.array(val_df2['hit_brake'])
test_y = np.array(test_df2['hit_brake'])
#----------------------------------------
# 将分类变量转换为虚拟变量 ❹
#----------------------------------------
# 查看分类变量 road_type 的唯一值
unique_road_type = np.unique(df['road_type'])
print ("-unique road type-----------------")
print(unique_road_type)

# 虚拟变量的数量为虚拟变量（唯一值的数量）-1
# 在唯一值多的情况下，需要考虑将其聚合成“其他”
```

```
# 因为本例的变量数量比较少，所以不需要上述处理
dummy_cat_num = len(unique_road_type)-1          # 虚拟变量的数量
# 生成空的虚拟变量。在之后的虚拟变量化处理中赋值
# 用 np.zeros() 函数生成空的队列。将矩阵的大小传给参数
# 行数为学习、验证、测试数据的行数；列数为 ( 唯一值的数量 )-1
train_dummy_vars = np.zeros( (len(train_df2), dummy_cat_num) )
val_dummy_vars = np.zeros( (len(val_df2), dummy_cat_num) )
test_dummy_vars = np.zeros( (len(test_df2), dummy_cat_num) )

# 虚拟变量化
for i in range(dummy_cat_num):                   # 循环次数为虚拟变量的数量
    this_road_type = unique_road_type[i]         # 选择要进行虚拟变量化的路面
    # 若学习、验证、测试数据中的路面状态是现在想要进行虚拟变量化的路面时，设为 1
    # 否则设为 0
    train_dummy_vars[:, i] = [ 1. if road_type == this_road_type else 0.\
        for road_type in train_df2['road_type'] ]
    val_dummy_vars[:, i] = [ 1. if road_type == this_road_type else 0. \
        for road_type in val_df2['road_type']]
    test_dummy_vars[:, i] = [ 1. if road_type == this_road_type else 0. \
        for road_type in test_df2['road_type'] ]

#---------------------------------------
# 标准化 ❺
#---------------------------------------
train_x = np.array(train_df2[ ['car_weight', 'car_velocity', 'tire_width',\
                        'distance_to_object'] ])# 取得连续值
mean_x = np.mean(train_x, axis = 0)
std_x = np.std(train_x,    axis = 0)
np.save('mean_x.npy', mean_x)                    # 平均值的存储
np.save('std_x.npy', std_x)                      # 标准偏差的存储

train_x -= mean_x                                # 平均 0
train_x /= std_x                                 # 标准偏差 1
train_x = np.hstack([train_x, train_dummy_vars]) # 合并连续值和虚拟变量

val_x = np.array(val_df2[ ['car_weight', 'car_velocity', 'tire_width',\
                        'distance_to_object'] ])  # 取得连续值
val_x -= mean_x                                  # 平均 0
val_x /= std_x                                   # 标准偏差 1
val_x = np.hstack([val_x, val_dummy_vars])       # 合并连续值和虚拟变量
```

```python
test_x = np.array(test_df2[ ['car_weight', 'car_velocity', 'tire_width',\
                             'distance_to_object'] ])    # 取得连续值
test_x -= mean_x                                         # 平均 0
test_x /= std_x                                          # 标准偏差 1
test_x = np.hstack([test_x, test_dummy_vars])            # 合并连续值和虚拟变量


#----------------------------------------
# 网络结构的定义及模型的编译 ❻
#----------------------------------------
def model_create_compile(p):                             # p 是记录各层单元数的列表
    model = Sequential()                                 # 在模型中以 add 添加层

    # 从 p[0] 获得第 1 层的单元数，激活函数为 relu
    # 最初的隐藏层需要指定 input_shape
    model.add( Dense( p[0], activation='relu' ,input_shape=(6,) ) )
    # 为了抑制过度学习，提高精度而追加层
    model.add( Dropout(0.5) )

    # 从 p[1] 获得第 2 层的单元数。p[1] 大于 0 时，生成第 2 层
    # 从第 2 层开始不需要指定 input_shape
    if p[1] > 0:
        model.add( Dense(p[1], activation='relu') )
        model.add( Dropout(0.5) )
        # 从 p[2] 获得第 3 层的单元数。p[2] 大于 0 时，生成第 3 层
        if p[2] > 0:
            model.add( Dense(p[2], activation='relu') )
            model.add( Dropout(0.5) )
    # 生成输出层
    # 为了输出踩刹车的概率，单元数 1 的激活函数为 S 形函数
    # 这样就可以创建输出 0 ~ 1 值的模型
    model.add(Dense(1, activation='sigmoid'))

    # 请注意，如果不编译，就无法使用模型
    # 指定损失函数为 binary_crossentropy
    # 为了在 metric 中确认准确率，指定 acc
    # 优化算法使用 Adam() 函数
    model.compile( loss='binary_crossentropy', metrics=['acc'], optimizer=Adam() )

    return model


#----------------------------------------
```

第 5 章 机器学习与深度学习

```python
# 学习的设置和执行 ❼
#----------------------------------------
# 定义学习率调度所需的函数
def step_decay(epoch):
    init_lr = 1.e-2                    #初始的学习率
    if epoch >= 20:
        init_lr = 1.e-3               # 20 个 epoch 后的学习率
    if epoch >= 40:
        init_lr = 1.e-4               # 40 个 epoch 后的学习率
    if epoch >= 60:
        init_lr = 1.e-5               # 60 个 epoch 后的学习率
    return init_lr


def fit_and_checkpoint(model):
    # 一般会定期降低最优化时使用的学习率
    # 这里将 step_decay 指定为调度器
    lr_decay = LearningRateScheduler(step_decay)

    # 深度学习中停止学习的时机很重要，这种停止称为 Early Stop
    # 这里在等待 30 个 epoch 后，val_loss 仍然没有改善的情况下，执行中断处理
    early_stop = EarlyStopping(monitor='val_loss', patience=30, verbose=0,mode='auto')

    # 由于深度学习未必是越推进学习越好，因此，可以先记录该网络结构中的暂定最佳模型
    model_cp = ModelCheckpoint(filepath = 'dl_model.h5' , monitor='val_loss', \
                               verbose=0, save_best_only=True, mode='auto')
    # 通过 fit() 进行拟合。在 history 中，存储每个 epoch 的结果，但是这里不使用
    history = model.fit(train_x, train_y,
            batch_size=512,               # 批量大小。更新模型时使用的样本数量
            epochs=300,                   # 多实施 300 个 epoch
            verbose=0,                    # 不显示优化过程
            validation_data=(val_x, val_y),          # 指定验证数据
            callbacks=[lr_decay,early_stop, model_cp],   # 1 个 epoch 结束时实施的处理
            shuffle=True)                 # 为稳定学习，按每个 epoch 变更数据顺序
    return model
#----------------------------------------
# 网络结构的调优 ❽
#----------------------------------------
# 网络定义用超参数
layer1_val=[8,16,32,64,128,256]       # 第 1 层单元数的搜索范围
layer2_val=[0,8,16,32,64,128,256]     # 第 2 层单元数的搜索范围
layer3_val=[0,8,16,32,64,128,256]     # 第 3 层单元数的搜索范围
```

```python
# 生成 40 种超参数的组合
param_key=set()                          # 使用 set() 函数避免重复的超参数
param_list=[]                            # 超参数记录在该数组中
while True:
    l1v=np.random.choice(layer1_val)    # 随机选择第 1 层的单元数
    l2v=np.random.choice(layer2_val)    # 随机选择第 2 层的单元数
    if l2v>0:                           # 只有在第 2 层存在时，随机选择第 3 层的单元数
        l3v=np.random.choice(layer3_val)
    else:
        l3v=0
    key_val="%s_%s_%s"%(l1v,l2v,l3v)    # 超参数的组合
    if not (key_val in param_key):      # 查看有没有重复
        param_key.add(key_val)
        param_list.append([l1v,l2v,l3v])
    if len(param_list) == 40:           # 生成 40 种后执行中断
        break


# 调优处理
best_val_loss=99999
m=0                                      # 用于确认经过优化的模型数量
for p in param_list:                     # 按顺序执行预先创建的超参数的随机组合（随机搜索）
    print("model %s--------"%m)
    model = model_create_compile(p)      # 网络结构的定义及模型的编译⑥
    model = fit_and_checkpoint(model)    # 学习的设置和执行⑦
    model.load_weights('dl_model.h5')    # 读取当前网络结构中验证数据 loss 最小的模型
    val_loss=model.evaluate( val_x, val_y,batch_size=512, verbose=0) #loss 值确认
    if best_val_loss>val_loss[0]:        # 当前网络结构为暂定最佳时，作为暂定最佳保存
        print( "TEMP_BEST:%s\tval_loss:%.4f\tval_acc:%.4f"%(p, val_loss[0], val_loss[1]) )
        best_val_loss=val_loss[0]
        model.save('temp_bestdl_model.h5')
    else:
        print( "%s\tval_loss:%.4f\tval_acc:%.4f"%(p,val_loss[0], val_loss[1]) )
    m+=1


#-------------------------------------
# 评估 ❾
#-------------------------------------
model = load_model('temp_bestdl_model.h5')      # 导入临时最佳模型
model.summary()
scores = model.evaluate(val_x, val_y, verbose=0,batch_size=512)
```

```python
print("validation_acc:%.4f"%scores[1])

# 确认召回率（recall）和精确率（precision）之间的折衷关系
val_acc_list=[]
val_prec_list=[]
val_rec_list=[]
predicted_proba_validation_y = model.predict(val_x, batch_size=512)
for thres_p in range(101):
    # 根据 thres_p 的阈值生成预测时的标签
    pred_val_y = [1. if p >= thres_p/100. else 0. \
                    for p in predicted_proba_validation_y]
    temp_cm = confusion_matrix(val_y, pred_val_y)
    val_acc = (temp_cm[0][0] + temp_cm[1][1])/np.sum(temp_cm) * 100.
    val_acc_list.append(val_acc)                # 向列表添加准确率
    val_perc = (temp_cm[1][1]) / (temp_cm[0][1] + temp_cm[1][1] + 1.e-18) * 100.
    val_prec_list.append(val_perc)              # 向列表添加精确率
    val_rec = (temp_cm[1][1]) / np.sum(temp_cm[1]) * 100.
    val_rec_list.append(val_rec)                # 向列表添加召回率
plt.plot(val_acc_list, label='accuracy')
plt.plot(val_rec_list, label='recall')
plt.plot(val_prec_list, label='precision')
plt.xlabel('Threshold(%)')
plt.ylabel('Percentage(%)')
plt.legend()
plt.show()

# 计算召回率（recall）为 99% 的阈值
for th in range(101):
    if val_rec_list[th] < 99.:
        break
th = np.max( [th-1., 0.] )

pred_proba_test_y = model.predict(test_x, batch_size=512)
# 阈值为 50% 时的预测标签
pred_test_y = [1. if p >= 50./100. else 0. for p in pred_proba_test_y]
temp_cm = confusion_matrix(test_y, pred_test_y)
print(temp_cm)
# 使用召回率为 99% 的阈值时的预测标签
pred_test_y = [1. if p >= th/100. else 0. for p in pred_proba_test_y]
temp_cm = confusion_matrix(test_y, pred_test_y)
print(temp_cm)
```

R & Python数据科学与机器学习实践

5

1. 初期处理（导入程序库等）❶

除了需要加载机器学习的程序库以外，还必须加载深度学习所需的程序库。如开头所述的需要加载 Keras，注意，同时也需要加载 TensorFlow。Keras 是一个包装库，实际进行计算处理的是 TensorFlow 等框架。在机器学习的示例中，仅指定了 NumPy 的随机种子，但是还需要另外设定 TensorFlow 的随机种子。不过即使设定了随机种子，也可能无法获得可重现性，因此请注意务必记得保存模型。

> ☀ **注意**
>
> 使用此处介绍的示例可能无法获得可重现性。但是请读者注意，实际尝试时可能也无法获得相同的结果。

2. 网络结构的定义

由于 TensorFlow 是在 Keras 内部运行的，因此即使是使用 Keras 时，也需要遵循 TensorFlow 所需的步骤。由于 TensorFlow 采用 Define-and-Run 方法，因此必须预先定义计算图（网络结构）。

定义网络结构时，首先生成一个 Sequential 对象，并从生成的 Sequential 对象中调用 add() 方法来添加层。增加的这一层为最基本的全连接层（dense）。全连接层如图 5.20 中的隐藏层，隐藏层中的所有神经元连接下一层中的神经元。在第一个参数中指定神经元数，由于激活函数为 ReLU，因此设定 activation='relu'.建立 Sequential 模型时,第一个隐藏层需要指定输入数据中的项数，因此该值在 input_shape 中指定。

在全连接层之后添加 dropout 层。dropout 层是通过以一定比率使上一层的权重失效来学习的。通常，使一半数据无效化后学习会降低网络的表达能力，从而抑制了过度学习。另外，dropout 层与随机森林的集成学习具有相同的效果，有助于提高性能。

根据需要将全连接层和 dropout 层组合的隐藏层添加到 Sequential 模型中。定义隐藏层后，定义输出层。由于要在此处生成分类器，因此将输出设置为概率值（值从 0 到 1）。在具有 1 个神经元的全连接层中，将激活函数设置为 S 形函数。activation ='sigmoid' 用于指定 S 形函数（Sigmoid 函数）。

3. 模型的编译

定义网络结构后编译模型。编译模型时，需要指定以下三个主要参数。

（1）最重要的是指定**损失函数**（loss 函数）。损失函数是定义如何测量实际值和预测值之间差值的函数。在分类时，通常通过熵来计算标签和预测概率之间的差异。熵是对不确定性的一种度量，用通俗语言表达就是令人惊讶程度（期望与现实之间的差距）的指标。在该模型中，由于只有一个输出概率，因此设定为 binary crossentropy（二进制交叉熵）。如果要执行从多个类中选择一个类的多项分类时，将输出层的神经元数量设定为类的数量，激活函数设定为 softmax，编译时的损失函数（loss 函数）设定为 categorical crossentropy。

（2）设定 metrics（多类交叉熵）。metrics 是一个可选项，用于指定模型的评估指标。在分类时，因为考虑到需要确认准确率，因此设定为 acc。通过查看损失函数的值，可能很多人还是无法知道模型的优劣，因此，显示 metrics，可以使人们更容易理解模型的性能。

（3）设定优化算法。各种类型的优化算法是调优的主要因素。由于通过 Adam 优化算法能够得到良好的结果，因此，首先尝试使用 Adam 优化算法，在确定其他超参数的基础上，有余力的情况下再尝试其他算法。要使用优化算法 Adam，则在 compile() 函数中添加 optimizer = Adam()。

4. 学习的设置和执行

在机器学习中，需要调用所生成模型的 fit() 方法。在深度学习中也一样，但是必须加入各种设置，如批次大小、epoch 数、学习率的调度器、中间模型的存储和评估数据的设定等。

首先，指定重要的超参数批次大小。由于深度学习需要大量数据，因此采用仅用部分数据来更新模型的小批量学习方法。批次大小是指用于本次更新的样本数量。通常，最好使用较大的批次大小以使更多信息用于更新模型。但是，如果批次大小过大，则可能会导致 GPU 内存不足的问题。此外，在学习的早期阶段，如果批次大小减小到一定程度使得更新次数增加，则模型收敛速度通常比较快，因此通常范围在 32 ~ 512。

接下来，设定 epoch 数。一个 epoch 是所有学习数据被使用一次的状态。深度学习使用小批量数据反复更新模型，但是事先无法确定应该进行多少次更新才能收敛，因此，可以设定一个大概的值。在深度学习中，学习会在中间中断，因此最好指定一个较大的值。使用 validation_data 指定用于验证的数据集，并使用此数据集来判断中断的时间点和评估模型的性能。

另外，设定每个 epoch 中执行的 callbacks。在这里有学习率调度器、Early Stop 和模型的存储等参数设置。

学习率实际上是确定更新模型时权重变化程度的值。学习率越高，收敛速度越快，因此，尽可能将其设置为较高的值。但如果学习率过高，则导致发散，不利于拟合。反之，如果学习率过低，则收敛速度很慢。因此，通常使用学习率调度器，使学习率由大逐渐变小。

Early Stop 是指即使连续学习了一定时间后，在验证数据的结果也没有改善的情况下，执行中断处理。一般在确认用于验证数据的损失函数值时，确定是否需要中断（图 5.26）。学习并非更新得越多越好，因此在每个 epoch 之后，将使用验证用数据对其进行评估并记录临时最佳模型。

与调整网络结构一样，这里也需要分析人员的经验和直觉。如果在设置学习方面遇到困难，请查询相关使用类似网络结构的论文，然后尝试调参。

5. 网络结构的调整

由于这里网络结构是通常的机器学习超参数的一种，因此有必要寻找最佳结构。在这里，假设隐藏层的数量为 1 ~ 3、每层的神经元数量为 8 ~ 256 时，寻找参数。神经元数量由 8 开始翻倍，以指数级增长。实际上，需要更多改变各种各样的网络结构和参数，但是这里为了便于理解，缩小了讨论的范围。尽管考虑的范围有所缩小，但全面的网格搜索需要 258 次学习，仍然很耗时，因此经常使用的是随机搜索。

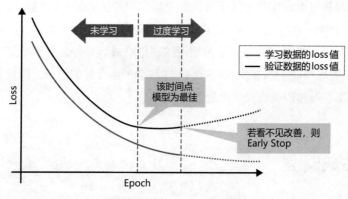

图 5.26　Early Stop 的思想

正如有人在使用机器学习执行网格搜索时可能已经注意到，与结果较差的参数相邻的参数很可能仍然会得到不良结果。进行网格搜索时，将按顺序检查相邻的参数，因此将不断地在只能给出不良结果的参数范围内进行计算。

另外，与随机搜索完全不同的网络结构可以在早期了解结果。它通过试验数十种不同的网络配置，可以预测主要参数可能在哪里。以第一个随机搜索的结果作为线索，调整搜索范围并再次执行随机搜索以提高效率。在这里，创建 40 个网络结构，以寻找有效的网络配置。

像这样，深度学习网络结构的优化是交织着人类的经验和直觉进行调整的。目前执行这些系列任务的算法正在研究和开发中，所以在现阶段还不能说处于广泛应用阶段。

6. 结果的评估与观察

执行结果如表 5.6 所示。通过验证数据得到的最佳结果是第一层中的 256 个单元、第二层中的 64 个单元及第三层中的 32 个单元的配置，此时验证数据中的准确率为 84.85%。与机器学习中从事故预防的角度出发一样，使用召回率（Recall）为 99% 的阈值（10%）应用于测试数据时，召回率为 99.01%，精确率（Precision）为 71.59%。

表 5.6　SVM 与深度学习的比较

数　据	阈　值	指　标	SVM	SVM（应用专业领域知识）	深度学习
验证	变更前	Accuracy（阈值 50%）	85.25%	88.15%	84.85%
	变更后	Recall	99.09%	99.09%	99.19%
		Precision	72.25%	72.14%	70.76%
评估	变更前	Accuracy（阈值 50%）	85.91%	88.69%	84.40%
	变更后	Recall	99.19%	98.81%	99.01%
		Precision	72.63%	73.51%	71.59%

与 SVM 相比，可以看到深度学习的效果并不好。从报纸、杂志、网络等媒体上看到深度学习的惊人成果，很容易得出深度学习优于传统的机器学习算法的结论。但是通常的算法需要更多的数据，调优也非常困难，在各种试验时往往很难获得良好的结果。尤其是在处理结构化数据（如本次处理的示例）时，很难得到对深度学习期待的理想结果。另外，对于非结构化数据（如图像和文本），通过特征提取功能（如卷积和 LSTM）往往会产生良好的结果。因此，希望数据分析人员能够同时应用深度学习和传统机器学习进行处理。

5.3.5 生成模型

使用深度学习的大多数成功案例都是识别模型（通过监督学习进行分类），但是最近生成模型引起了人们的关注。本小节将介绍生成模型的概要及其存在的问题和主要用途。

1. 生成模型的概要

识别模型是学习类之间边界的模型，而生成模型是学习输入信息分布的模型。学习分布如图 5.27 所示，其意味着学习样本存在的范围。可以说学习后分布中的数据接近输入数据，生成模型使用它生成新数据。当前，最引人注目的生成模型是**对抗生成网络**（Generative Adversarial Network，GAN）。GAN 的特点是两个神经网络交互影响以促进学习。

第一个神经网络称为生成器（generator）。生成器的输入为噪声（随机数），输出是生成数据。最终需要此生成器随着学习的进行，能够生成与实际收集数据相似的数据。通常将生成器比作"伪造者"。

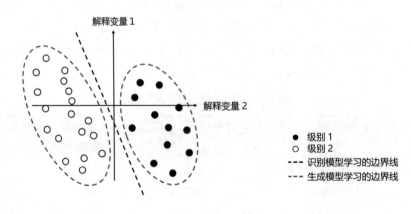

图 5.27　学习分布

第二个神经网络称为识别器（discriminator）。识别器的输入是实际数据和生成数据，输出是实际数据还是生成数据的识别结果。如果生成器是"伪造者"，则识别器为"鉴定者"。

由于生成器的输入是噪声，因此在学习不顺利时仅输出噪声。将该生成器的输出和实际数据提供给识别器，以学习真实和伪造数据的分布（图 5.28）。识别器的学习与通常的分类器没有太大区别，但不同的是，生成数据和实际数据是交替输入的。学习生成器时，生成器的输出和识别器的输入连接成一个网络。在这种状态下，如果将噪声添加到输入中，并标记实际数据的类给标签用于学习，则生成器将由噪声生成与实际数据分布相近的数据。这意味着"伪造者"的生成器，正在学习如何欺骗"鉴定者"的识别器。在学习了生成器后，再次对识别器进行学习，因此在生成器和识别器互相切磋的同时，逐渐建立一个良好的模型。

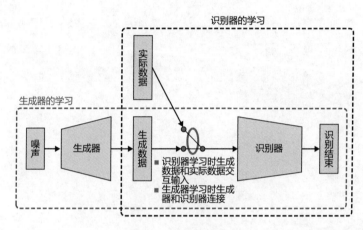

图 5.28 GAN 的原理

2. 生成模型存在的问题

GAN 的问题在于很难学习。在 GAN 中，由于生成器和识别器相互竞争，因此学习往往趋于不稳定。如果其中一个学习过于顺利，那么另一个学习往往会进展得不顺利。通常，识别器比生成器学习顺利，因此如果失败，生成器学习将中断。这是因为生成器最初仅输出噪声，使得识别器更容易区分生成的图像（噪声）和实际图像。

另外，即使 GAN 的学习看起来好像很顺利，也可能会遇到一种称为 Mode Collapse 的现象，即只产生相同的图像。出现这种情况是因为生成器旨在欺骗识别器，所以由噪声生成的数据种类即使非常不足也能生成结果。然而，考虑到 GAN 的使用目的是期望由噪声能够输出各种结果，因此上述现象成为一个问题。

3. 生成模型的主要用途

生成模型可以生成大量近似于输入数据的数据，通常用于图像和药品的生成。

某些图像生成只是增加原始数据，目前针对由某个图像生成其他图像，或者由文本生成图像等的研究也在进行中。这些研究通常是专门针对时尚领域的研究，例如可以输入人的图像以生成不同姿势的图像，并生成穿着不同服装的图像。随着这些技术的进步，人们无须试穿即可以判断服装是否适合。

在药物方面，目前已经存在通过输入某药物的化学结构式生成另一个相似化学结构式的案例。当然，这些化学结构式中有很多是无效的，如果不进行临床试验是无法知道这些药物是否真正有效。由于临床试验既耗时又昂贵，因此通过使用生成模型来缩小选择的范围也是非常有用的。

另外，如果这种技术得以发展，则可以利用真实人物的特征，方便地生成虚拟的视频，因此存在将其应用于虚假新闻等方面的可能。不管怎么说，可以说超越机器学习的正常用途（分类和回归），还有各种可能的应用方法。

5

参 考 文 献

［ 1 ］ Rサポーターズ『パーフェクトR』、技術評論社、2017年

［ 2 ］ 朝野熙彦・鈴木督久・小島隆矢『入門 共分散構造分析の実際』、講談社、2005年

［ 3 ］ 伊藤公一朗『データ分析の力——因果関係に迫る思考法』、光文社、2017年

［ 4 ］ 岩波データサイエンス刊行委員会編『岩波データサイエンス Vol.1』、岩波書店、2015年

［ 5 ］ 岩波データサイエンス刊行委員会編『岩波データサイエンス Vol.3』、岩波書店、2016年

［ 6 ］ 岩波データサイエンス刊行委員会編『岩波データサイエンス Vol.5』、岩波書店、2017年

［ 7 ］ 小高知宏『人工知能入門』、共立出版、2015年

［ 8 ］ キャシー・オニール『あなたを支配し、社会を破壊する、AI・ビッグデータの罠』、久保尚子訳、イ ンターシフト、2018年（ *Weapons of Math Destruction: How Big Data Increases Inequality and Threatens Democracy, Broadway Books*, 2017）

［ 9 ］ 金明哲（編）、粕谷英一『一般化線形モデル』〈Rで学ぶデータサイエンス 10〉、共立出版、2012年

［10］ 金明哲（編）、里村卓也『マーケティング・モデル』〈Rで学ぶデータサイエンス 13〉、共立出版、2015 年

［11］ 金明哲『Rによるデータサイエンス 第2版——データ解析の基礎から最新手法まで』、森北出版、2017 年

［12］ 久保拓弥『データ解析のための統計モデリング入門——一般化線形モデル・階層ベイズモデル・ MCMC』〈確率と情報の科学〉、岩波書店、2012年

［13］ 久保川達也・国友直人『統計学』、東京大学出版会、2016年

［14］ 斎藤康毅『ゼロから作るDeep Learning——Pythonで学ぶディープラーニングの理論と実装』、オライ リー・ジャパン、2016年

［15］ Richard S.Sutton, Andrew G.Barto『強化学習』、三上貞芳・皆川雅章訳、森北出版、2000年 （ *Reinforcement Learning: An Introduction*, A Bradford Book, 1998）

［16］ 清水昌平『統計的因果探索』、講談社、2017年

［17］ 巣籠悠輔『詳解 ディープラーニング——TensorFlow・Kerasによる時系列データ処理』、マイナビ出版、 2017年

［18］ 瀧雅人『機械学習スタートアップシリーズ これならわかる深層学習入門』、講談社、2017年

［19］ 豊田秀樹『因子分析入門——Rで学ぶ最新データ解析』、東京図書、2012年

［20］ 豊田秀樹『共分散構造分析 R編——構造方程式モデリング』、東京図書、2014年

［21］ 林知己夫『日本らしさの構造 こころと文化をはかる』、東洋経済新報社、1996年

［22］ 馬場真哉『時系列分析と状態空間モデルの基礎——RとStanで学ぶ理論と実装』、プレアデス出版、 2018年

［23］藤澤洋徳『ロバスト統計——外れ値への対処の仕方』〈ISMシリーズ：進化する統計数理〉、近代科学社、2017年

［24］Foster Provost, Tom Fawcett『戦略的データサイエンス入門——ビジネスに活かすコンセプトとテクニック』、竹田正和監訳、古畠敦［ほか］訳、オライリー・ジャパン、2014年（*Data Science for Business: What You Need to Know about Data Mining and Data-Analytic Thinking*, O'Reilly Media, 2013）

［25］星野崇宏・岡田謙介編『欠測データの統計科学——医学と社会科学への応用』〈調査観察データ解析の実際1〉、岩波書店、2016年

［26］松浦健太郎『StanとRでベイズ統計モデリング』〈Wonderful R 第2巻〉、共立出版、2016年

［27］Wes McKinney『Pythonによるデータ分析入門 第2版——NumPy、pandasを使ったデータ処理』、瀬戸山雅人・小林儀匡・滝口開資訳、オライリー・ジャパン、2018年（*Python for Data Analysis: Data Wrangling with Pandas, NumPy, and IPython, 2nd Edition*, O'Reilly Media, 2017）

［28］アルベルト A. マルチネス『ニュートンのりんご、アインシュタインの神——科学神話の虚実』、野村尚子訳、青土社、2015年（*Science Secrets: The Truth about Darwin's Finches, Einstein's Wife, and Other Myths*, University of Pittsburgh Press, 2011）

［29］宮川雅巳『統計的因果推論——回帰分析の新しい枠組み』、朝倉書店、2004年

［30］Andreas C. Müller, Sarah Guido『Pythonではじめる機械学習——scikit-learnで学ぶ特徴量エンジニアリングと機械学習の基礎』、中田秀基訳、オライリー・ジャパン、2017年（*Introduction to Machine Learning with Python*, O'Reilly Media, 2016）

［31］吉田寿夫『本当にわかりやすいすごく大切なことが書いてあるごく初歩の統計の本』、北大路書房、1998年

［32］吉田寿夫『本当にわかりやすいすごく大切なことが書いてあるごく初歩の統計の本 補足I』、北大路書房、1998年

［33］吉田寿夫『本当にわかりやすいすごく大切なことが書いてあるごく初歩の統計の本 補足II』、北大路書房、1998年